浙江省普通本科高校"十四五"重点立项建设教材

普通高等教育机器人工程专业系列教材

新形态·立体化·双色印刷

机工教育

CMP BOOKS

U0656236

机器人技术基础及应用

主编 | 项四通 崔玉国 虞思祎

参编 | 杨吉祥 梁冬泰 梁 丹 冯永飞

廖州宝 孙 超 陈茂雷 程 涛

机械工业出版社

CHINA MACHINE PRESS

本书系统地介绍了机器人技术的基础理论及应用知识，以及国内外机器人研究与应用的最新进展。全书共 10 章，内容包括机器人概论、机器人机械结构及驱动传动系统、机器人运动学、机器人动力学、机器人控制、机器人轨迹规划、机器人传感、机器人仿真、机器人应用和机器人技术变革。

本书可作为高等院校机械电子工程、机械设计制造及其自动化、机器人工程、智能制造工程等专业本科生或研究生的专业课程教材，也可为从事机器人研究、开发和应用的科研人员提供参考。

本书配有二维码动画、知识拓展和专业英语词汇表，此外，还提供电子课件，有需要的教师可登录 www.cmpedu.com 免费注册，审核通过后可下载，或联系编辑索取（微信：18515977506，电话：010-88379753）。

图书在版编目（CIP）数据

机器人技术基础及应用／项四通，崔玉国，虞思祎主编. -- 北京：机械工业出版社，2024.7（2025.6重印）. --（普通高等教育机器人工程专业系列教材）. -- ISBN 978-7-111-76011-5

Ⅰ. TP24

中国国家版本馆 CIP 数据核字第 2024RY6249 号

机械工业出版社（北京市百万庄大街22号　邮政编码100037）

策划编辑：秦　菲　　　　　　　　　责任编辑：秦　菲　杜丽君
责任校对：杜丹丹　张慧敏　景　飞　责任印制：张　博
固安县铭成印刷有限公司印刷
2025 年 6 月第 1 版第 2 次印刷
184mm×260mm · 13 印张 · 1 插页 · 318 千字
标准书号：ISBN 978-7-111-76011-5
定价：65.00 元

电话服务　　　　　　　　　　网络服务

客服电话：010-88361066　　机　工　官　网：www.cmpbook.com
　　　　　010-88379833　　机　工　官　博：weibo.com/cmp1952
　　　　　010-68326294　　金　书　网：www.golden-book.com
封底无防伪标均为盗版　　机工教育服务网：www.cmpedu.com

前　言

机器人被誉为"制造业皇冠顶端的明珠"。随着新一轮科技革命的深入推进，我国机器人及智能装备制造业进入快速发展时期。机器人技术在引领制造业高端化、智能化、绿色化方面发挥着重要作用。党的二十大报告指出，"推进新型工业化，加快建设制造强国"。国家先后出台《"十四五"智能制造发展规划》《"十四五"机器人产业发展规划》等一系列相关规划，将机器人产业作为战略性新兴产业给予重点支持。

机器人技术是一门跨学科的综合性技术，它涉及力学、机械、电子、控制、自动化、传感与检测等学科。本书旨在较系统地介绍机器人的结构及驱动传动系统、运动学、动力学、控制、轨迹规划、传感、仿真、应用和变革等基础知识。

本书的特色如下：

1）面向地方应用型人才。适用精简机器人理论知识，增加机器人虚拟仿真与实际应用案例，使本书内容更加接近生产实际。本书基于企业与学校合作成果，在真实机器人案例的引导下提高地方应用型人才的实践能力。

2）以新形态教材形式呈现。"纸质+移动终端+线上教育"的形式突破了固有的纸质图文形态。通过二维码、云视频、AR等技术构建数字化教学资源，以短视频形式展现关键知识点，深入浅出地讲解教学内容，从而激发学生学习的积极性和主动性、灵活运用知识、开放发散思维。

3）与机器人前沿技术交叉融合。书中增加机器人的当前应用成果，如仿生机器人、软体机器人、足式机器人、医疗机器人等知识；新增深度学习、智能材料与边缘计算等新兴概念在机器人领域的交叉应用；强调人工智能、材料科学、电气信息、先进医疗等多个学科和多个知识点之间的交叉与有效衔接。

4）专业内容与思政元素同向同行。融合机器人课程教学内容中的思政元素，从国家、企业与个人多层次展现我国优秀机器人案例，培养学生的家国情怀与文化自信，实现思政熏陶与立德育人的目标，并与机器人教学内容完美契合。

5）增加双语教学内容。每章节末配有关键词汇的中英文对照词汇表，帮助学生掌握专业英语，拓展课外知识面。

本书是编者在多年课堂教学、科研实践的基础上编写而成的，由宁波大学项四通负责全书编写，由崔玉国与虞思袆负责全书审订与统稿；华中科技大学杨吉祥参与了第6章的编写，梁冬泰、梁丹、冯永飞参与了第7章第4节和第9章第3节的编写；广州文远知行科技有限公司的廖州宝撰写了第7章的阅读材料，中科新松有限公司孙超撰写了第4章的阅读材料；陈茂雷与程涛协助查阅了较多机器人资料，参与了较多核稿与插图绘制工作。

本书在编写与出版过程中得到了浙江省普通本科高校"十四五"首批新工科重点立项

建设教材项目的支持，以及众多领导、专家、教授、朋友和学生的热情鼓励和帮助，在此特向有关领导、专家、合作者、师生和广大读者致以衷心的感谢。

机器人是一门较新的技术，许多问题有待探讨和解决，由于编者的水平有限，本书的疏漏之处在所难免，恳请读者不吝指正。

编　者

目　　录

机器人概论

第1章

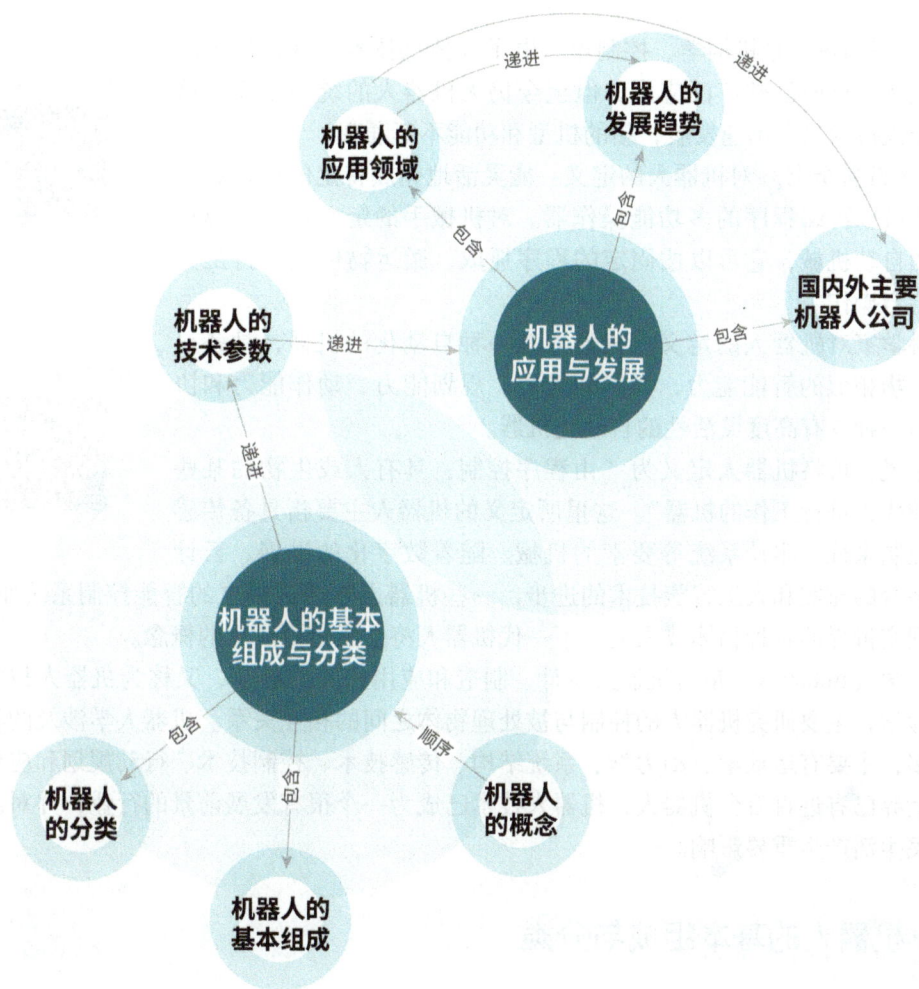

随着现代科技的快速发展，各领域不断涌现新的技术，其中机器人的发展格外引人注目。上到空间机器人，下至水下探险机器人，机器人的应用遍及工业、农业、服务业等各大领域，机器人技术将成为决定一个国家现代化程度的重要标志。机器人的发展和应用深刻影响着工业制造模式的变革以及人类文明的发展；而在"工业4.0"和智能制造全面深化的今天，机器人正向着智能化、柔性化及与人类社会更加融合的方向发展。

1.1 机器人的概念

机器人（Robot）是机构学、控制论、电子和信息技术等现代科学综合应用的产物，目前已被广泛应用，但至今仍无机器人的统一定义。这是由于机器人技术仍在迅速发展，新的机型和功能不断涌现。

机器人基本概念

《中国大百科全书》对机器人的定义：能灵活地完成特定的操作和运行任务，并可以再编程的多功能操作器。对机械手的定义：一种模拟人手操作的自动机械，它可以按固定的程序抓取、搬运物件或操持工具完成某种特定操作。

我国科学家对机器人的定义：机器人是一种自动化的机器，具备一些与人或生物相似的智能能力，如感知能力、规划能力、动作能力和协同能力，是一种具有高度灵活性的自动化机器。

机器人学的基本内容

一般来说，可将机器人定义为"由程序控制，具有人或生物的某些功能，可替代人进行工作的机器"。这里所定义的机器人主要指具备传感器、智能控制系统、驱动系统等要素的机械。随着数字化的进展、云计算等网络平台的充实和人工智能技术的进步，一些机器人能通过独立的智能控制系统驱动，联网访问现实世界的各种物体或人类。下一代机器人将会涵盖更广泛的概念。

机器人学（Robotics）是与机器人设计、制造和应用相关的科学，又称为机器人技术或机器人工程学，主要研究机器人的控制与被处理物体之间的相互关系。机器人学涉及的学科和技术很多，主要有运动学、动力学、系统结构、传感技术、控制技术、行动规划和应用工程等。全世界已有近百万台机器人，机器人技术已成为一个很有发展前景的行业，并对国民经济和人民生活产生重要影响。

1.2 机器人的基本组成与分类

1.2.1 机器人的基本组成

一般来说，机器人由三个部分、六个子系统组成。三个部分分别为机械部分、传感部分和控制部分；六个子系统分别为机械系统、驱动传动系统、感知系统、控制系统、机器人-环境交互系统和人机交互系统，如图1-1所示。

工业机器人组成

1. 机械部分

机械部分是机器人的本体部分，也称被控对象，分为机械系统和驱动传动系统两个子系统。

（1）机械系统　机械系统（Mechanical System）也称操作机或执行机构系统，由一系列连杆、关节或其他形式的运动副组成。工业机器人的机械系统由机身、手臂、末端执行器三大件组成，每一个大件都有若干自由度，从而构成一个多自由度的机械系统。

（2）驱动传动系统　驱动系统（Drive System）是驱动机械系统的装置。根据不同的驱动源，驱动系统分为电力系统、液压系统、气动系统，以及把它们结合起来的综合系统。驱动系统可与机械系统直接相连，也可通过同步带、链条、齿轮、减速器等传动部件（组成驱动传动系统）与机械系统间接相连。

图 1-1　机器人的基本组成

近年来，出现了许多新型驱动器，按照不同的工作原理可分为压电驱动器、静电驱动器、人工肌肉及光驱动器等。

2. 控制部分

控制部分相当于机器人的"大脑"，可直接或通过人工操作对机器人的动作进行控制，分为控制系统和人机交互系统两个子系统。

（1）控制系统　控制系统（Control System）根据机器人的作业指令程序以及从传感器反馈回来的信号，支配机器人的执行机构完成规定的动作。工业机器人被控输出端和控制输入端不具备信息反馈系统或装置的，称为开环控制系统；反之，则为闭环控制系统。

根据运动的形式，控制可分为点位控制和轨迹控制。点位控制中，控制的运动是空间点到点之间的运动，在作业过程中只设定和控制几个特定工作点的位置，不需要对点与点之间的运动过程进行控制；轨迹控制中，控制的运动轨迹可以是空间中的任意连续曲线，机器人在空间内的整个运动过程都处于控制之中，且能同时控制两个以上的运动轴，这有利于进行焊接和喷涂等作业。

（2）人机交互系统　人机交互系统（Human-machine Interaction System）是操作人员获取机器人状态信息的装置，如计算机的标准终端、信息显示板及危险信号报警器等。它具有两大功能，即指令给定功能和信息显示功能。

3. 传感部分

传感部分相当于机器人的"五官"，为机器人工作提供感知，使机器人的工作过程更加精准，分为感知系统和机器人-环境交互系统两个子系统。

（1）感知系统　感知系统（Sensing System）由内部传感器模块和外部传感器模块组成，从而获得内部和外部环境状态的信息。内部传感器用来检测机器人本身状态，如位置传感器、角度传感器等；外部传感器用来检测机器人所处环境及状况，如力传感器、距离传感器等。智能传感器是传感器与微处理机相结合的系统，具有采集、处理、交换信息的功能，从而提高机器人的机动性、适应性和智能化水平。

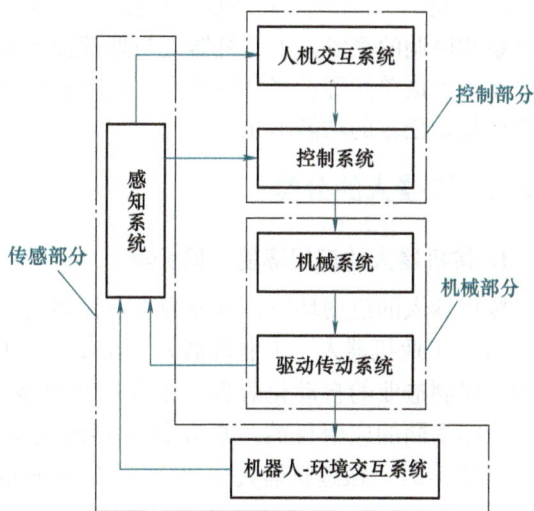

（2）机器人-环境交互系统 机器人-环境交互系统是实现机器人与外部环境设备之间相互联系和协调的系统。工业机器人与外部设备可集成为一个功能单元，如加工制造单元、装配单元、焊接单元等；多台机器人、多台机床或设备和多个零件存储装置等也可以集成为一个执行复杂任务的功能单元。

1.2.2 机器人的分类

工业机器人分类

1. 按机器人的应用环境不同分类

按机器人的应用环境，可分为工业机器人和服务机器人两大类。

（1）工业机器人 工业机器人（Industrial Robot）是集先进技术于一体的现代制造业的自动化装备，主要用于完成工业生产过程中的某些作业。依据不同的应用目的，常以其主要用途命名，如焊接机器人（见图1-2）、装配机器人（见图1-3）、搬运机器人（见图1-4）和码垛机器人（见图1-5）等。

图 1-2 焊接机器人

图 1-3 装配机器人

图 1-4 搬运机器人

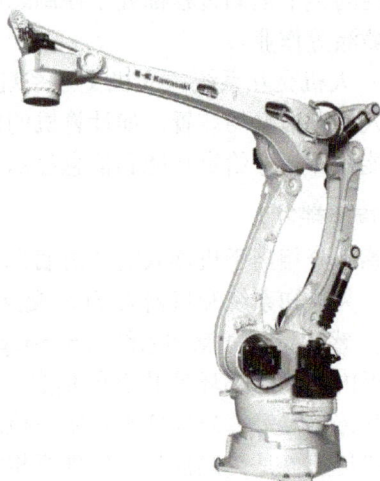

图 1-5 码垛机器人

（2）服务机器人　服务机器人（Service Robot）是机器人家族中的年轻成员，它的结构通常是在一个移动平台上安装一只或几只手臂，可代替或协助人完成服务和安全保障类的工作。服务机器人又可分为专业领域服务机器人和个人/家庭服务机器人。专业领域服务机器人有医用机器人（见图 1-6）、物流用机器人（见图 1-7）等；个人/家庭服务机器人有家庭作业机器人（见图 1-8）、残障辅助机器人（见图 1-9）等。

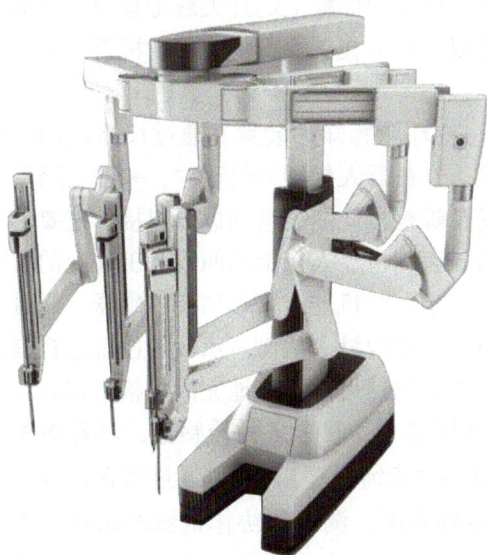

图 1-6　手术机器人

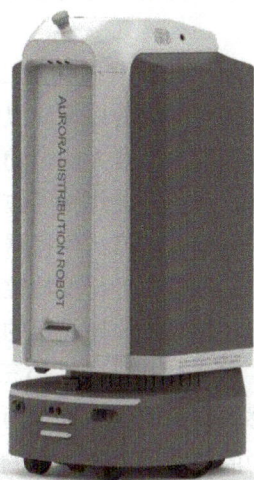

图 1-7　室内配送机器人

图 1-8　干雾防疫消毒机器人

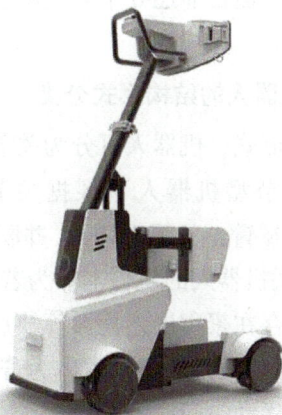

图 1-9　穿戴式康复机器人

此外，按应用环境，也可将机器人分为工业机器人和特种机器人两大类。工业机器人是指面向工业领域的多关节机械手或多自由度机器人；特种机器人则是用于非制造业并服务于人类的各种先进机器人。

2. 按机器人的技术发展水平分类

按机器人的技术发展水平（从低级到高级），机器人可分为第一代机器人、第二代机器人和第三代机器人。

（1）第一代机器人 第一代机器人指只能以示教再现方式工作的工业机器人，称为示教再现型机器人。这类机器人按照人类预先示教的轨迹、行为、顺序和速度重复作业，比较普遍的方式是通过控制面板示教，即操作人员利用控制面板上的开关或键盘控制机器人一步一步地运动，机器人自动记录每一步，然后重复。目前在工业现场应用的机器人大多采用这一方式。

（2）第二代机器人 第二代机器人带有一些环境感知的装置，通过反馈控制，能在一定程度上适应变化的环境。以焊接机器人为例，在机器人焊接的过程中，一般由操作人员通过示教方式给出机器人的运动曲线，机器人携带焊枪按此曲线运动进行焊接，这要求工件的一致性好，即工件被焊接的位置必须十分准确，否则机器人行走的曲线和工件上的实际焊缝位置将产生偏差。第二代机器人采用焊缝跟踪技术，在机器人末端加装传感器，通过传感器感知焊缝的位置，进行反馈控制，使机器人自动跟踪焊缝，从而对示教的位置进行修正。即使实际焊缝相对于原始设定的位置有变化，机器人仍然可以很好地完成焊接工作。

（3）第三代机器人 第三代机器人是智能机器人，装有多种传感器，具备多种感知功能，能感知自身的状态（如所处的位置、自身的故障情况等），且可通过装在机身上或者工作环境中的传感器感知外部的状态（如自动发现路况、测出与协作机器的相对位置及相互作用力等）。更为重要的是，它可根据获取的信息进行复杂的逻辑推理、判断及决策，在变化的内部状态和外部环境中自主决定自身的行为。

经过多年来的不懈努力，机器人技术方面已出现了各具特点的试验装置和大量的新方法、新思想，但目前还处于研究阶段。第三代机器人具有高度的适应性和自治能力，是今后发展的方向。

3. 按机器人的结构形式分类

按结构形式，机器人可分为关节型机器人和非关节型机器人两大类。

（1）关节型机器人 根据关节型机器人的机械本体是否封闭，又可分为串联机器人（或称机械臂，见图 1-10）、并联机器人（见图 1-11）和混联机器人（见图 1-12）。

1）串联机器人的机械本体为若干关节和连杆串联组成的开链机构，其控制简单、运动空间大，但存在累积误差较大等缺点。

2）并联机器人的机械本体为若干关节和连杆首尾相连的闭式链机构，其刚度大、精度高，但存在运动空间小等缺点。

3）混联机器人是开式链机构和闭式链机构并存的混合机构，兼具串联机器人和并联机器人的优点。

（2）非关节型机器人 非关节型机器人是指无关节结构的机器人，即它没有由节面或部件组成的动作构型，而是直接利用电动机来移动其结构，如直角坐标机器人。由于其有效控制电动机的能力，这类机器人能够轻易完成复杂的移动，而且在速度和精度方面也非常出色，因此广泛应用于工厂的流水线、建筑行业和特殊行业中。

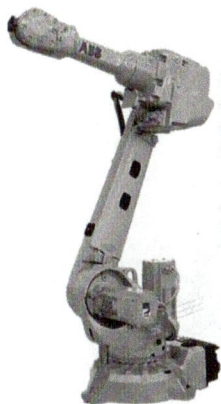

图 1-10　串联机器人　　　　　图 1-11　并联机器人　　　　　图 1-12　混联机器人

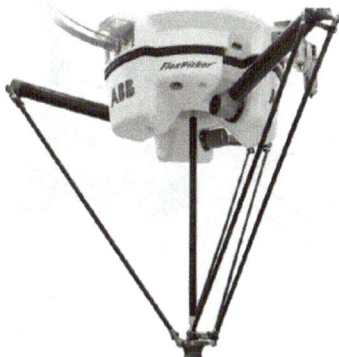

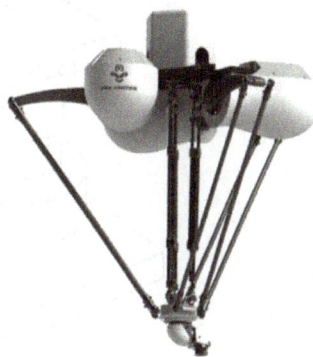

4. 按机器人的运动坐标形式分类

按机器人的运动坐标形式，机器人可分为直角坐标型机器人、圆柱坐标型机器人、球坐标型机器人及关节坐标型机器人。

（1）直角坐标型机器人　其末端空间位置的改变是通过沿三个互相垂直的轴的移动来实现的，即沿 X 轴的纵向移动、沿 Y 轴的横向移动及沿 Z 轴的升降运动（见图 1-13）。此类机器人的位置精度高、控制无耦合且简单、避障性好，但体积庞大、动作范围小、灵活性差。

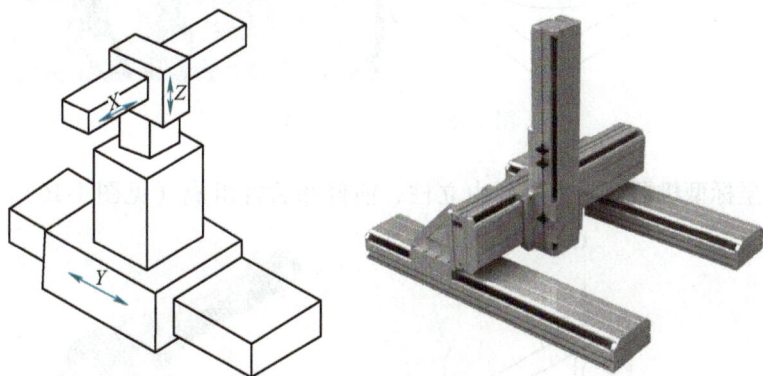

图 1-13　直角坐标型机器人

（2）圆柱坐标型机器人　其末端空间位置的改变是通过两个移动和一个转动来实现的，即由沿垂直于立柱平面的伸缩和沿立柱方向的升降两个移动及绕立柱的转动复合而成（见图 1-14）。此类机器人的位置精度仅次于直角坐标型机器人，控制简单、避障性好，但结构较复杂。

（3）球坐标型机器人　其运动由一个直线运动和两个转动组成，即沿 X 轴的伸缩、绕 Y 轴的俯仰和绕 Z 轴的回转（见图 1-15）。Unimate 机器人是其典型代表。这类机器人占地面积较小、结构紧凑、位置精度尚可、质量较小，但避障性差，存在平衡问题，位置误差与臂长有关。

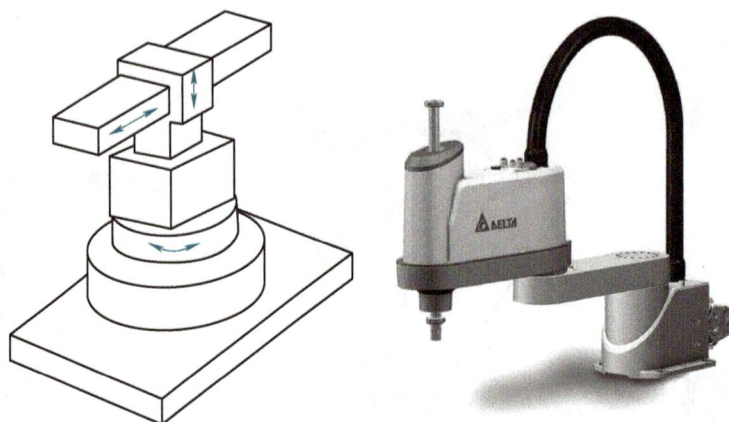

图 1-14　圆柱坐标型机器人

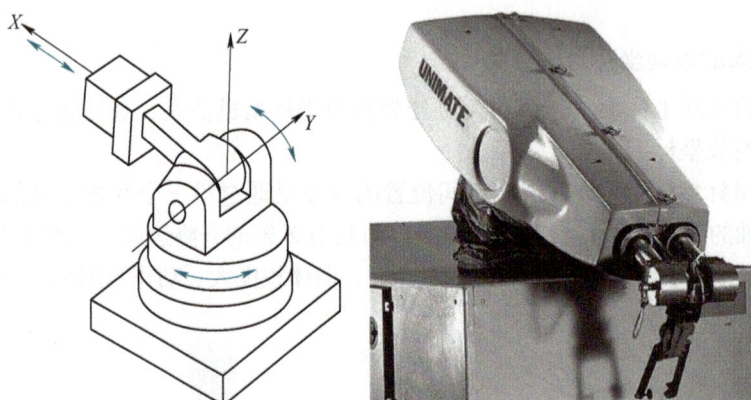

图 1-15　球坐标型机器人

（4）关节坐标型机器人　其主要由立柱、前臂和后臂组成（见图 1-16）。PUMA、ABB

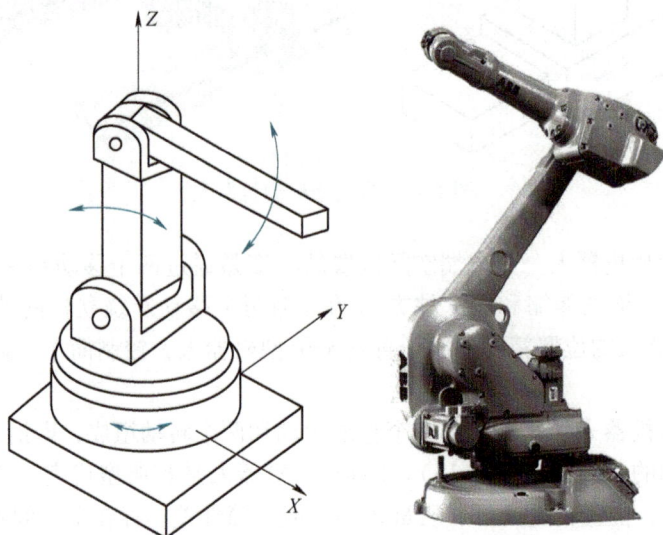

图 1-16　关节坐标型机器人

机器人是其代表，其运动由前臂、后臂的俯仰及立柱的回转构成。与其他类型机器人相比，这类机器人结构最紧凑、灵活性好、占地面积最小、工作空间最大、避障性好，但位置精度较差，存在平衡和控制耦合问题，故驱动控制较复杂。这类机器人目前应用最为广泛。

1.3 机器人的技术参数

机器人的技术参数反映了其可胜任的工作和操作性能，是选择、设计和应用机器人时必须考虑的内容。机器人的技术参数包括自由度、精度、工作范围、最大工作速度、承载能力和运行环境等。

工业机器人技术参数

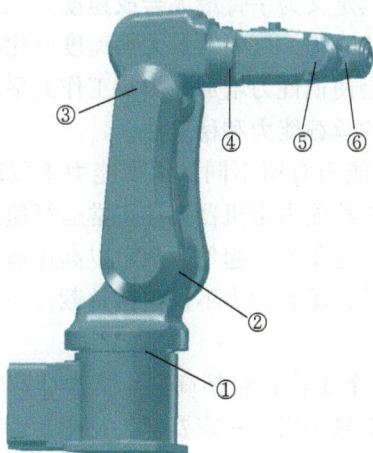

（1）自由度 自由度（Degree of Freedom）是指机器人所具有的独立运动坐标轴运动的数目，一般不包括末端执行器的开合自由度。在三维空间中表述一个物体的位置和姿态（简称位姿）需要 6 个自由度，如图 1-17 中①~⑥所示。但是，工业机器人的自由度是根据其用途而设计的，可能小于 6 个，也可能大于 6 个。例如，日本日立公司生产的 A4020 装配机器人有 4 个自由度，可在印制电路板上插接电子元器件。

从运动学的观点出发，完成某一特定作业时具有多余自由度的机器人称为冗余机器人或冗余度机器人。图 1-18 所示为七自由度机器人。例如，PUMA 700 型机器人在执行印制电路板上接插电子器件作业时就成为冗余度机器人，冗余的自由度可增加机器人的灵活性，便于其躲避障碍物和改善动力性能。人的手臂（大臂、小臂、手腕）共有 7 个自由度，手臂从一个构型移动到另一个构型时保持末端机构始终不动，可回避障碍物，也可从不同的方向到达同一个位置，在工作时更灵活。

图 1-17 六自由度机器人　　图 1-18 七自由度机器人

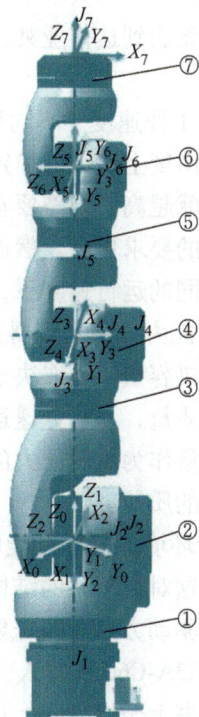

（2）精度　机器人的精度指标包括定位精度和重复定位精度。定位精度是指机器人手部实际到达位置与目标位置之间的差异，可用反复多次测试的定位结果代表点与指定位置之间的距离来表示。

重复定位精度（Repeatability）是指机器人重复定位手部于同一目标位置的能力，以实际位置值的分散程度来表示。重复定位精度是精度的统计数据，任何一台机器人，即使在同一环境、程序等条件下，每一次动作到达的位置也不可能完全一致。例如，北京科技大学机器人研究所对某型号机器人的测试结果为：在 20mm/s、200mm/s 的速度下分别重复 10 次，其重复定位精度为±0.04mm，即所有的动作位置停止点均在中心点左右 0.04mm 范围之内，如图 1-19 所示。

引起定位误差的因素并不一定对重复定位精度有影响。如重力变形对定位精度影响较大，但对重复定位精度没有影响。故常以重复定位精度作为衡量示教-再现工业机器人水平的重要指标。

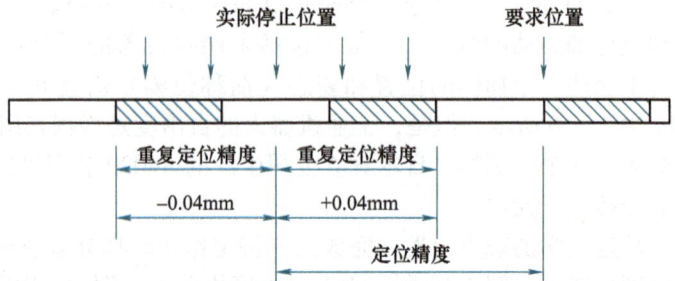

图 1-19　定位精度与重复定位精度

（3）工作范围　工作范围是指机器人运动时手臂末端或手腕中心所能到达的所有点的集合，也称为工作区域，一般是指不安装末端执行器的工作范围。工作范围的大小不仅与机器人各连杆的尺寸相关，还与它的总体构型相关。

工作范围的形状和大小十分重要，在使用前应充分了解，否则机器人在执行某作业时可能会因为手部无法到达作业死区而不能完成任务。图 1-20 所示为 ER3A-C60 机器人的工作范围。

（4）最大工作速度　不同厂家对最大工作速度的定义有所不同，有的厂家将其定义为工业机器人自由度上最大的稳定速度，有的厂家将其定义为手臂最大合成速度。工作速度越高，工作效率就越高，但需要花费更长时间去提速或降速，可能对最大加速度变化率及最大减速度变化率的要求更高。然而，过大的加、减速会使惯性力增加，影响工作的平稳性和定位精度。在不同的运行速度下，应综合考虑机器人的承载能力和稳定性。

（5）承载能力　各类机器人搬运、抓取重物的能力有所不同，承载能力不仅取决于构件尺寸和原动机容量，还取决于机器人运行速度。承载能力指机器人在正常运行速度下所允许抓取的物体质量，一般低速运行时承载能力较大。为了安全起见，规定以高速运行时所能抓取物体的质量作为承载能力的指标。需要强调的是，承载能力不仅包括负载，还包括机器人末端执行器的质量。

（6）运行环境　机器人能够在极端恶劣的环境下工作，包括高温、低温、高气压、潮湿、腐蚀等，这对机器人的结构设计、材料和防护措施提出了一定要求。易燃易爆环境对机器人的设计和驱动方式有特殊要求，如为了防火和防爆，喷漆机器人大多采用液压驱动。

这里以 ER3A-C60 机器人（见图 1-17）为例说明机器人的主要技术参数，通常这些参数会在产品说明书上予以说明。该机器人是一种小型工业机械臂，最大负载 3kg，其技术参数见表 1-1。

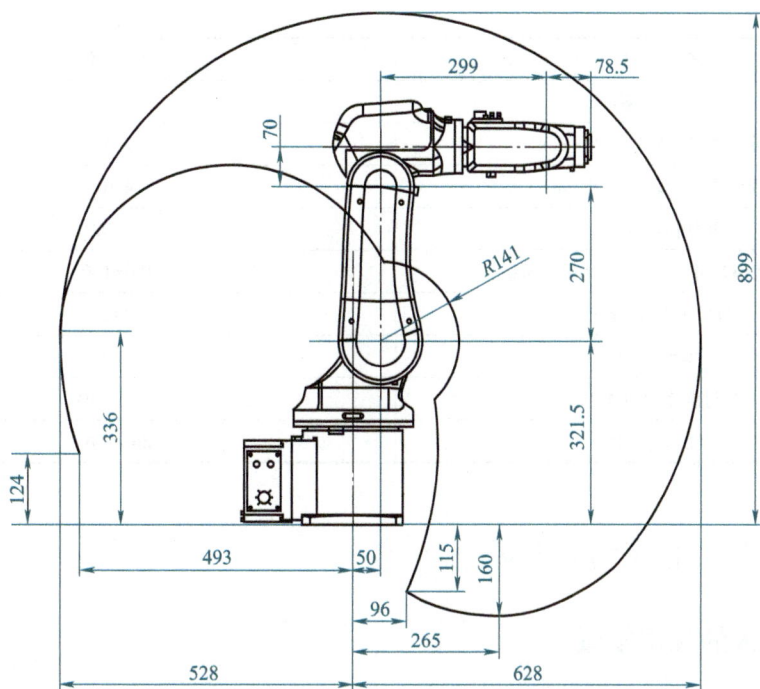

图 1-20　ER3A-C60 机器人的工作范围

表 1-1　ER3A-C60 机器人技术参数表

名　　称		参　　数
型号		ER3A-C60
动作类型		多关节型
自由度		6
放置方式		任意角度
最大工作速度/ (°)·s⁻¹	J1 轴	230
	J2 轴	230
	J3 轴	250
	J4 轴	320
	J5 轴	320
	J6 轴	420
最大动作范围/(°)	J1 轴	±167
	J2 轴	−130~90
	J3 轴	−75~105
	J4 轴	±180
	J5 轴	±110
	J6 轴	±360
最大活动半径/mm		630

（续）

名　称	参　数
手部最大负载/kg	3
五轴允许最大转矩/(N·m)	5.5
六轴允许最大转矩/(N·m)	4.6
重复精度/mm	±0.02
机器人底座尺寸（长×宽）/(mm×mm)	180×180
机器人高度/mm	702
环境温度/℃	0~40
相对湿度（40℃）	40%~90%
大气压力/kPa	86~106

1.4　机器人的应用与发展

1.4.1　机器人的应用领域

机器人是人工智能和机械技术的结合体，具有高度的自主性和灵活性。机器人的应用领域非常广泛，涵盖各个行业和领域，包括工业领域、农业领域、服务业领域、探索领域和军事领域等。

（1）工业领域　机器人在工业领域的应用最为广泛，可用于汽车制造、机械加工、食品加工、医药生产、铸造加工、钢铁生产等。机器人可执行各种重复性的任务，如搬运、焊接、装配、喷涂等，不仅提高了生产率和质量，同时也减少了人工成本和风险。

工业机器人应用领域

（2）农业领域　机器人在农业领域也有广泛应用，如蔬菜水果的嫁接、收获、检验与分类，剪羊毛、挤牛奶等。机器人可参与自动化农业生产的各个环节，在提高生产率的同时，大幅降低人力成本。

工业机器人发展状况

（3）服务业领域　机器人在服务业领域也有广泛的应用，可用于酒店售货、餐厅服务、保姆、医疗手术等。例如，在医疗领域，机器人可精确地辅助手术操作，提高了手术效果和安全性。

（4）探索领域　机器人可应用于人类无法直接进行操作的探索领域。例如，机器人可在水下、太空、极地等恶劣或不适于人类工作的环境中执行任务，如水下机器人和空间机器人。它们可帮助人类更好地了解和探索新领域，也提高了工作效率和安全性。

（5）军事领域　军事领域的机器人包括地面军用机器人、空中军用机器人和海上军用机器人等。它们可执行各种危险、复杂的任务，如侦察、作战、排雷等，大幅提高了任务完成的速度和安全性。

此外，机器人还应用于教育、娱乐、艺术等领域。例如，在教育领域，机器人可作为教具和教材，为学生提供生动有趣的交互体验；在娱乐领域，机器人可作为主持人或演员，与观众进行互动和表演；在艺术领域，机器人可创作音乐、绘画等艺术作品，为人们带来新的艺术体验。

总之，机器人的应用领域非常广泛，且随着技术的不断发展和进步，其应用领域还将不断扩展，为人们带来更多的便利和效益。

1.4.2　机器人的发展趋势

机器人研究包括基础研究和应用领域研究，研究内容包括机器人机构学、运动学与动力学分析、传感与控制技术、智能算法与优化、计算机接口与系统、机器人装配、机器人语言和机器人适应性等。随着不同技术和学科的交叉和融合，共融机器人应运而生，如图 1-21～图 1-23 所示。机器人的发展趋势体现在以下方面：

图 1-21　移动式混联加工机器人

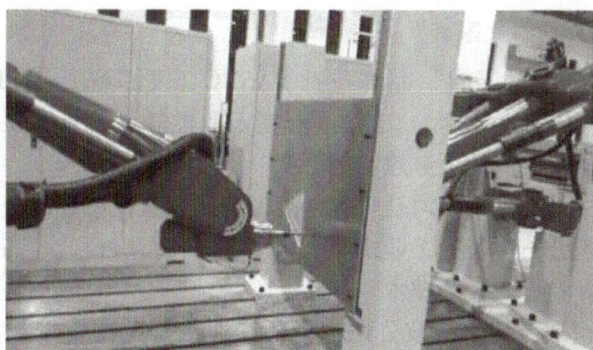

图 1-22　双机镜像铣削加工机器人

（1）软硬融合　机器人的轨迹规划、数字化车间布局、自动化搬运和上料、机器人间的协作等都需要软、硬件相结合。仅仅开发硬件是不够的，机器人软件开发更为重要。因此，发展智能机器人，要求研发人员既要懂机械，又要懂信息技术，尤其是机器人的控制技术。

（2）虚实融合　近年来计算机技术和仿真软件迅速发展，通过大量仿真、虚拟现实等

图 1-23　自适应磨抛机器人

方式对实际的运动过程或轨迹进行模拟和重建，是机器人的发展趋势之一。例如，在数字车间的机器人应用中，通过大量仿真、虚拟现实等方式把车间实际加工过程展现出来，一方面可直观地控制该过程，另一方面也让整个自动化生产过程变得更加高效和透明。

（3）人机融合　人和机器人相互融合是机器人未来发展的趋势之一。高效地关联机器和人，机器人便是最好的表现形式，人、机器及机器人的有效互动有利于加强工作过程中的协作。

1.4.3　国内外主要机器人公司

国内外常见机器人品牌

1. 国外工业机器人"四大家族"

国外工业机器人"四大家族"品牌包括 FANUC（发那科）、ABB、YASKAWA（安川）、KUKA（库卡）。上述品牌在工业机器人的技术领域具有很高的成就，它们的特点和优势总结如下：

（1）FANUC（发那科）　该公司是日本一家专门研究数控系统的公司，在工业机器人领域也有很高的成就。该公司生产的工业机器人精度很高，具有快速、高效、可靠的特点，其核心优势是控制系统，具有领先的技术。

（2）ABB　该公司来自瑞士，该公司生产的工业机器人在全球范围内具有很高的知名度，具有运动控制和自动化的优势，可广泛应用于各种工业场景。其机器人的算法和设计也很有特色，具有高效、灵活、安全的特点。

（3）YASKAWA（安川）　该公司是日本最大的工业机器人公司之一，其工业机器人在全球范围内具有很高的知名度。YASKAWA 以伺服电机起家，AC 伺服和变频器市场份额位居全球第一；在精度、速度、可靠性方面都有很高的性能表现，具有丰富的应用场景和功能。

（4）KUKA（库卡）　该公司是德国的一家工业机器人公司，在全球范围内也有很高的知名度。目前，美的集团已经完成对库卡全部股份的收购。该公司生产的机器人主要用于汽车制造领域的焊接、装配等环节，在自动化、智能化、柔性化方面均有很好的表现。其核心优势为机器人的控制系统和机械本体。

总之，国外工业机器人"四大家族"品牌在技术、性能、应用等方面均有很好的表现和各自的优势，为工业自动化的发展提供了强有力的支撑。

2. 国内机器人公司

随着科技的发展和工业自动化的普及，机器人产业逐渐成为推动我国制造业转型升级的重要力量之一。近年来，我国的机器人制造公司展现出强大的创新能力和竞争优势，在工业机器人、服务机器人等不同领域都有卓越的表现。国内主要的机器人公司总结如下：

（1）新松　沈阳新松机器人自动化股份有限公司（简称新松）成立于 2000 年，隶属中国科学院，是一家以机器人技术为核心的高新科技上市公司。作为国家机器人产业化基地，新松拥有完整的机器人产品线及工业 4.0 整体解决方案。本部位于沈阳，在上海设有国际总部，在沈阳、上海、杭州、青岛、天津、无锡、潍坊等地建有产业园区，在济南设有工业软件研究院。同时，新松积极布局国际市场，在韩国、新加坡、泰国、德国等地设立多家控股子公司及海外区域中心，形成以自主核心技术、核心零部件、核心产品及行业系统解决方案为一体的全产业价值链。

（2）大疆　深圳市大疆创新科技有限公司（简称大疆）成立于 2006 年，是一家无人机系统研发及应用方案的提供商。从无人机系统拓展至多元化产品体系，产品包括多旋翼无人机、固定翼无人机、直升机等多种类型，同时也提供无人机配件和维修保养服务，在无人机、手持影像系统等领域成为全球领先的品牌。此外，大疆还注重技术创新和研发，积极推动无人机技术在各个领域的应用，如航拍、农业、救援、物流等，以一流的技术产品重新定义"中国智造"内涵。

（3）新时达　上海新时达机器人有限公司（简称新时达）是拥有工业机器人核心技术的高科技企业。它实施"对标进口、取代进口"的市场战略，确立了对标国际领先品牌进行产品研发的高标准，完整掌握了机器人控制系统、伺服系统和软件系统等关键技术，具备定制化开发能力，为机器人在更广泛的市场应用奠定了技术基础。

（4）埃夫特　安徽埃夫特智能装备股份有限公司（简称埃夫特）是一家专门从事工业机器人、大型物流储运设备及非标生产设备设计和制造的高新技术企业，是中国工业机器人行业第一梯队的企业。通过引进和吸收全球工业自动化领域的先进技术和经验，埃夫特已形成从机器人核心零部件到机器人整机，甚至机器人高端系统集成领域的全产业链协同发展格局。

3. 国内外机器人差距

国内机器人与国外机器人相比，主要存在以下差距：

1）科研水平低。国内机器人的研发水平相对较低，技术创新能力有限，与国外机器人相比存在一定差距。

2）机器人视觉识别技术不成熟。国内机器人在视觉识别技术方面还不够成熟，而国外机器人在这一领域已经取得了较为先进的成果。

3）运动控制技术落后。国内机器人在运动控制技术方面还存在一定差距，而国外机器人在这方面已经实现了精确控制和高效运动。

4）应用领域有限。国内机器人的应用领域相对较窄，主要集中在工业领域，而在服务、医疗等领域的应用相对较少，与国外机器人相比存在一定差距。

5）机器人关键零部件依赖进口。国内机器人的关键零部件（如减速器、控制器等）主要依赖进口，导致国内机器人的成本较高，与国外机器人相比缺乏竞争力。

总之，国内机器人在技术水平、应用领域和关键零部件等方面与国外机器人相比还存在一定差距，需要加强技术创新和研发，提高自身实力和竞争力。

阅读材料

无人机

四足机器人

本章小结与重点

1. 本章小结

本章首先系统地阐述了机器人的基本组成与分类，其次讨论了机器人的主要技术参数，最后结合学科和科技的发展探讨了机器人的应用与发展趋势。

2. 本章重点

（1）机器人的基本组成

1）三个部分：机械部分、传感部分和控制部分。

2）六个子系统：机械系统、驱动传动系统、感知系统、控制系统、机器人-环境交互系统和人机交互系统。

（2）机器人的分类

1）按机器人的应用环境，可分为工业机器人和服务机器人。

2）按机器人的技术发展水平，可分为第一代机器人、第二代机器人和第三代机器人。

3）按机器人的结构形式，可分为关节型机器人和非关节型机器人。

4）按机器人的运动坐标形式，可分为直角坐标型机器人、圆柱坐标型机器人、球坐标型机器人和关节坐标型机器人。

（3）机器人的主要技术参数　自由度、精度、工作范围、承载能力、最大工作速度和运行环境等。

（4）机器人的应用领域　工业领域、农业领域、服务业领域、探索领域、军事领域等。

（5）机器人的未来发展趋势　软硬融合、虚实融合、人机融合。

（6）机器人的国内外主要公司

1）国外工业机器人"四大家族"：FANUC（发那科）、ABB、YASKAWA（安川）、KUKA（库卡）。

2）国内机器人公司：新松、大疆、新时达、埃夫特等。

习　题

1. 简述机器人定义。
2. 机器人基本组成有哪些?
3. 什么是冗余度机器人?
4. 机器人按机械结构形式和运动坐标可分为哪几类?
5. 简述串联机器人和并联机器人的区别。
6. 简述机器人的发展趋势。

本章重点专业英语词汇

中文词语	英文词汇
机器人	robot
机器人学	robotics
机械系统	mechanical system
驱传动系统	drive transmission system
人机交互系统	human-machine interaction system
工业机器人	industrial robot
服务机器人	service robot
自由度	degree of freedom
重复定位精度	repeatability

机器人机械结构及驱动传动系统

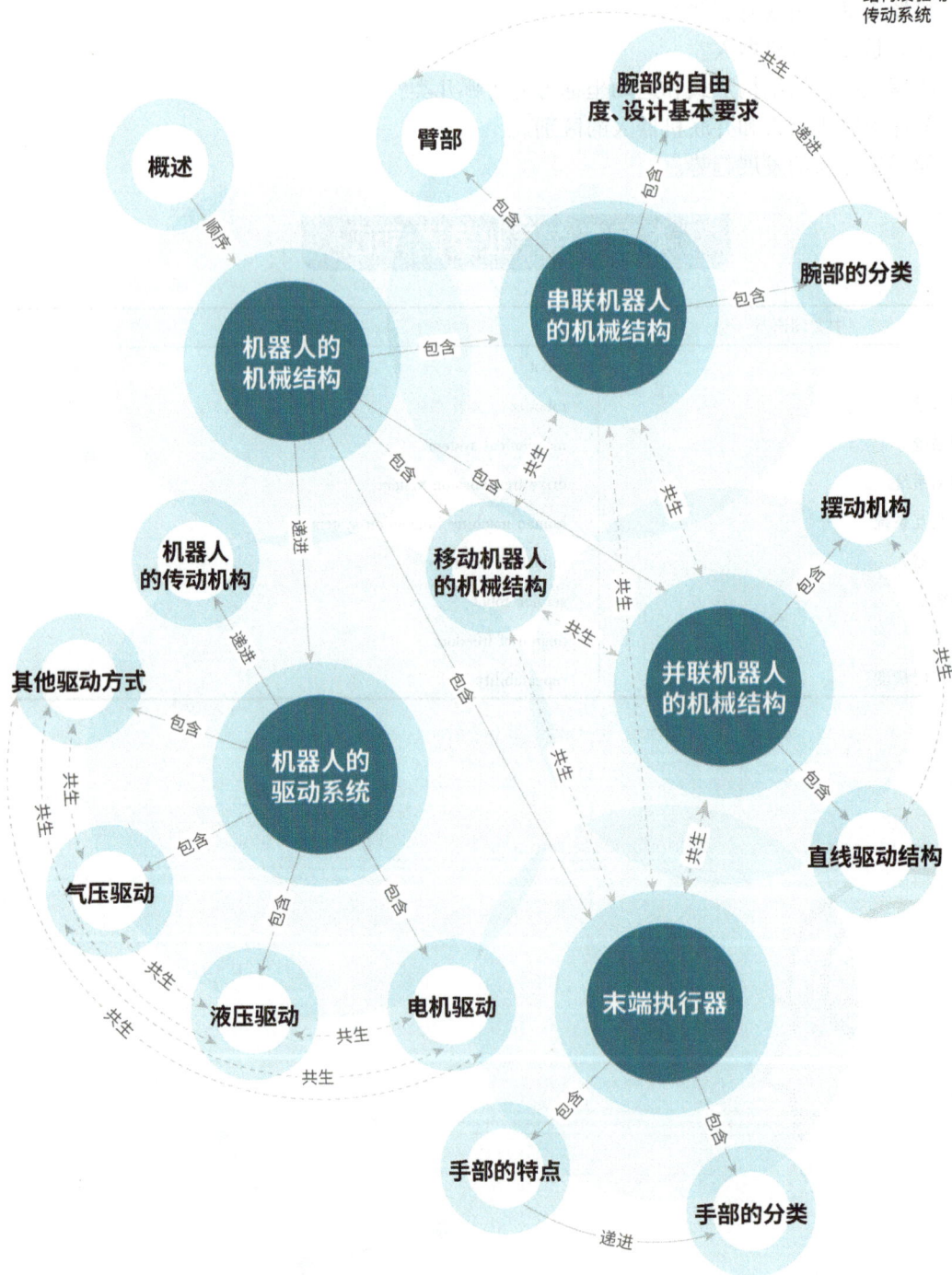

第2章

概述

臂部

腕部的自由度、设计基本要求

机器人的机械结构

串联机器人的机械结构

腕部的分类

机器人的传动机构

移动机器人的机械结构

摆动机构

其他驱动方式

机器人的驱动系统

并联机器人的机械结构

直线驱动结构

气压驱动

液压驱动

电机驱动

末端执行器

手部的特点

手部的分类

顺序　包含　包含　递进　共生　共生　包含　包含　包含　递进

机器人机械结构及驱动传动系统

2.1　机器人机械结构及驱动传动系统概述

机器人机械结构及驱动传动系统是机器人的重要组成部分，其设计与制造将直接影响机器人的性能及使用效果。

机器人机械结构包括机身、臂、腕、手、腿等部分，每个部分都由关节和活动连接件组成。其设计与制造需考虑机器人的运动学、动力学、强度、刚度、精度等方面的要求，从而保证机器人的机械性能和作业能力。

机器人驱动传动系统是机器人的动力系统，包括电机、减速器、驱动器、传感器等部分。电机用来提供动力，减速器用于降低电机的转速，驱动器将电机的动力输出到传动系统中，传感器用于检测各项运动参数。驱动传动系统的设计与制造需考虑机器人的运动学、动力学、控制等方面的要求，从而保证机器人的运动精度和稳定性。

2.2　机器人的机械结构

2.2.1　串联机器人的机械结构

结构材料选择

串联机器人（Serial Robot）指将串联机构作为操作臂机构的机器人。它一般由三大部分组成：机械系统、控制系统及驱动系统。机械系统的结构主要包括机座、手臂（大臂和小臂）、手腕和末端执行器四部分，如图 2-1 所示。其功能是实现机器人的运动机能所规定的各种操作。

主体结构设计　　机身的典型结构　　机身的自由度、设计的基本要求　　机身驱动力（力矩）计算

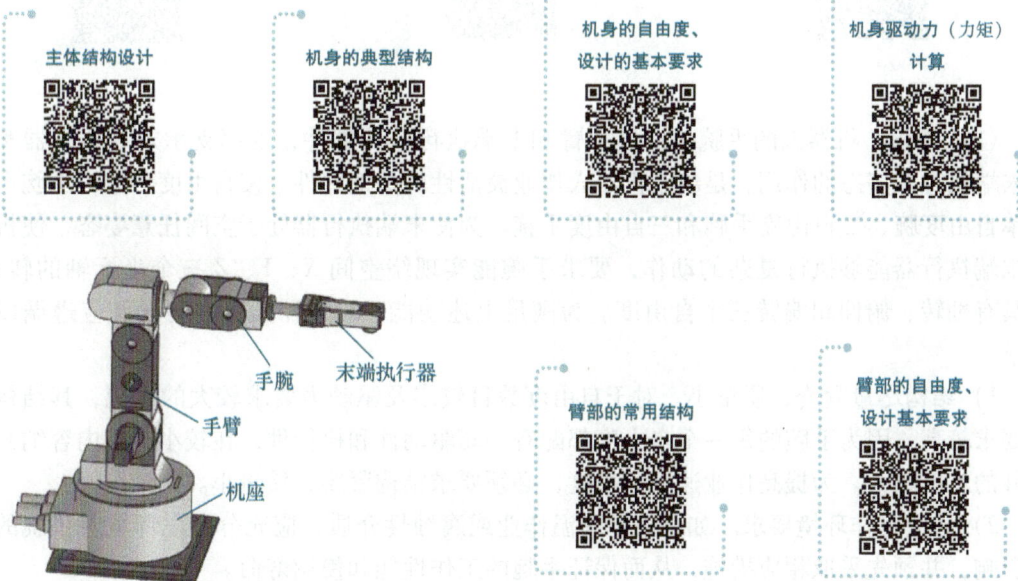

手腕
末端执行器
手臂
机座

臂部的常用结构　　臂部的自由度、设计基本要求

图 2-1　机器人机械系统示意图

（1）手臂　手臂是机器人执行机构中的重要部件，其作用为支承手腕和末端执行器，

将抓取的工件运送到指定位置。手臂结构一般包括手臂的伸缩、回转、俯仰和升降等运动机构以及与其有关的构件，如传动机构、驱动装置、导向定位装置、支承连接件和位置检测元件等。它不仅承受被抓取工件的质量，而且承受末端执行器和手腕的质量。工业机器人的手臂一般与控制系统和驱动系统一起安装在机座上。

手臂的结构、工作范围、臂力和定位精度都直接影响机器人的工作性能，因此手臂的结构形式需要根据机器人的运动形式、动作自由度、运动精度等因素来确定。此外，机器人手臂在设计时还需考虑自身受力情况、液压缸/气缸及导向装置的布置、内部管路与手腕的连接形式等因素。

手臂的设计有以下几个要求：

1）刚度要求高。为防止手臂在运动过程中产生过大变形，必须合理选择手臂截面形状，常用空心钢管做臂杆及导向杆，用工字钢和槽钢做支承板。

2）导向性要好。为防止手臂在直线运动中沿运动轴线发生相对转动，可设计方形花键等形式的臂杆。

3）质量要小。机器人手臂在携带工具或抓取工件并进行作业或搬运的过程中，所受动静载荷、被夹持物体及手臂、手腕等机构的质量均作用于手臂，因此应尽可能使机器人的手臂结构紧凑、质量小。选用高强度轻质材料，这对提高手臂的动作精度和运动速度尤为重要。

腕部的典型结构	腕部的分类	腕部的自由度、设计基本要求

（2）手腕　机器人的手腕是连接手臂和末端执行器的部件，发挥支承末端执行器和改变末端执行器姿态的作用，是决定机器人作业灵活性的关键部件。按自由度个数，手腕可分为单自由度腕、二自由度手腕和三自由度手腕。为使末端执行器处于空间任意姿态，使机器人末端执行器能够执行复杂的动作，要求手腕能实现绕空间 X、Y、Z 三个坐标轴的转动，即具有翻转、俯仰和偏转三个自由度。为满足上述功能，对机器人手腕的设计应遵循以下要求：

1）结构尽量紧凑、质量小。对于自由度数目较多及驱动力要求较大的手腕，其结构设计要求较高。因为手腕的每一个自由度都配有一套驱动件和执行件，在较小空间内容纳几套元件的难度较大。为提高作业速度和精度，必须要求结构紧凑，质量小。

2）适应工作环境要求。如果用于高温作业或腐蚀性介质，应充分考虑环境对手腕的不良影响，并预先采取相应措施，从而保证手腕的工作性能和使用寿命。

3）综合考虑各方面要求，合理布局。除保证手腕本身的动力和运动性能要求，以及具有足够的刚度和强度之外，还应全面考虑手腕与手臂的连接结构，管线布置及润滑、维修、调整等问题。

根据作业要求，为实现手腕的三自由度控制，串联机器人常用的手腕结构形式如图 2-2

所示。将能够在四个象限内进行 360°或接近 360°回转的旋转轴称为回转轴，也称 R 型轴。其特点是组成手腕的两个零件，自身的几何回转中心和相对运动的回转轴线重合。由于受到结构限制，相对转动角度仅能在三个象限进行 270°以下回转的旋转轴称为摆动轴，也称 B 型轴。

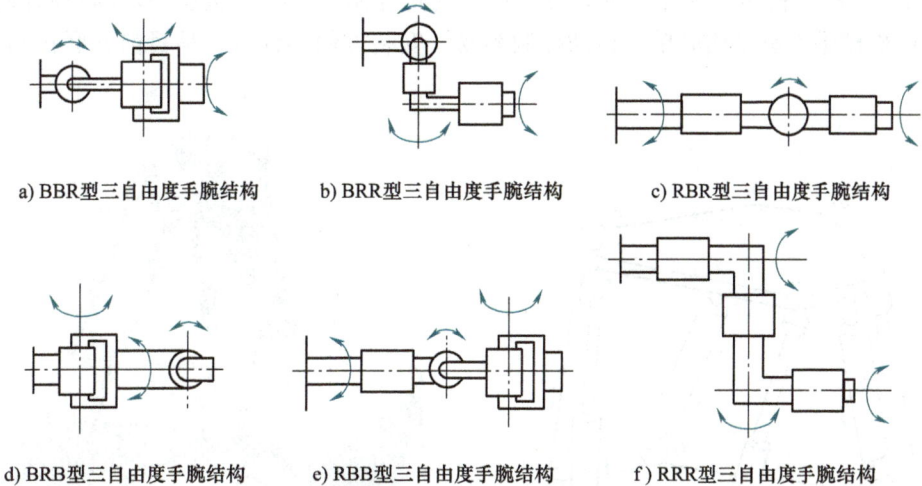

a) BBR型三自由度手腕结构　　　b) BRR型三自由度手腕结构　　　c) RBR型三自由度手腕结构

d) BRB型三自由度手腕结构　　　e) RBB型三自由度手腕结构　　　f) RRR型三自由度手腕结构

图 2-2　串联机器人常用的手腕结构形式

2.2.2　并联机器人的机械结构

1. 摆动机构

并联结构的工业机器人简称并联机器人（Parallel Robot），是常用于电子电工、食品药品等行业装配、包装、搬运的高速、轻载机器人。

并联机构的出现可追溯至 20 世纪 30 年代。1931 年，Gwinnett 在其专利中提出了一种基于球面并联机构的娱乐装置；1940 年，Pollard 在其专利中提出了一种用于汽车喷漆的空间工业并联机构；1962 年，Gough 发明了一种基于并联机构的六自由度轮胎检测装置；1965 年，德国的 Stewart 首次对前述机构进行了机构学意义上的研究，并将其推广应用为飞行模拟器的运动产生装备。图 2-3 所示为 Stewart 机构结构示意图。它是用 6 条具有 6 个关节的运动链将机座部分（定平台）与驾驶舱（动平台）并联连接的机构，是目前应用最广的并联机构。

Stewart 并联机构采用 6 根支杆将定平台与动平台连接。机构的上下平台分别由 6 个相同的分支所支撑，每个分支的两端是球形铰链，中间是一移动副。这 6 根支杆都可独立自由伸缩，因而上平台和下平台可进行 6 个独立运动，即有 6 个自由度，在三维空间内可以做任意方向的移动和绕任何方向的轴线转动。在其各条运动链的 6 个运动副中，仅有 1 个运动副是主动驱动，剩下的 5 个运动副均为被动关节。因此，输出部分能够在驱动器的驱动下实现平移、旋转等 6 个自由度的运动，完成与多关节手臂相同的功能。其移动副可以由液压缸、气缸或滚珠丝杠等直线驱动机构驱动。实现 6 个自由度可以不使用 6 条运动链。例如，在 6 个运动副的运动链中，若 2 个运动副是主动的，就可以用 3 条这样的运动链来实现 6 个运动自由度。但是，这种情况下并联机构的性质将受到限制。因此，将具有 6 条运动链的机构称为完全并联机构，将少于 6 条运动链的机构称为不完全并联机构或部分并联机构。

1978 年，澳大利亚学者 Hunt 首次将 Stewart 平台机构引入机器人；1985 年，瑞士洛桑联邦理工学院的 Clavel 博士发明了一种 3 个自由度空间平移的并联机器人，称为 Delta 机器人（Delta 机械手），如图 2-4 所示。Delta 机器人一般采用悬挂式布置，机座上置，手腕通过空间均布的 3 根并联连杆支撑；可通过连杆摆动角控制，使得手腕在一定的空间圆柱内定位。Delta 机械手具有结构简单、运动控制容易、安装方便等优点，是目前并联机器人的基本结构。

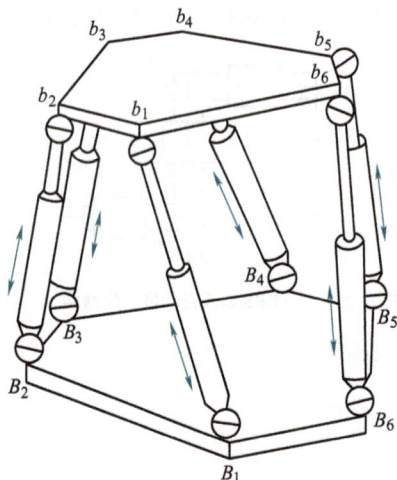

图 2-3 Stewart 机构结构示意图

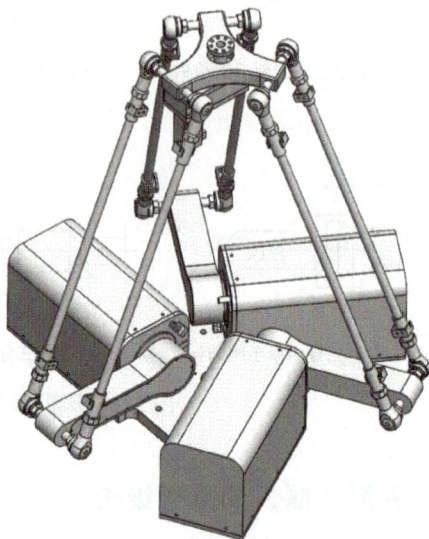

图 2-4 Delta 机械手

2. 直线驱动结构

图 2-5 所示为采用连杆摆动结构的 Delta 机器人，其手腕安装平台的运动通过主动臂的摆动驱动，控制 3 个主动臂的摆动角度，就能使手腕安装平台在一定范围内运动与定位。该机器人控制容易、动态特性好，但作业空间较小、承载能力较低，故多用于高速轻载的场合，如电子、食品、药品等行业中轻量物品的分拣、搬运等。

为增强结构刚性，使之能够适应大型物品的搬运、分拣等要求，大型并联机器人常采用直线驱动结构，其手腕安装平台的运动通过主动臂的伸缩或悬挂点的水平、倾斜、垂直移动等直线运动驱动，控制 3（或4）个主动臂的伸缩距离，可使手腕安装平台在一定范围内定位。它采用伺服电机和滚珠丝杠驱动的连杆拉伸直线运动代替摆动，不但提高了机器人的结构刚性和承载能力，而且提高了定位精度，简化了结构设计，最大承载能力达 1000kg。直线驱动的并联机器人安装高速主轴后，便可成为一台可切削加工（类似于数控

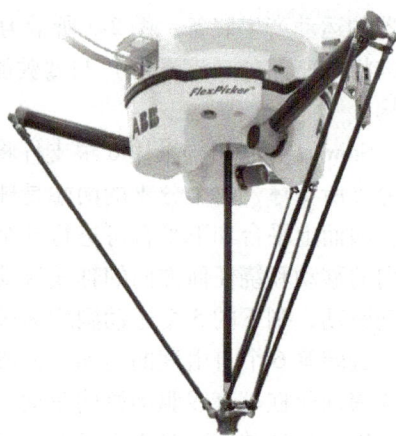

图 2-5 采用连杆摆动结构的 Delta 机器人

机床）的加工机器人。

  Delta 机器人的机械传动系统结构非常简单。例如，回转驱动型机器人的传动系统是 3 组完全相同的摆动臂，摆动臂可由驱动电机经减速器减速后驱动，无需其他中间传动部件，因而仅需采用类似垂直串联机器人机身、前驱 SCARA 机器人转臂等减速摆动机构便可实现；如果选配齿轮箱型谐波减速器（如 Harmonic Drive System CSF/CSG-GH 系列等），仅需进行谐波减速箱的安装和输出连接，无需其他任何传动部件。对于直线驱动型机器人，仅需 3 组结构完全相同的直线运动伸缩臂，伸缩臂可采用传统的滚珠丝杠驱动，其传动系统结构与数控机床进给轴类似。

固定轨迹行走机构	无固定轨迹式 行走机构	移动关节

2.2.3　移动机器人的机械结构

  不同的行走环境对机器人机械结构中的移动机构提出了不同要求。对于在普通地面上工作的机器人而言，平坦的地面仅需简单的前进推力，车轮即可实现移动功能。若要求机器人上下楼梯或在崎岖不平的山地行走，则需要采用特种移动机构。根据机器人的移动机构特点，分为车轮式、履带式和步行式。前两者的形态为运动车式，后者为类人或动物的足式。

1. 车轮式移动机构

  车轮式移动机构具有移动平稳、能耗小及容易控制移动速度和方向等优点，应用广泛。图 2-6 所示为带机械手的麦克纳姆轮 AGV 小车机器人。目前的车轮式移动机构主要为三轮差速移动机构和四轮移动机构。

  三轮差速移动机构为移动机器人的基本移动机构，其关键是移动方向的控制。典型车轮的配置：一种是一个前轮与两个后轮，前轮作为操纵舵，用来改变方向，后轮用来驱动；另一种是两后轮独立驱动，前轮仅起支撑作用，并靠两后轮的转速差或转向来改变移动方向，从而实现整体灵活、小范围的移动。但是，当进行较长距离的直线移动时，两驱动轮的直径差会影响前进的方向。四轮移动机构也是一种应用广泛的移动机构，基本原理类似三轮式。实际采用何种机构的车轮以及车轮的数量，取决于地面的性质、车辆的承载要求及任务等。

图 2-6　带机械手的麦克纳姆轮 AGV 小车机器人

2. 履带式移动机构

  履带式移动机构的特点是将履带卷绕在多

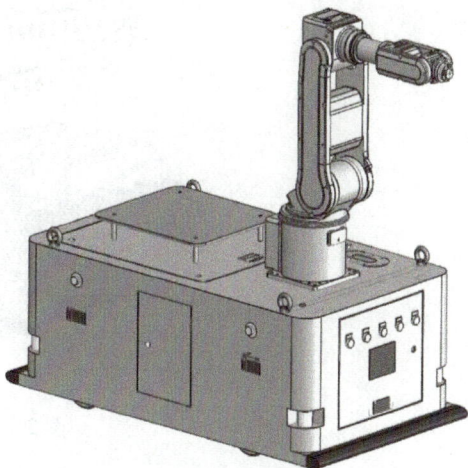

个车轮上，使车轮不与地面直接接触，缓冲凹凸不平的地面对车轮的影响，实现在不平整的地面上移动、跨越障碍物、爬较低的台阶等。与轮式移动机构相比，履带式移动机构支承面积大，接地比压小，不易打滑，可发挥较大的牵引力，但结构复杂，质量大，减振性能差，零件易损坏。图 2-7a 所示的履带式机器人有两条形状可变的履带，分别由两个主电动机驱动。当履带速度相同时，可实现前进或后退；当履带速度不同时，机器实现转向运动；当臂杆绕履带架上的轴旋转时，带动行星轮转动，实现履带的不同构形，从而适应不同环境的移动。

位置可变的履带机构是指履带相对于机体位置可发生改变的履带机构。图 2-7b 所示为一种两自由度的变位履带移动机构，各履带能绕机体的水平轴线和垂直轴线偏转，从而改变移动机构的整体构形。它兼具履带机构与轮式机构的优点，履带沿一个自由度变位时，可用于爬越障碍；沿另一个自由度变位时，可实现车轮移动。

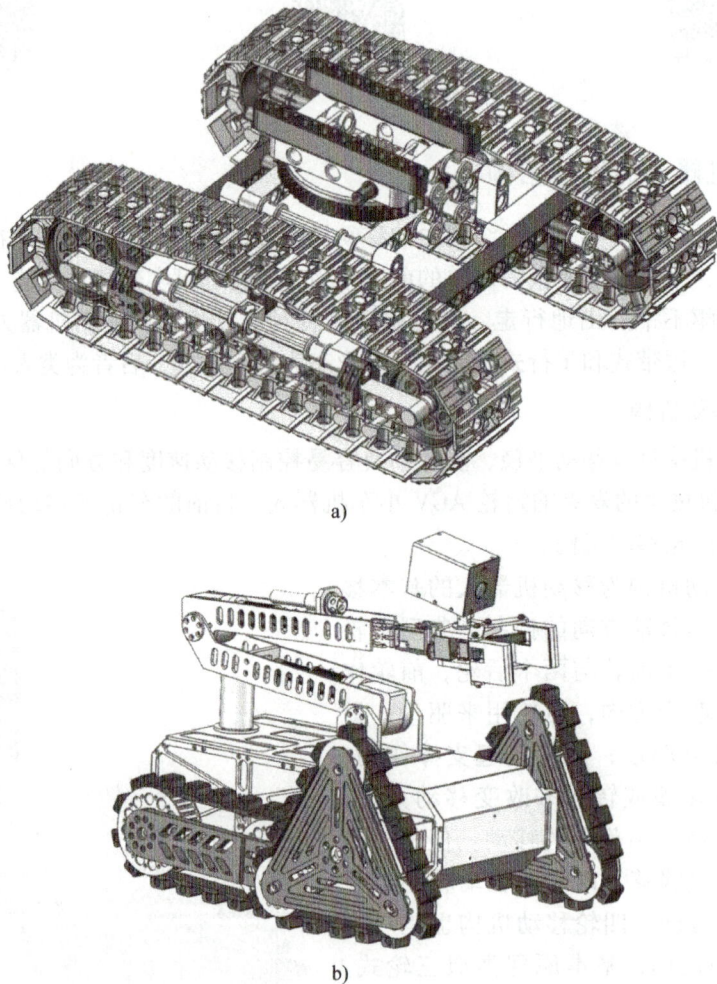

a)

b)

图 2-7　履带式机器人

3. 步行移动机构

类似于人和动物，通过脚部关节机构采用步行方式实现移动的机构称为步行移动机构。

采用步行机构的步行机器人能够在凸凹不平的地面行走、跨越沟壑和上下台阶，具有广泛的适应性，但在控制上有一定难度。步行机构分为两足、三足、四足、六足和八足等形式。图 2-8 所示为波士顿四足机器人。

2.2.4　末端执行器

机器人的末端执行器（End-effecter）是装在机器人手腕上直接抓握工件或执行作业的部件，常安装在机器人手臂的末端，是最重要的执行机构。末端执行器与机器人的作业要求、作业对象密切相关，其种类多样，可以是类人的手爪，也可以是喷漆、焊接等专业作业的工具。

图 2-8　波士顿四足机器人

| 手部的分类 | 手部的特点 | 手爪的典型结构 | 手爪设计的基本要求 |

末端执行器根据不同用途，分为搬运类末端执行器、加工类末端执行器及测量类末端执行器，分别用于物体的搬运移动、加工制造及测量检测；根据不同驱动方式，分为电动式末端执行器、气压式末端执行器与液压式末端执行器；根据不同控制方式，分为程序控制式末端执行器与传感器控制式末端执行器，前者通过编写程序实现自动化控制，操作简单、效率高，后者通过传感器实现自动化控制，适应性强、稳定性高；根据不同作业方式，分为重复定位型末端执行器与任意定位型末端执行器，前者适用于加工、装配等重复定位精度要求较高的作业，后者适用于涂装、喷涂等任意定位精度要求较高的作业。

机器人手爪是一种适用于抓取、搬运和放置物体的末端执行器，可根据不同的操作任务进行定制，分为机械手爪、吸附式手爪和仿生多指灵巧手，如图 2-9 所示。

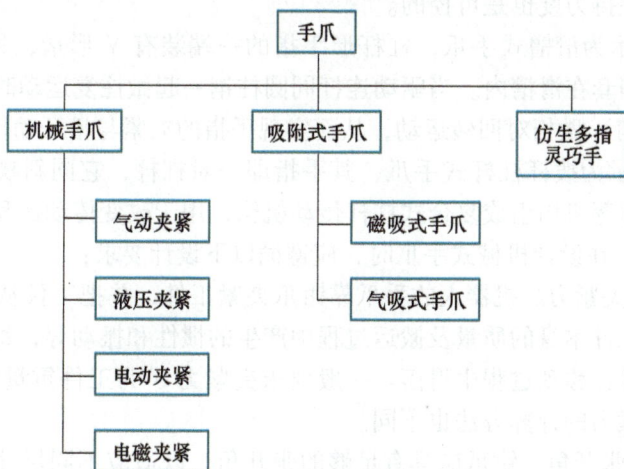

图 2-9　手爪的分类

1. 机械手爪

机械手爪（Mechanical Gripper）的结构包括手指、驱动机构、驱动传动机构及连接支承元件，主要靠手指尖或手指与手掌间对工件的作用力以及手指、手掌与工件之间的摩擦力保持对工件的夹持，通过手爪的开合动作实现对物体的夹持和释放。产生夹紧力的驱动源包括气动、液动、电动和电磁。图 2-10 与图 2-11 分别为电动与气动驱动的两种机械手爪。

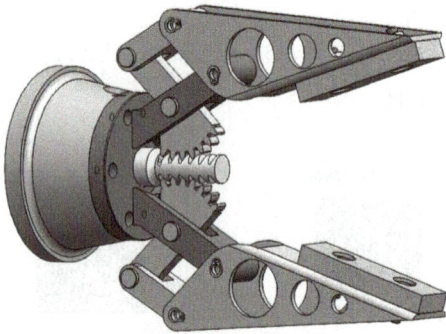

图 2-10　电动机械手爪

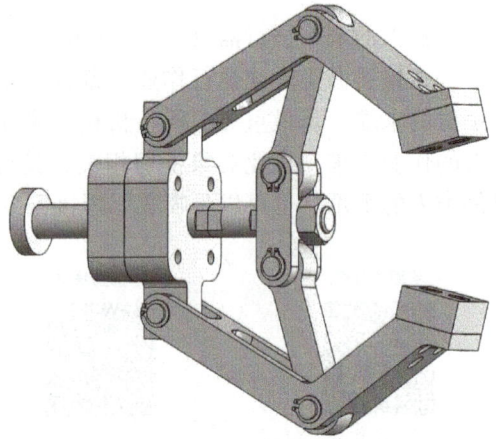

图 2-11　气动机械手爪

手爪的驱动传动机构是将驱动源的驱动力和运动传递给手指，从而实现夹紧和松开动作的机构。

（1）手爪的分类

1）图 2-12a 所示为齿轮齿条式手爪，齿轮推动齿条做直线往复运动，从而实现手指的松开或闭合。该类手爪可保持爪钳平行运动，夹持宽度变化大，即使爪钳开合度不同，夹紧力也能保持不变。

2）图 2-12b 所示为夹持式手爪，通过手爪的开合来夹紧和松开物体，整个过程中定位点都可控，夹爪的夹持力度也是可控的。

3）图 2-12c 所示为滑槽式手爪，杠杆形手指的一端装有 V 形指，另一端开有长滑槽，驱动杆件上的圆柱销套在滑槽内。当驱动连杆同圆柱销一起做往复运动时，可拨动两个手指各围绕其支点（铰销）做相对回转运动，从而实现手指的夹紧与松开动作。

4）图 2-12d 所示为拨杆杠杆式手爪，其手指即一对杠杆，它同斜楔、滑槽、连杆、齿轮、蜗轮蜗杆或螺杆等机构组成复合式杠杆传动机构，用于改变传动比和运动方向。

（2）设计要求　在设计机械式手爪时，应遵循以下设计要求：

1）具有足够的夹紧力。机器人的手爪靠钳爪夹紧工件，并把工件从一个位置移动到另一个位置。考虑到工件本身的质量及搬运过程中产生的惯性和振动等，钳爪应具有足够大的夹紧力，以防止工件在移动过程中滑落。一般要求夹紧力 N 为工件重量的 2~3 倍。手爪的结构形式不同，夹紧力的计算方法也不同。

2）具有足够的张开角。钳爪应具有足够的张开角，以适应不同尺寸的工件，同时夹持工件的中心位置变化要小（定位误差要小）。对于移动式的钳爪，还应有足够大的移动范围。

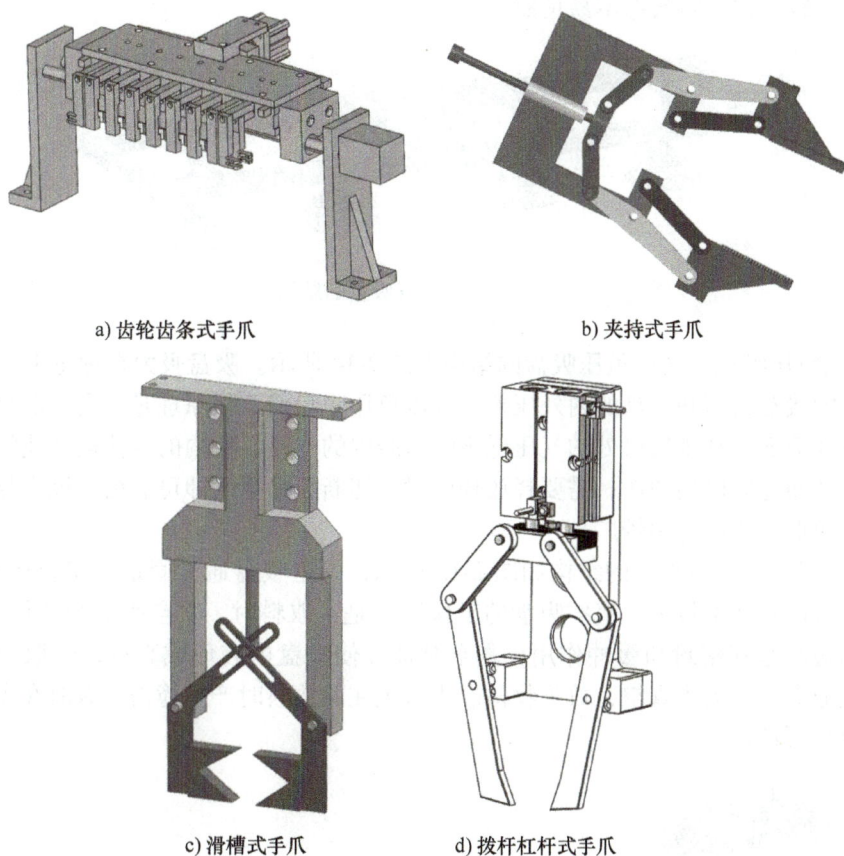

a) 齿轮齿条式手爪　　　　　　　　　　b) 夹持式手爪

c) 滑槽式手爪　　　　　d) 拨杆杠杆式手爪

图 2-12　常见手爪驱动传动机构

3）保证工件的可靠定位。为使工件保持准确的相对位置，应根据工件形状采用相应的手指形状来定位，如圆柱形工件应采用 V 形手指，以实现自动定心。

4）具有足够的强度和刚度。手爪除受到被夹持工件的反作用力外，还受到末端执行器在运动中产生的惯性力以及振动的影响，因此对于受力较大的手爪，应进行强度与刚度校核计算。

5）尽可能使结构紧凑、质量小。手爪处于腕部的最前端，质量和惯性负荷将直接影响机器人的工作性能。

2. 吸附式手爪

吸附式手爪靠吸附力抓取工件，适用于大平面中易碎、微小物体的抓取，如玻璃的搬运。根据不同吸附力，吸附式手爪可分为气吸式手爪和磁吸式手爪。

（1）气吸式手爪　气吸式手爪利用吸盘内外压力差工作。按压力差形成方式，吸盘可分为挤压排气吸盘、气流负压吸盘与真空吸盘。与机械手爪相比，气吸式手爪具有结构简单、质量小、吸附力均匀等优点，更易于薄片状物体（如板材、纸张、玻璃等）的搬运。

1）挤压排气吸盘。挤压排气吸盘的结构如图 2-13 所示。它的工作原理：取料时，吸盘压紧物体，橡胶吸盘变形，挤出腔内多余空气，取料手上升，靠橡胶吸盘的恢复力形成负压，将物体吸住；释放时，压下拉杆，使吸盘腔与大气相连通而失去负压。该吸盘结构简单，但吸附力较小，吸附状态不易长期保持。

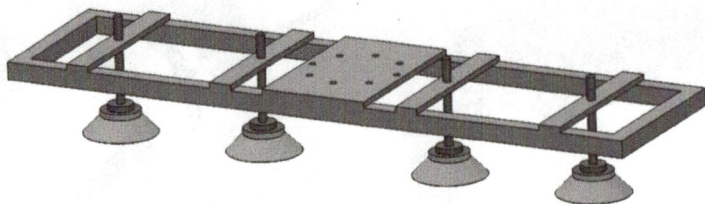

图 2-13　挤压排气吸盘的结构

2）气流负压吸盘。气流负压吸盘的结构如图 2-14 所示。吸盘吸力在理论上取决于吸盘与工件表面的接触面积和吸盘的内外压差。气流负压吸盘的工作原理是：需要取物时，压缩空气高速流经喷嘴，其排气口处的气压低于吸盘腔内的气压，腔内的气体被高速气流带走而形成负压，从而完成取物动作；需要释放物体时，切断压缩空气即可。由于该吸盘所需的压缩空气成本较低，所以应用较广。

3）真空吸盘。真空吸盘的结构如图 2-15 所示，真空吸盘通过固定盘安装在支承杆上，支承杆由螺母固定在基板上。真空吸盘的工作原理是：取料时，真空吸盘与物体表面接触，真空吸盘的边缘起到密封和缓冲作用，真空泵抽气使吸盘内腔形成真空，吸取物料；放料时，管路接通大气，失去真空，放下物体。为避免在取放料时产生撞击，有时在支承杆上配有弹簧以增加缓冲。

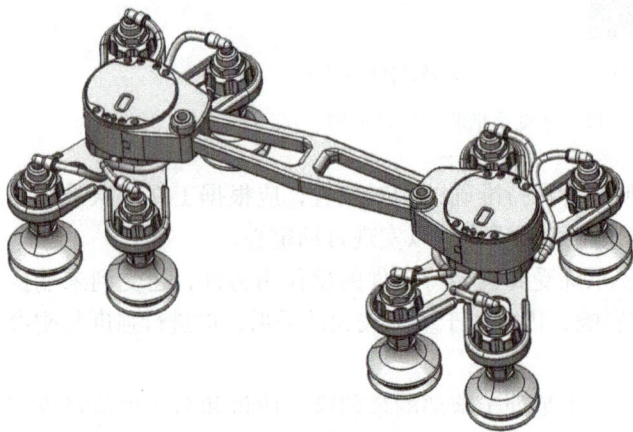

图 2-14　气流负压吸盘的结构

图 2-15　真空吸盘的结构

4）设计要求。在设计气吸式手爪时，应遵循以下设计要求：

①吸力大小与吸盘的直径、吸盘内真空度（或负压大小）及吸附面积有关；

②根据工件形状确定吸盘的形状，可用耐油橡胶压制不同尺寸的盘状吸头。

（2）磁吸式手爪

1）电磁吸盘。电磁吸盘的结构如图 2-16 所示。它的工作原理：利用线圈通电瞬时产生磁场，使磁力线穿过工件、线圈铁心与空气间隙形成的回路产生磁力，吸住工件；一旦断电，磁力消失，工件松开。因此磁吸式手爪仅适用于铁磁材料制成的工件，如钢铁件。高温条件下，钢铁等物质的磁性会消失，因而不宜使用电磁吸盘，磁吸式手爪的应用因此存在一

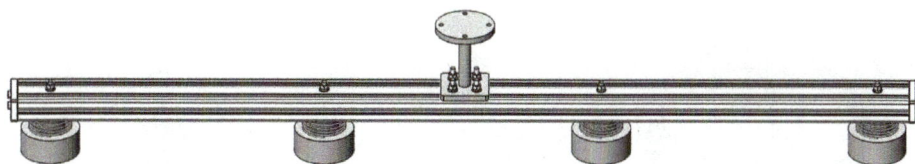

图 2-16　电磁吸盘的结构

定局限性。

2）设计要求。在设计磁吸式手爪时，应遵循以下设计要求：

①具有足够的电磁吸力，电磁吸力大小由工件的质量决定，若电磁吸盘的形状、尺寸及线圈已确定，则吸力基本确定。

②电磁吸盘的形状、大小及吸附面应与工件的被吸附表面形状一致。

3. 仿生多指灵巧手

简单的机械手爪不能适应物体外形的变化，也不能使物体表面承受均匀的夹持力，因而无法夹持复杂形状、不同材质的物体。为提高机器人手爪的操作能力、灵活性和快速反应能力，使其像人手一样进行复杂作业，仿生多指灵巧手应运而生。图 2-17 所示为三指灵巧手，它能模仿人类手指完成各种复杂动作，其应用十分

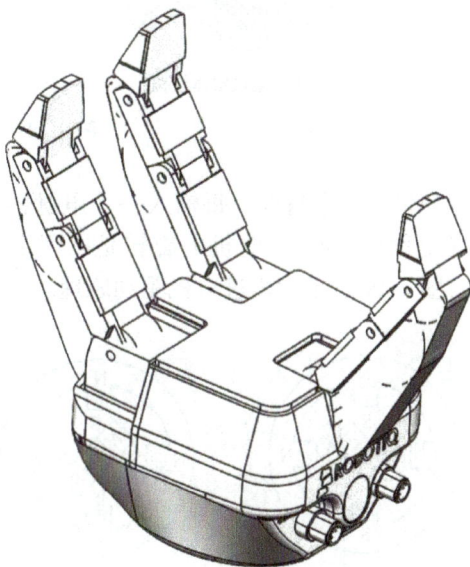

图 2-17　三指灵巧手

广泛，可在极限环境下完成人类无法实现的操作，如在高温、高压或高真空环境下作业。

2.3　机器人的驱动系统

2.3.1　电机驱动

电机驱动是以电能驱动机械运动的装置。常用的电机有步进电机、伺服电机、直接驱动电机等。

1. 步进电机

（1）结构及工作原理　步进电机（Stepper Motor）包括定子和转子两部分。定子铁心由硅钢片叠加而成，每个定子磁极上均有控制绕组，且有均匀分布的小齿。转子由转子铁心和转轴组成，转子铁心也由硅钢片叠加而成。通常定子磁极上的小齿和转子上的小齿的齿宽和槽宽是一样的，它们按一定规律排列。步进电机内部结构如图 2-18 所示。

步进电机是一种感应电机，其工作原理是将直流电变成分时供电、多相时序电脉冲信号，为步进电机供电。当电流通过定子绕组时，定子绕组产生一矢量磁场，后者带动转子旋转一角度，使转子的磁场方向与定子的磁场方向一致。当定子的矢量磁场旋转一个角度，转

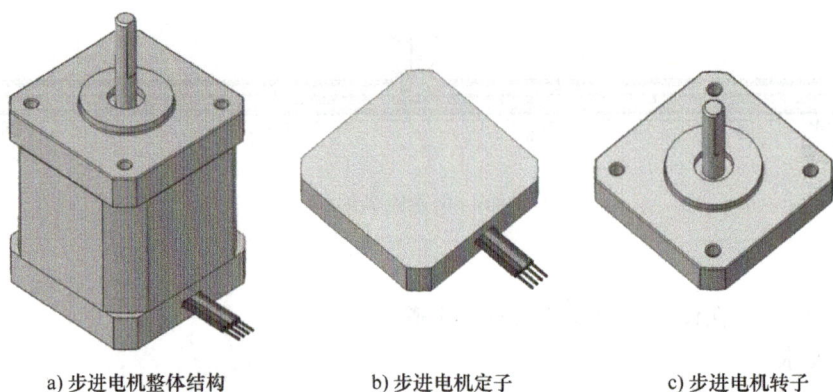

a) 步进电机整体结构　　　　　b) 步进电机定子　　　　　c) 步进电机转子

图 2-18　步进电机内部结构

子也随之转一个角度。每输入一个电脉冲，电机转动一个角度前进一步，该角度称为步距角（也称步进角）。电机的旋转是以固定角度一步一步运行的，类似于机械钟表的指针运动。图 2-19 所示为步进电机驱动原理。

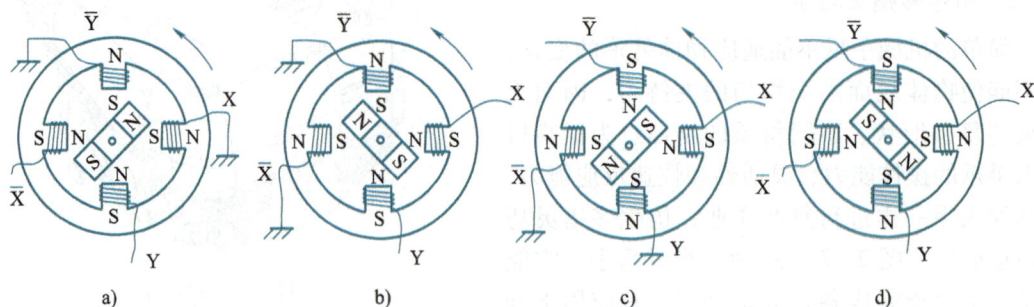

a)　　　　　　　　b)　　　　　　　　c)　　　　　　　　d)

图 2-19　步进电机驱动原理

只要依次给 X、Y、$\overline{X}$ 与 $\overline{Y}$ 加正激励，就能使电机内部的磁场进行顺时针方向的转动，然后带动转子进行顺时针方向的转动。改变绕组通电的顺序，电机就会反转。因此，可用控制脉冲数量、频率及电机各相绕组的通电顺序来控制步进电机的转动，从而进行调速。

（2）步进电机优缺点　步进电机的精度通常为步距角的 3%~5%，且不累积；力矩会随转速的升高而下降；步进电机低速时可正常运转，若高于额定转度就无法起动，并会伴有较大噪声。

2. 伺服电机

伺服电机（Servo Motor）也是能够把输入的电信号变换成轴上角位移或角速度的旋转电机，如图 2-20 所示。它具有良好的可控性，响应快且稳定性高。

伺服电机的最大特点是：有控制电压时转子立刻旋转，无控制电压时转子立刻停止。转轴的转向和转速由控制电压的方向和大小决定，转速

图 2-20　伺服电机

随转矩增加而匀速下降。与步进电机相比，伺服电机具有以下优点：

1）控制精度更高，能实现位置、速度和力矩的闭环控制，不存在步进电机的失步问题。

2）在高速转动时性能更好。

3）抗过载能力更强，能承受 3 倍于额定转矩的负载，特别适用于有瞬间负载波动和要求快速起动的场合。

4）在低速运行时更平稳，不会产生类似于步进电机的步进运行现象，适用于有高速响应要求的场合。

5）在电机加、减速时，动态响应时间更短，一般在几十毫秒内。

6）发热和噪声更低。

简而言之，伺服电机断电后不会因自身惯性而旋转，即"说停就停、说走就走"，反应极快。

3. 直接驱动电机

由于伺服电机转动速度较高，一般不能直接作用于机构上，大多数情况下需与减速机构组合应用。在添加减速机构后，由于减速机构与伺服电机连接处存在间隙和振动等因素，会对电机运行速度和位置精度造成不良影响。为解决上述问题，摒弃减速机构的直接驱动电机受到了广泛关注。

直接驱动电机的工作原理与伺服电机的驱动原理基本相同，区别在于内部结构存在一些不同，增加了一些结构，使电机可直接与工作部件连接。对直接驱动电机的要求是没有减速机构，但仍要提供大输出转矩（推力），同时可控性要好。图 2-21 所示为科尔摩根内河电机（Kollmorgen Inland Motor）公司与美国麻省理工学院（MIT）合作研发的CDDR 直接驱动电机。

图 2-21　CDDR 直接驱动电机

2.3.2　液压驱动

1. 液压驱动的结构组成及工作原理

完整的液压驱动（Hydraulic Drive）系统包括液压动力元件、液压执行元件、液压控制元件、液压辅助元件等。

（1）液压动力元件　液压动力元件是为液压系统产生动力的部件，如齿轮泵、柱塞泵等。齿轮泵及其工作原理如图 2-22 所示。外界给主动轮一个驱动力，主动轮带动从动轮转动，使液体从吸油口进入，从压油口流出，利用流体特性为液压执行元件提供能量。柱塞泵及其工作原理如图 2-23 所示。柱塞在缸体孔内做往复运动，使液体流动并造成密封容积的变化，从而给液压执行元件提供动力，实现吸油和排油。

（2）液压执行元件　液压执行元件是用来将液压泵提供的液压能转变成机械能的装置，

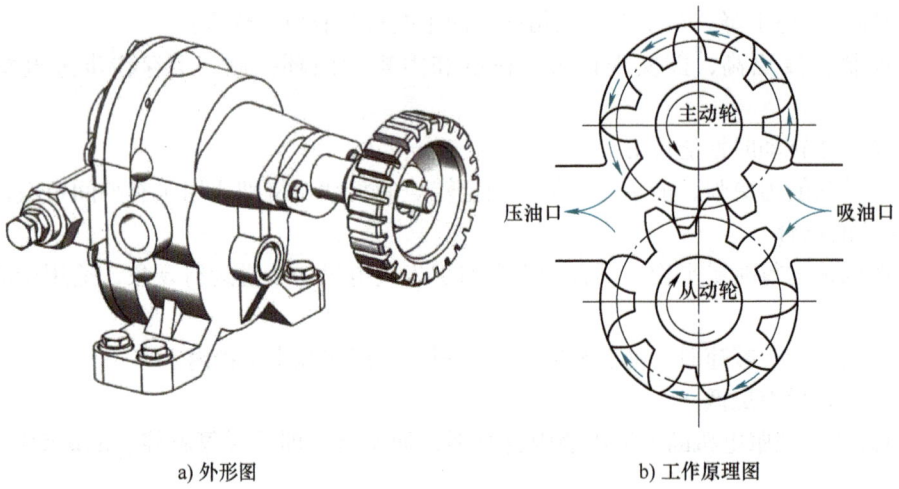

a) 外形图　　　　　　　　　　　　　　b) 工作原理图

图 2-22　齿轮泵及其工作原理

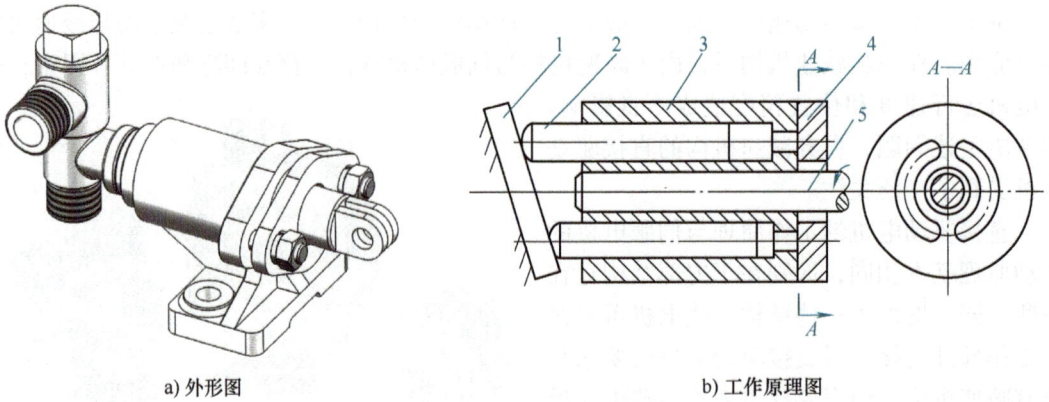

a) 外形图　　　　　　　　　　　　　　b) 工作原理图

图 2-23　柱塞泵及其工作原理

1—斜盘　2—柱塞　3—缸体　4—配油盘　5—传动轴

包括液压缸和液压马达，如图 2-24 和图 2-25 所示。液压缸和液压马达是与液压泵做相反工作的装置，即把液压能转换成为机械能，实现对外做功。

图 2-24　液压缸

图 2-25　液压马达

（3）液压控制元件　液压控制元件是用来把液压动力元件提供的液压能量，按照所需结果进行分配的元件，包括各种阀门，如压力控制阀、流量控制阀、方向控制阀等。压力控制阀的工作原理如图 2-26 所示。根据不同控制方式，液压控制元件分为手动控制元件、自动控制元件和电磁控制元件。

（4）液压辅助元件　液压辅助元件主要包括管路、管接头、滤清器、密封装置等元件。

上述液压元件通过不同的组合方式可建立不同的液压回路，如压力控制回路、速度控制回路、多缸工作控制回路等，从而实现液压驱动的目的。从本质看，液压驱动是利用了液体流动体积不变的特点，在密闭的容器内液压动力元件产生一定压力，利用有压力的液体作为工作介质，通过液压控制元件控制液体的压力和流量，从而实现能量转换和动力传递并进行驱动。

2. 液压驱动的特点

液压驱动的特点是采用液体作为介质，通过液体压力实现驱动，单位质量的输出功率高。液压驱动的优缺点见表 2-1。

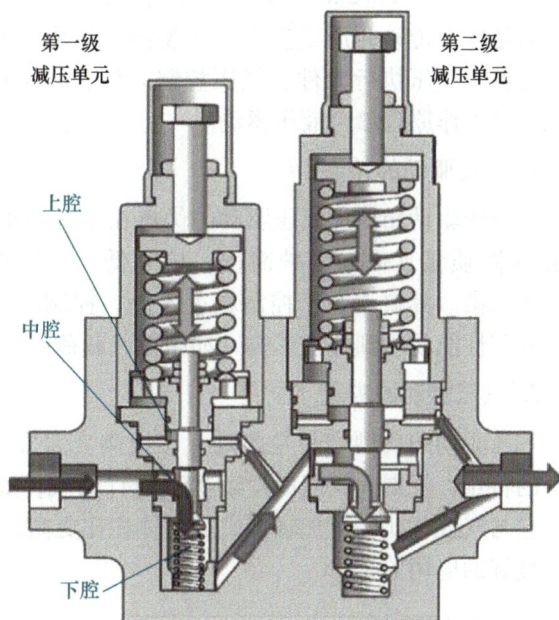

图 2-26　压力控制阀的工作原理图

（图中标注：第一级减压单元、第二级减压单元、上腔、中腔、下腔）

表 2-1　液压驱动的优缺点

优　　点	缺　　点
1. 能够实现无级调速、调速范围广、传动无间隙 2. 动作灵敏、响应速度快、惯性小 3. 元件标准化、系列化和通用化 4. 可缓和冲击，运动较为平稳 5. 易实现过载保护 6. 使用寿命长	1. 液体易泄漏，故障不易迅速排除 2. 能量经过两次转换，传送效率低，不适用于远距离控制 3. 对液压元件制造与维护要求高

3. 液压驱动的应用

液压驱动主要应用于重负载下要求高速驱动和快速响应，同时要求体积小、重量轻的场合，例如，在民用和国防中需要高精确度的控制系统。

液压驱动在机器人中的应用，通常面向移动机器人，尤其是重载机器人。液压驱动器曾经广泛应用于固定性工业机器人中，但由于维护成本高等因素已逐渐被电机驱动所代替；目前在大型工业机器人、军事机器人中仍有应用，如图 2-27 所示。随着工业技术的发展，液压控制系统与智能控制技术、计算机控制技术等结合，正在向更快、更灵活、更灵敏的方向发展。

2.3.3　气压驱动

1. 气压驱动的结构组成及工作原理

气压驱动（Pneumatic Drive）与液压驱动的结构类似，不同的是压力传动介质是空气。典型的气压驱动系统由气压动力元件、气压执行元件、气压控制元件、气压辅助元件等构成。其工作原理参考液压驱动。

2. 气压驱动的特点

与液压驱动相比，气压驱动的优点在于体积小、重量轻、输出功率/质量比高、维护简便、成本低、不发热、安全性高、无污染。其缺点在于控制精度不高，控制响应速度不够快，控制性能易受到外在影响，如摩擦、载荷等。

3. 气压驱动的应用

气压驱动的典型产品是气动人工肌肉。它模仿人类肌肉柔性的特点，根据人类肌肉运动机理设计而成，如图 2-28 所示。它与气缸相比，更加轻便，功率体积比更高，近年来日益受到关注，尤其在仿生机器中有着良好的应用前景。

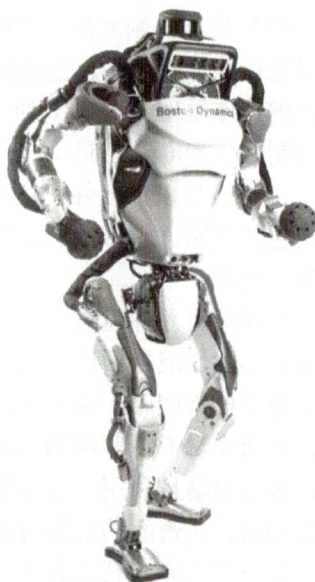

图 2-27　波士顿液压机器人

2.3.4　其他驱动方式

除电机驱动、液压驱动和气压驱动外，机器人常用的驱动方式还包括以下几种：

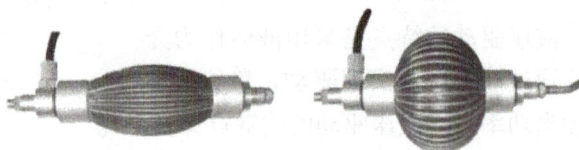

图 2-28　重启前后折叠型气动人工肌肉

1. 线性驱动

机器人的线性驱动是一种利用线性驱动器驱动机器人的技术。线性驱动是一种直接驱动机器人关节的驱动方式，通常使用线性执行器（如线性滑轨、丝杠、齿条等）来实现。线性驱动器通常由电机、丝杠、导轨等组成，通过控制电机的旋转方向和速度，实现机器人关节的运动和操作。其优点是精度高、速度快、刚性大，适用于高负载和高频率的运动。例如，在生产制造领域，使用线性驱动器的机器人可完成高速、高精度的装配和加工任务，如图 2-29 所示。

2. 弯曲盘驱动

机器人的弯曲盘驱动是一种利用弯曲盘驱动器驱动机器人的技术。弯曲盘驱动是一种利用弯曲盘作为驱动装置的驱动方式。弯曲盘通常由一个中心轴和多个盘片组成，通过控制盘片的旋转方向和速度，实现对机器人的运动控制。弯曲盘驱动器通常由电机、转轴、弯曲盘等组成，通过控制电机的旋转方向和速度，实现机器人关节的运动和操作。其优点是结构简单、控制方便、适用于复杂环境。例如，在医疗领域，使用弯曲盘驱动器的机器人可实现人体内部的自由运动和操作，广泛应用于手术、治疗和诊断，如图 2-30 所示。

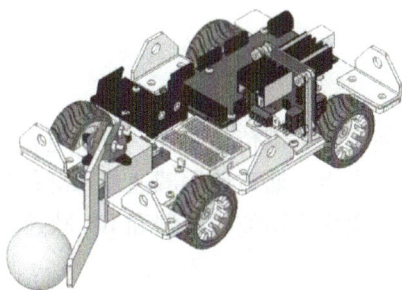

图 2-29　线性寻迹智能机器人

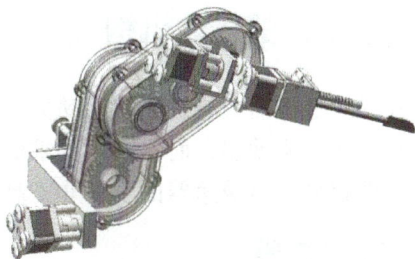

图 2-30　医疗机械臂

3. 压电陶瓷驱动

机器人的压电陶瓷驱动是一种利用压电陶瓷驱动器驱动机器人的技术。压电陶瓷驱动器由压电陶瓷、控制器、传感器等组成，通过控制压电陶瓷的变形量和变形速度，实现机器人关节的运动和操作。其优点是精度高、响应快、适用于高速和高频率的运动。例如，在医疗领域，使用压电陶瓷驱动器的机器人可实现人体内部的自由运动和操作，应用于手术、治疗和诊断，如图 2-31 所示。

4. 光驱动

机器人的光驱动是一种利用光能驱动机器人的技术。光驱动器通常使用光能转换装置，如太阳能电池板、光电管等，将光能转换成电能或机械能，从而驱动机器人的运动。其优点是能源清洁、可持续性强、无噪声、维护成本低。例如，在机器人比赛中，使用光驱动器的机器人可在阳光下获得能量，不需要额外电源，能够更加灵活地进行操作，如图 2-32 所示。

5. 绳驱动

机器人的绳驱动是一种利用绳索驱动机器人的技术。绳驱动器通常使用电机或气动装置等驱动源，通过控制绳索的收放运动，实现机器人的运动和操作。其优点是结构简单、维护方便、可靠性高、适用于复杂环境。例如，在搜索和救援任务中，使用绳驱动器的机器人可沿垂直墙壁或倒塌的建筑物进行移动和搜索，寻找被困的人员并实施救援。

此外，绳驱动技术还可与其他驱动方式相结合，实现机器人的多种功能和应用。例如，一种结合了绳驱动和气压驱动的 Delta 机器人可在空中自由运动，并通过气压控制机器人的姿态和操作，如图 2-33 所示。

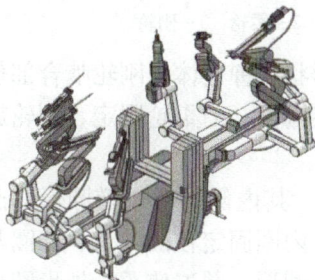

图 2-31　八工位手术机器人

图 2-32　太阳能月球机器人

图 2-33　Delta 机器人

2.4　机器人的传动机构

减速器是工业机器人所有回转运动关节都必须使用的关键传动部件。由于电动机一般是高转速、小力矩的驱动器，而机器人要求低转速、大力矩，通常使用减速器来降低转速和增大力矩。工业机器人对减速器的要求非常高，目前主要应用谐波减速器和 RV 减速器。

2.4.1　谐波减速器

1. 基本结构

谐波减速器（Harmonic Reducer）也称谐波齿轮传动装置，既可用于减速，也可用于升速。但是，由于其传动比很大（通常为 50~160），在工业机器人产品中应用时多用于减速，故称谐波减速器。

传动方式选择　　　　　　传动机构　　　　　　谐波减速器

谐波减速器的基本结构如图 2-34 所示，它主要由刚轮、柔轮、谐波发生器三个基本部件构成。这三者可固定其中任意一个，其余两个部件一个连接输入（主动），另一个作为输出（从动），从而实现减速或增速。

（1）刚轮　刚轮是一个圆周上有连接孔的刚性内齿圈，其齿数比柔轮略多（一般多 2 个或 4 个）。当刚轮固定、柔轮旋转时，刚轮的连接孔用来连接安装座；当柔轮固定、刚轮旋转时，连接孔用来连接输出。为减小体积，在薄形、超薄形或微型谐波减速器上，刚轮有时和减速器圆柱滚子轴承设计为一体，构成谐波减速器单元。

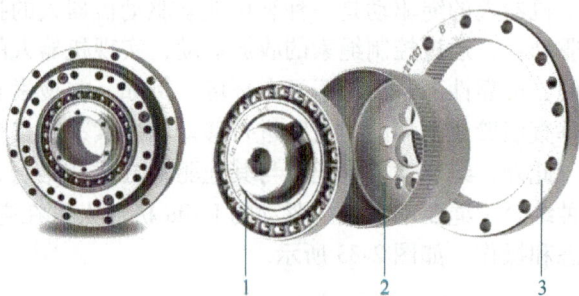

图 2-34　谐波减速器的基本结构
1—谐波发生器　2—柔轮　3—刚轮

（2）柔轮　柔轮是一个可产生较大变形的薄壁金属弹性体，主要分水杯形、礼帽形、薄饼形等形状。弹性体与刚轮啮合部位为薄壁外齿圈。当刚轮固定、柔轮旋转时，底部安装孔用来连接输出；当柔轮固定、刚轮旋转时，底部安装孔用来固定柔轮。

（3）谐波发生器　谐波发生器一般由凸轮和滚珠轴承构成，其内侧是一个椭圆形的凸轮，凸轮的外圆上套有一个能弹性变形的薄壁滚珠轴承，轴承的内圈固定在凸轮上、外圈与柔轮内侧接触。凸轮装入轴承内圈后，轴承产生弹性变形成为椭圆形，并迫使柔轮外齿圈变为椭圆形，从而使长轴附近的柔轮齿与刚轮齿完全啮合，短轴附近的柔轮齿与刚轮齿完全脱开。当凸轮连接输入轴旋转时，柔轮齿与刚轮齿的啮合位置可不断变化。

2. 主要特点

与其他传统装置相比，谐波减速器具有以下特点：

（1）结构简单、体积小、重量轻、使用寿命长　与相同的普通齿轮传动装置比较，谐波减速器的体积、重量仅有 1/3 左右，且在传动过程中其齿间的相对滑移速度较低、啮合的齿数多、轮齿单位面积的载荷小、运动无冲击，因此齿的磨损较小。

（2）传动比大、传动效率高　谐波减速器的推荐传动比范围为 50~160，可选择范围为 30~320；正常传动效率为 0.65~0.96。单级谐波齿轮传动比范围为 70~320，在某些装置中可达 1000；多级谐波齿轮传动比可达 30000 以上。

（3）传动平稳、噪声小　谐波减速器通过特殊的齿形设计后，柔轮和刚轮的啮合及退出过程可实现连续渐进或渐出，啮合时的齿面滑移速度小且无突变，因此其传动平稳，啮合无冲击，运行噪声小。

（4）传动精度高、承载能力强　齿轮传动装置的承载能力、传动精度与同时啮合的齿数密切相关。在同等条件下，同时啮合的齿数越多，齿轮传动装置的承载能力越强，传动精度越高。谐波齿轮减速器有两个对称部位同时啮合，同时啮合齿数远多于齿轮传动装置，因而其承载能力强。与精度相同的普通齿轮传动装置相比，谐波齿轮减速器的传动误差仅有普通齿轮传动装置的 1/4 左右。

（5）安装调整方便　谐波齿轮减速器仅有刚轮、柔轮、谐波发生器三个基本构件，三者同轴安装，十分灵活、方便。此外，谐波齿轮传动装置的柔轮和刚轮啮合间隙可通过微量改变外径调整，甚至可做到无侧隙啮合。

（6）可向密闭空间传递运动　利用柔轮的柔性特点进行谐波传动可向密闭空间传递运动，这是其他传动无法比拟的。

2.4.2　RV 减速器

RV 减速器（RV Reducer）即旋转矢量减速器，它是在传统摆线针轮、行星齿轮传动装置的基础上发展而来的一种传动装置。与谐波减速器相同，RV 减速器既可用于减速，也可用于加速，但由于传动比很大（通常为 30~260），在工业机器人等产品上应用时一般用于减速，故称 RV 减速器。

与传统的齿轮传动装置相比，RV 减速器具有传动刚度高、传动比大、惯量小、输出转矩大、传动平稳、体积小、抗冲击力强等优点；与同规格的谐波减速器相比，其结构刚性更好、转动惯量更小、使用寿命更长。

RV 减速器的结构比谐波减速器复杂得多，内部通常有 2 级变速机构，由于传动链较长，减速器间隙较大，传动精度通常不及谐波减速器；此外，其生产制造成本相对较高，维护修理较困难。因此，在工业机器人上，RV 减速器多用于机器人机身的腰、上臂、下臂等大惯量、高转矩输出关节的回转减速，或者大型搬运和装配工业机器人的手腕驱动。

1. 基本结构

RV 减速器的基本结构如图 2-35 所示，它由芯轴、端盖、针轮、输出法兰、行星齿轮、曲轴组件、RV 齿轮等部件构成。其径向结构可分为三层，由外向内依次为针轮层、RV 齿

轮层（包括端盖 3、输出法兰 12 和曲轴组件）、芯轴层，每一层均可独立旋转。

图 2-35　RV 减速器的基本结构

1—行星齿轮　2—芯轴　3—端盖　4—卡簧　5—圆锥滚柱轴承　6—滚针　7—曲轴
8—RV 齿轮　9—针齿销　10—针轮　11—密封圈　12—输出法兰

（1）针轮层　外层的针轮 10 是一个内齿圈，其内侧加工有针齿，外侧加工有法兰和安装孔，可用于减速器的安装固定。针齿和 RV 齿轮 8 间安装有针齿销 9，当 RV 齿轮摆动时，针齿销可推动针轮相对于输出法兰 12 缓慢旋转。

（2）RV 齿轮层　RV 齿轮层是减速器的核心，由 RV 齿轮 8、端盖 3、输出法兰 12 和曲轴组件等部件组成。RV 齿轮、端盖、输出法兰均为中空结构，其内孔用来安装芯轴 2。曲轴组件的数量与减速器规格有关，小规格减速器一般布置 2 组，中大规格布置 3 组。输出法兰的内侧是加工有 2~3 个曲轴安装缺口的连接段，端盖和输出法兰（也称输出轴）利用连接段的定位销、螺钉连成一体。端盖和法兰中间安装有两片可自由摆动的 RV 齿轮，可在曲轴偏心轴的驱动下进行对称运动，又称摆线轮。驱动 RV 齿轮摆动的曲轴安装在输出法兰的安装缺口上，由于面轴的径向载荷较大，其前后端均需要采用圆锥滚柱轴承 5 进行支承，前支承轴承安装在端盖上、后支承轴承安装在输出法兰上。曲轴组件是驱动 RV 齿轮摆动的轴，它通常有 2~3 组，在圆周上呈对称分布，曲轴组件由曲轴 7、前后支承轴承、滚针 6 等部件组成。曲轴的中间部位是两段驱动 RV 齿轮摆动的偏心轴，位于输出法兰的缺口上；偏心轴的外圆上安装有驱动 RV 齿轮摆动的滚针；当曲轴旋转时，两段偏心轴将分别驱动两片 RV 齿轮进行对称摆动。曲轴的旋转通过后端的行星齿轮 1 驱动，它与曲轴一般为花键联结。

（3）芯轴层　芯轴 2 安装在 RV 齿轮 8、端盖 3、输出法兰 12 的中空腔内，其形状与减速器的传动比有关。当传动比较大时，芯轴直接加工成齿轮轴；当传动比较小时，芯轴是一根后端安装齿轮的花键轴。芯轴上的齿轮称为太阳轮，和曲轴上的行星齿轮啮合，当芯轴旋转时，可通过行星齿轮，同时驱动 2~3 组曲轴旋转并带动 RV 齿轮摆动。减速器用于减速时，芯轴一般连接输入驱动轴，又称输入轴。

RV 减速器有 2 级变速：太阳轮和行星齿轮间的变速是 RV 减速器的第 1 级变速，称为正齿轮变速；由 RV 齿轮摆动所产生的、通过针齿销推动针轮缓慢旋转的，是 RV 减速器的第 2 级变速，称为差动齿轮变速。

2. 主要特点

与其他传动装置相比，RV 减速器主要有以下特点：

（1）结构刚性好　减速器的针轮和 RV 齿轮间通过直径较大的针齿销传动，曲轴采用的是圆锥滚柱轴承支承，其结构刚性好、使用寿命长。

（2）输出转矩高　RV 减速器的正齿轮变速一般有 2~3 对行星齿轮，差动变速采用硬齿面多齿销同时啮合，且其齿差固定为 1 齿，因此在体积相同时，其齿形比谐波减速器更大、输出转矩更高。

RV 减速器的结构远比谐波减速器复杂，且有正齿轮、差动齿轮 2 级变速齿轮，其传动间隙较大，定位精度不及谐波减速器。此外，RV 减速器的结构复杂，不能像谐波减速器一样直接以部件形式在工业机器人的生产现场自行安装，使用不如谐波减速器方便。

2.4.3　同步带传动

同步带传动（Synchronous Belt Drive）是一种利用同步带驱动器驱动机器人的技术。同步带驱动器由电机、同步带、齿轮箱等组成，通过控制电机的旋转方向和速度，实现机器人关节的运动和操作。其优点是精度高、噪声低，适用于高负载和高频率的运动。例如，在汽车制造领域，使用同步带驱动器的机器人可完成高速、高精度的装配和焊接任务，从而提高生产率和产品质量。

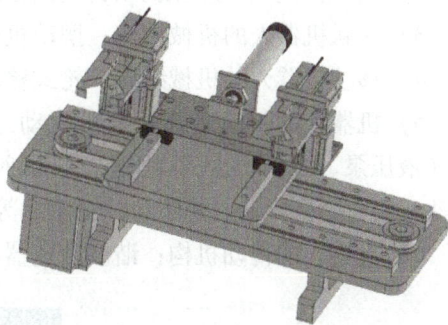

图 2-36　三轴双工位机械手

此外，同步带驱动技术还可与其他驱动方式相结合，实现机器人的多种功能和应用，如图 2-36 所示。

阅读材料

直线电机

麦克纳姆轮

本章小结与重点

1. 本章小结

本章从串联机器人、并联机器人和移动机器人三个方面介绍了机器人的本体结构。首先以关节型 PUMA-262 机器人为例，系统地分析了串联机器人的结构组成，包括机座、手臂、手腕和末端执行器四个部分。对每一部分的结构设计要点、常用结构形式、典型结构的工作原理和特点进行介绍。接着重点分析了串联机器人常用的传动机构，包括关节、齿轮、联轴器、谐波减速器、RV 减速器，滚动导轨、滚珠丝杠、带传动和链传动等。然后以 Stewart 平台和 Delta 平台为例，分析了并联机器人的结构特点，简单叙述了其发展与应用。接下来从车轮式、履带式、步行式三个方面讨论了移动机器人的结构及特点。然后介绍了机器人驱动系统，主要包含电机驱动、液压驱动、气压驱动三种驱动方式。最后，详细介绍了谐波减速器与 RV 减速器的结构与变速原理。

2. 本章重点

1）串联机器人的机械结构：包括机座、手臂（大臂和小臂）、手腕和末端执行器四部分。

2）末端执行器：根据用途可分为搬运类末端执行器、加工类末端执行器及测量类末端执行器。常见的手爪有机械手爪、吸附式手爪、仿生多指灵巧手等。

3）并联机器人的机械结构：摆动机构、直线驱动结构。

4）移动机器人的机械结构：轮式移动机构、履带式移动机构、步行移动机构。

5）机器人的驱动系统：电机驱动（步进电机、伺服电机、直接驱动电机）、液压驱动（液压泵、液压马达、液压缸、液压阀）、气压驱动、其他驱动方式（线性驱动、弯曲盘驱动、压电陶瓷驱动、光驱动、绳驱动等）。

6）机器人的传动机构：谐波减速器、RV 减速器、同步带传动。

习　题

1. 机器人的本体主要包括哪几部分？以串联机器人为例，说明机器人本体的基本结构和主要特点。

2. 机器人手臂设计应注意哪些问题？

3. 什么是 BBR 手腕？什么是 RRR 手腕？

4. 机器人末端执行器有哪些种类？各有什么特点？

5. 试述气吸式手爪吸盘和磁吸式手爪吸盘的工作原理。

6. 传动机构的定位方法有哪些？

7. 传动件消除间隙常用的方法有哪些？各有什么特点？

8. 简述机器人移动机构的分类及特点。

本章重点专业英语词汇

中文词语	英文词汇
串联机器人	serial robots
并联机器人	parallel robots
末端执行器	end-effecter
机械手爪	mechanical gripper
步进电机	stepper motor
伺服电机	servo motor
液压驱动	hydraulic drive
气压驱动	pneumatic drive
谐波减速器	harmonic reducer
RV 减速器	RV reducer
同步带传动	synchronous belt drive

机器人运动学

第3章

- 机器人运动学概述
- 点的位置描述
- 坐标轴方向的描述
- 动坐标系位姿的描述
- 齐次坐标及对象描述
- 运动学反解
- 逆运动学
- 正运动学
- 串联机器人运动学分析
- 机器人运动学方程
- 平移的齐次变换
- 旋转的坐标变换
- 复合变换
- 齐次坐标及变换
- 算子左乘和右乘规则
- 工业机器人连杆参数及其齐次变换矩阵
- 连杆坐标系之间的变换矩阵
- 连杆坐标系的建立
- 连杆参数

3.1　机器人运动学概述

机器人实际上可认为是由一系列关节（Joint）和连杆所组成的，而机器人运动学（Kinematics）是要把机器人的空间位移解析为时间的函数，特别是要研究关节变量空间和机器人末端执行器位姿之间的关系。若把坐标系（Coordinate System）固连在机器人的每一个连杆关节上，可以用齐次变换（Homogeneous Transformation）来描述这些坐标之间的相对位置和方向，亦可描述各连杆关节之间的关系。因此，齐次变换是用于求解机器人运动学问题的法宝。

3.2　齐次坐标及对象描述

3.2.1　点的位置描述

在选定的直角坐标系 $\{A\}$ 中，空间中任一点 P 的位置可用 3×1 的位置矢量 $^A\boldsymbol{P}$ 表示，其左上标代表选定的参考坐标系 $\{A\}$，此时有

$$^A\boldsymbol{P} = \begin{bmatrix} P_x & P_y & P_z \end{bmatrix}^{\mathrm{T}} \tag{3-1}$$

式中，P_x、P_y、P_z 分别为点 P 在坐标系 $\{A\}$ 中的三个位置坐标分量，如图 3-1 所示。

点的直角、齐次
坐标描述

对象物位姿的齐次
坐标描述

图 3-1　点的位置描述

3.2.2　齐次坐标

将一个 n 维空间的点用 $n+1$ 维坐标表示，则该 $n+1$ 维坐标称为该 n 维空间点的齐次坐标。例如，用 4 个数组成的 4×1 列阵表示三维空间直角坐标系 $\{A\}$ 中的点 P，则列阵 $^A\boldsymbol{P} = \begin{bmatrix} P_x & P_y & P_z & 1 \end{bmatrix}^{\mathrm{T}}$ 称为三维空间点 P 的齐次坐标，即

$$\boldsymbol{P} = \begin{bmatrix} P_x & P_y & P_z & 1 \end{bmatrix}^{\mathrm{T}} \tag{3-2}$$

必须注意，齐次坐标的表示不是唯一的。我们将其各元素同乘一非零因子 ω 后，仍然代表同一点 P，即

$$\boldsymbol{P} = \begin{bmatrix} P_x & P_y & P_z & 1 \end{bmatrix}^{\mathrm{T}} = \begin{bmatrix} a & b & c & \omega \end{bmatrix}^{\mathrm{T}} \tag{3-3}$$

式中，$a=\omega P_x$，$b=\omega P_y$，$c=\omega P_z$。

一般情况下，ω 称为该齐次坐标中的比例因子，当 $\omega=1$ 时，式（3-2）为齐次坐标的规格化形式。

3.2.3　坐标轴方向的描述

如图 3-2 所示，i，j，k 分别是直角坐标系中 X，Y，Z 坐标轴的单位向量。若用齐次坐标来描述 X，Y，Z 轴的方向，则有

$$X = [1 \quad 0 \quad 0 \quad 0]^T, Y = [0 \quad 1 \quad 0 \quad 0]^T, Z = [0 \quad 0 \quad 1 \quad 0]^T \quad (3\text{-}4)$$

我们规定：4×1 列阵 $[a \quad b \quad c \quad \omega]^T$ 中的第四个元素为零，且 $a^2 + b^2 + c^2 = 1$，则 $[a \quad b \quad c \quad 0]^T$ 中的 a，b，c 表示某轴（某矢量）的方向；4×1 列阵 $[a \quad b \quad c \quad \omega]^T$ 中的第四个元素不为零，则表示空间某点的位置。

图 3-2 中矢量 v 的方向用 4×1 列阵可表达为

$$v = [a \quad b \quad c \quad 0]^T \qquad (3\text{-}5)$$

式中　$a = \cos\alpha$，$b = \cos\beta$，$c = \cos\gamma$。

图 3-2 中矢量 v 所坐落的点 O 为坐标原点，可用 4×1 列阵表达为

$$o = [0 \quad 0 \quad 0 \quad 1]^T \qquad (3\text{-}6)$$

例 3-1　用齐次坐标写出图 3-3 中矢量 u、v、w 的方向列阵。

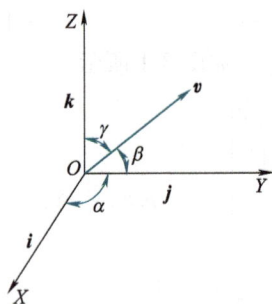

图 3-2　坐标轴方向的描述

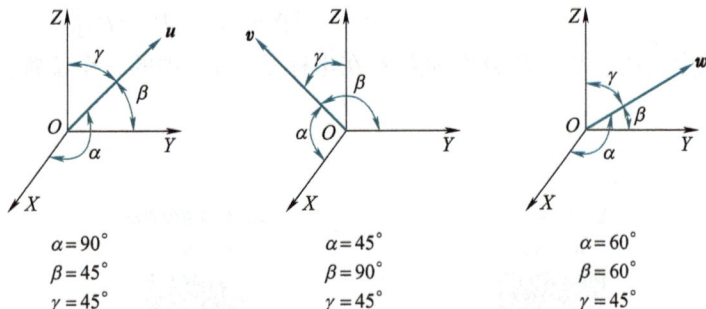

$\alpha = 90°$　　$\alpha = 45°$　　$\alpha = 60°$
$\beta = 45°$　　$\beta = 90°$　　$\beta = 60°$
$\gamma = 45°$　　$\gamma = 45°$　　$\gamma = 45°$

图 3-3　用不同方向角描述的方向矢量 u、v、w

解　　　矢量 u：$\cos\alpha = 0$，$\cos\beta = 0.707$，$\cos\gamma = 0.707$，则

$$u = [0 \quad 0.707 \quad 0.707]^T$$

矢量 v：$\cos\alpha = 0.707$，$\cos\beta = 0$，$\cos\gamma = 0.707$，则

$$v = [0.707 \quad 0 \quad 0.707]^T$$

矢量 w：$\cos\alpha = 0.5$，$\cos\beta = 0.5$，$\cos\gamma = 0.707$，则

$$w = [0.5 \quad 0.5 \quad 0.707]^T$$

3.2.4　动坐标系位姿的描述

动坐标系位姿的描述是对动坐标系原点位置的描述以及对动坐标系各坐标轴方向的描述。下面讲两个实例。

1. 刚体位置和姿态的描述

机器人的一个连杆可以看作一个刚体。若给定了刚体上某一点的位置和该刚体在空间的姿态，则这个刚体在空间上是完全确定的。设有一刚体 Q，如图 3-4 所示，O' 为刚体上任一点，$O'X'Y'Z'$ 为与刚体固连的一

个坐标系，称为动坐标系。刚体 Q 在固定坐标系 $OXYZ$ 中的位置可用齐次坐标形式的一个 4×1 列阵表示为

$$p = \begin{bmatrix} x_0 & y_0 & z_0 & 1 \end{bmatrix}^T \tag{3-7}$$

刚体的姿态可由动坐标系的坐标轴方向来表示。令 n、o、a 分别为 X'，Y'，Z' 坐标轴的单位方向矢量，每个单位方向矢量在固定坐标系上的分量为动坐标系各坐标轴的方向余弦，用齐次坐标形式的 4×1 列阵分别表示为

$$n = \begin{bmatrix} n_x & n_y & n_z & 0 \end{bmatrix}^T, o = \begin{bmatrix} o_x & o_y & o_z & 0 \end{bmatrix}^T, a = \begin{bmatrix} a_x & a_y & a_z & 0 \end{bmatrix}^T \tag{3-8}$$

因此，图 3-4 中刚体的姿态可用 4×4 矩阵来描述，即

$$T = \begin{bmatrix} n & o & a & p \end{bmatrix} = \begin{bmatrix} n_x & o_x & a_x & x_0 \\ n_y & o_y & a_y & y_0 \\ n_z & o_z & a_z & z_0 \\ 0 & 0 & 0 & 1 \end{bmatrix} \tag{3-9}$$

很明显，对刚体 Q 位姿的描述就是对固连于刚体 Q 的坐标系 $O'X'Y'Z'$ 位姿的描述。

例 3-2 如图 3-5 所示，固连于刚体的坐标系 $\{B\}$ 位于 O_B 点，$x_b = 10$，$y_b = 5$，$z_b = 0$，Z_B 轴与画面垂直，坐标系 $\{B\}$ 相对于固定坐标系 $\{A\}$ 有一个 $30°$ 的偏转，试写出刚体位姿的坐标系 $\{B\}$ 的 4×4 矩阵表达式。

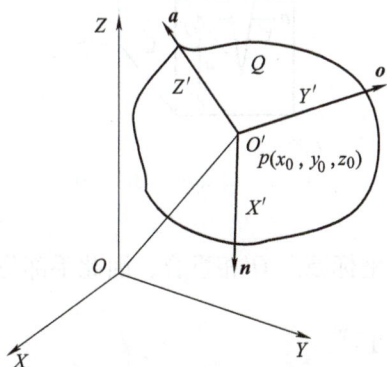

图 3-4 刚体的位置和姿态   图 3-5 动坐标系 $\{B\}$ 的描述

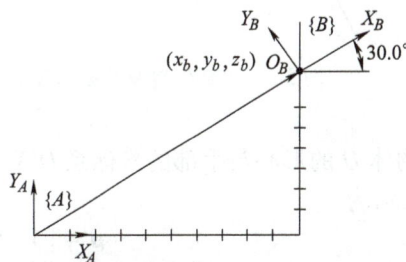

解 X_B 的方向列阵：$n = \begin{bmatrix} \cos30° & \cos60° & \cos90° & 0 \end{bmatrix}^T = \begin{bmatrix} 0.866 & 0.5 & 0 & 0 \end{bmatrix}^T$

Y_B 的方向列阵：$o = \begin{bmatrix} \cos120° & \cos30° & \cos90° & 0 \end{bmatrix}^T = \begin{bmatrix} -0.5 & 0.866 & 0 & 0 \end{bmatrix}^T$

Z_B 的方向列阵：$a = \begin{bmatrix} 0 & 0 & 1 & 0 \end{bmatrix}^T$

坐标系 $\{B\}$ 的位置列阵：$p = \begin{bmatrix} 10 & 5 & 0 & 1 \end{bmatrix}^T$

坐标系 $\{B\}$ 的 4×4 矩阵表达式

$$T = \begin{bmatrix} 0.866 & -0.5 & 0 & 10 \\ 0.5 & 0.866 & 0 & 5 \\ 0 & 0 & 1 & 0 \\ 0 & 0 & 0 & 1 \end{bmatrix}^T$$

2. 手部位置和姿态的表示

机器人手部的位置和姿态也可以用固连于手部的坐标系 $\{B\}$ 位姿来表示，如图 3-6 所

示。坐标系 $\{B\}$ 可以这样来确定：取手部的中心点为原点 O_B；关节轴为 Z_B 轴，Z_B 轴的单位方向矢量 a 称为接近矢量，指向朝外；两手指的连线为 Y_B 轴，Y_B 轴的单位方向矢量 o 称为姿态矢量，指向可任意选定；X_B 轴与 Y_B 及 Z_B 轴垂直，X_B 轴的单位方向矢量 n 称为法向矢量，且 $n = o \times a$，指向符合右手法则。

手部的位置矢量为固定参考系原点指向手部坐标系 $\{B\}$ 原点的矢量 p，手部的方向矢量为 n，o，a。手部的位姿可用 4×4 矩阵表示为

$$T = \begin{bmatrix} n & o & a & p \end{bmatrix} = \begin{bmatrix} n_x & o_x & a_x & p_x \\ n_y & o_y & a_y & p_y \\ n_z & o_z & a_z & p_z \\ 0 & 0 & 0 & 1 \end{bmatrix} \tag{3-10}$$

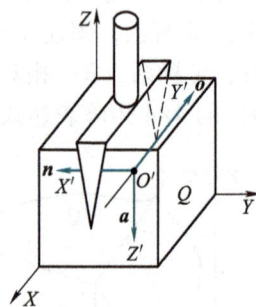

例 3-3 如图 3-7 所示，手部抓握物体 Q，物体为边长 2 个单位的正立方体，写出表达该手部位姿的矩阵式。

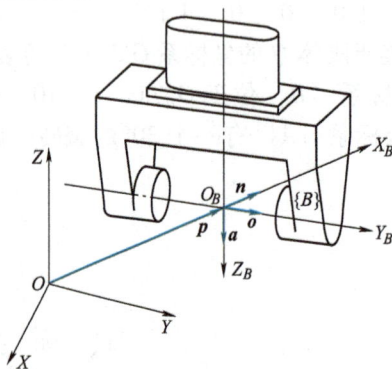

图 3-6 手部位置及其姿态表示 　　　　图 3-7 手部抓握物体 Q

解 物体 Q 的形心与手部的坐标系 $O'X'Y'Z'$ 的坐标原点 O' 相重合，因此手部位置的 4×1 列阵可表示为

$$p = \begin{bmatrix} 1 & 1 & 1 & 1 \end{bmatrix}^T$$

手部各个轴的方向可用单位矢量 n、o、a 表示为

n：　 $n_x = \cos 90° = 0$，$n_y = \cos 180° = -1$，$n_z = \cos 90° = 0$

o：　 $o_x = -1$，$o_y = 0$，$o_z = 0$

a：　 $a_x = 0$，$a_y = 0$，$a_z = -1$

因此，图 3-7 中手部位姿的矩阵为

$$T = \begin{bmatrix} n & o & a & p \end{bmatrix} = \begin{bmatrix} 0 & -1 & 0 & 1 \\ -1 & 0 & 0 & 1 \\ 0 & 0 & -1 & 1 \\ 0 & 0 & 0 & 1 \end{bmatrix}$$

3.3　齐次坐标及变换

物体的运动由转动（Rotation）和平移（Translation）来实现，在坐标系内，纯转动变换可用 3×3 矩阵来表示，但无法反映物体的平移，为了用同一矩阵表示转动和平移，便于进行矩阵运算，故引入 4×4 的齐次坐标及齐次矩阵变换。

3.3.1 平移的齐次变换

下面介绍点在空间直角坐标系中的平移。如图 3-8 所示，空间某一点 A，坐标为 (x, y, z)，当它平移至 A' 时，坐标为 (x', y', z')，其中

$$\begin{cases} x' = x + \Delta x \\ y' = y + \Delta y \\ z' = z + \Delta z \end{cases} \tag{3-11}$$

或写成如下形式：

$$\begin{bmatrix} x' \\ y' \\ z' \\ 1 \end{bmatrix} = \begin{bmatrix} 1 & 0 & 0 & \Delta x \\ 0 & 1 & 0 & \Delta y \\ 0 & 0 & 1 & \Delta z \\ 0 & 0 & 0 & 1 \end{bmatrix} \begin{bmatrix} x \\ y \\ z \\ 1 \end{bmatrix} \tag{3-12}$$

也可以简写为

$$A' = \mathrm{Trans}(\Delta x, \Delta y, \Delta z)A \tag{3-13}$$

式中，$\mathrm{Trans}(\Delta x, \Delta y, \Delta z)$ 为齐次坐标变换的平移算子，且

$$\mathrm{Trans}(\Delta x, \Delta y, \Delta z) = \begin{bmatrix} 1 & 0 & 0 & \Delta x \\ 0 & 1 & 0 & \Delta y \\ 0 & 0 & 1 & \Delta z \\ 0 & 0 & 0 & 1 \end{bmatrix} \tag{3-14}$$

式中，第四列元素 Δx，Δy，Δz 分别为沿坐标轴 X、Y、Z 的移动量。若算子左乘（算子在左边），则表示坐标变换是相对于固定坐标系进行的；若相对动坐标系进行变换，则算子应该右乘（算子在右边）。平移的齐次变换公式 [式 (3-13)] 同样适用于坐标系、物体的变换。

例 3-4 有下面两种情况（见图 3-9）：动坐标系 $\{A\}$ 相对于固定坐标系的 X_0、Y_0、Z_0 轴做 $(-1, 2, 2)$ 平移后到 $\{A'\}$；动坐标系 $\{A\}$ 相对于自身坐标系（即动系）的 X、Y、Z 轴分别做 $(-1, 2, 2)$ 平移后到 $\{A''\}$。已知：

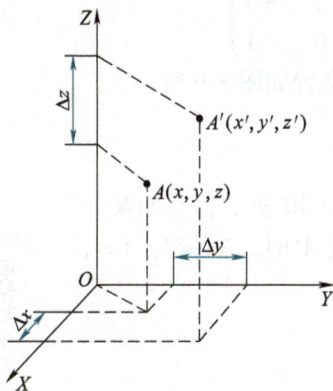

图 3-8 点的平移交换

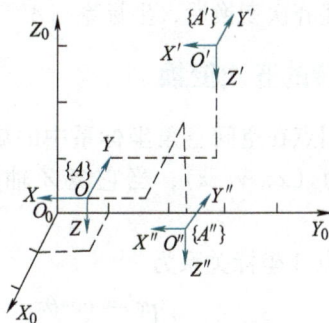

图 3-9 坐标系的平移交换

$$A = \begin{bmatrix} 0 & -1 & 0 & 1 \\ -1 & 0 & 0 & 1 \\ 0 & 0 & -1 & 1 \\ 0 & 0 & 0 & 1 \end{bmatrix}$$

写出坐标系 $\{A'\}$、$\{A''\}$ 的矩阵表达式。

解　动坐标系 $\{A\}$ 的两个平移齐次变换算子均为

$$\mathrm{Trans}(\Delta x, \Delta y, \Delta z) = \begin{bmatrix} 1 & 0 & 0 & -1 \\ 0 & 1 & 0 & 2 \\ 0 & 0 & 1 & 2 \\ 0 & 0 & 0 & 1 \end{bmatrix}$$

$\{A'\}$ 坐标系是动系 $\{A\}$ 沿固定坐标系做平移齐次变换得来的，因此算子左乘，$\{A'\}$ 的矩阵表达式为

$$A' = \underrightarrow{\mathrm{Trans}(-1,2,2)} \cdot A = \begin{bmatrix} 1 & 0 & 0 & -1 \\ 0 & 1 & 0 & 2 \\ 0 & 0 & 1 & 2 \\ 0 & 0 & 0 & 1 \end{bmatrix}\begin{bmatrix} 0 & -1 & 0 & 1 \\ -1 & 0 & 0 & 1 \\ 0 & 0 & -1 & 1 \\ 0 & 0 & 0 & 1 \end{bmatrix}$$

$$= \begin{bmatrix} 0 & -1 & 0 & 0 \\ -1 & 0 & 0 & 3 \\ 0 & 0 & -1 & 3 \\ 0 & 0 & 0 & 1 \end{bmatrix}$$

$\{A''\}$ 坐标系是动系 $\{A\}$ 沿自身坐标系做平移齐次变换得来的，因此算子右乘，$\{A''\}$ 的矩阵表达式为

$$A'' = A \cdot \underleftarrow{\mathrm{Trans}(-1,2,2)} = \begin{bmatrix} 0 & -1 & 0 & 1 \\ -1 & 0 & 0 & 1 \\ 0 & 0 & -1 & 1 \\ 0 & 0 & 0 & 1 \end{bmatrix}\begin{bmatrix} 1 & 0 & 0 & -1 \\ 0 & 1 & 0 & 2 \\ 0 & 0 & 1 & 2 \\ 0 & 0 & 0 & 1 \end{bmatrix}$$

$$= \begin{bmatrix} 0 & -1 & 0 & -1 \\ -1 & 0 & 0 & 2 \\ 0 & 0 & -1 & -1 \\ 0 & 0 & 0 & 1 \end{bmatrix}$$

经过平移齐次变换后，坐标系 $\{A'\}$、$\{A''\}$ 的位置如图3-9所示。

3.3.2　旋转的齐次变换

下面介绍点在空间直角坐标系中的旋转。如图3-10所示，空间某一点 A，坐标为 (x, y, z)，当它绕 Z 轴旋转 θ 后至 A' 时，坐标为 (x', y', z')。

点 A' 和点 A 坐标关系为

$$\begin{cases} x' = \cos\theta x - \sin\theta y \\ y' = \sin\theta x + \cos\theta y \\ z' = z \end{cases} \tag{3-15}$$

或用矩阵表示为

$$
\begin{bmatrix} x' \\ y' \\ z' \end{bmatrix} = \begin{bmatrix} \cos\theta & -\sin\theta & 0 \\ \sin\theta & \cos\theta & 0 \\ 0 & 0 & 1 \end{bmatrix} \begin{bmatrix} x \\ y \\ z \end{bmatrix} \tag{3-16}
$$

A' 点和 A 点的齐次坐标分别为 $\begin{bmatrix} x' & y' & z' & 1 \end{bmatrix}^{\mathrm{T}}$ 和 $\begin{bmatrix} x & y & z & 1 \end{bmatrix}^{\mathrm{T}}$，因此 A 点旋转的齐次变换为

$$
\begin{bmatrix} x' \\ y' \\ z' \\ 1 \end{bmatrix} = \begin{bmatrix} \cos\theta & -\sin\theta & 0 & 0 \\ \sin\theta & \cos\theta & 0 & 0 \\ 0 & 0 & 1 & 0 \\ 0 & 0 & 0 & 1 \end{bmatrix} \begin{bmatrix} x \\ y \\ z \\ 1 \end{bmatrix} \tag{3-17}
$$

也可简写为

$$
A' = \mathrm{Rot}(z,\theta)A \tag{3-18}
$$

式中，$\mathrm{Rot}(z, \theta)$ 为齐次变换时绕 Z 轴的旋转算子，算子左乘表示相对于固定坐标系进行变换。绕 Z 轴的旋转算子可表示为

$$
\mathrm{Rot}(z,\theta) = \begin{bmatrix} \cos\theta & -\sin\theta & 0 & 0 \\ \sin\theta & \cos\theta & 0 & 0 \\ 0 & 0 & 1 & 0 \\ 0 & 0 & 0 & 1 \end{bmatrix} \tag{3-19}
$$

同理，可写出绕 X 轴旋转的算子和绕 Y 轴旋转的算子分别为

$$
\mathrm{Rot}(x,\theta) = \begin{bmatrix} 1 & 0 & 0 & 0 \\ 0 & \cos\theta & -\sin\theta & 0 \\ 0 & \sin\theta & \cos\theta & 0 \\ 0 & 0 & 0 & 1 \end{bmatrix} \tag{3-20}
$$

$$
\mathrm{Rot}(y,\theta) = \begin{bmatrix} \cos\theta & 0 & \sin\theta & 0 \\ 0 & 1 & 0 & 0 \\ -\sin\theta & 0 & \cos\theta & 0 \\ 0 & 0 & 0 & 1 \end{bmatrix} \tag{3-21}
$$

与平移齐次变换一样，旋转齐次变换算子公式［式（3-19）～式（3-21）］不仅适用于点的旋转变换，也适用于矢量、坐标系、物体等的旋转变换。若相对固定坐标系进行变换，则算子左乘；若相对于动坐标系进行变换，则算子右乘。

图 3-11 所示为点 A 绕任意过原点的单位矢量 $\boldsymbol{k}$ 旋转 θ 的情况，k_x，k_y，k_z 分别为 $\boldsymbol{k}$ 矢量

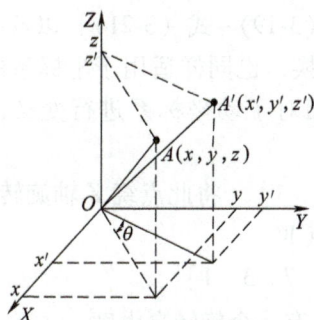

图 3-10　点的旋转变换　　　　　　图 3-11　一般旋转变换

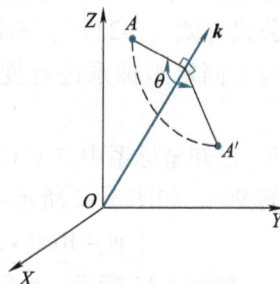

在固定参考坐标轴 X、Y、Z 上的三个分量，且 $k_x^2 + k_y^2 + k_z^2 = 1$。

可以证得，绕任意过原点的单位矢量 k 转 θ 的旋转齐次变换公式为

$$\text{Rot}(k,\theta) = \begin{bmatrix} k_x k_x \text{vers}\theta + \cos\theta & k_y k_x \text{vers}\theta - k_z \sin\theta & k_z k_x \text{vers}\theta + k_y \sin\theta & 0 \\ k_x k_y \text{vers}\theta + k_z \sin\theta & k_y k_y \text{vers}\theta + \cos\theta & k_z k_y \text{vers}\theta - k_x \sin\theta & 0 \\ k_x k_z \text{vers}\theta - k_y \sin\theta & k_y k_z \text{vers}\theta + k_x \sin\theta & k_z k_z \text{vers}\theta + \cos\theta & 0 \\ 0 & 0 & 0 & 1 \end{bmatrix} \quad (3\text{-}22)$$

式中，$\text{vers}\theta = 1 - \cos\theta$；$\theta$ 值的正负号由右手螺旋法则决定。

式（3-22）称为一般旋转齐次变换通式，它概括了绕 X、Y、Z 轴进行旋转齐次变换的各种特殊情况，例如：

当 $k_x = 1$，即 $k_y = k_z = 0$ 时，则由式（3-22）可得到式（3-20）；

当 $k_y = 1$，即 $k_x = k_z = 0$ 时，则由式（3-22）可得到式（3-21）；

当 $k_z = 1$，即 $k_x = k_y = 0$ 时，则由式（3-22）可得到式（3-19）。

反之，某个旋转齐次变换矩阵

$$R = \begin{bmatrix} n_x & o_x & a_x & 0 \\ n_y & o_y & a_y & 0 \\ n_z & o_z & a_z & 0 \\ 0 & 0 & 0 & 1 \end{bmatrix}$$

可以看成是绕坐标空间某轴 k 做一次旋转 θ 的结果。此时，则可根据式（3-22）求出其等效转轴矢量 k 及等效转角 θ：

$$\begin{cases} \sin\theta = \pm \dfrac{1}{2}\sqrt{(o_z - a_y)^2 + (a_x - n_z)^2 + (n_y - o_x)^2} \\[2mm] \tan\theta = \pm \sqrt{\dfrac{(o_z - a_y)^2 + (a_x - n_z)^2 + (n_y - o_x)^2}{n_x + o_y + a_z - 1}} \\[2mm] k_x = \dfrac{o_z - a_y}{2\sin\theta} \\[2mm] k_y = \dfrac{a_x - n_z}{2\sin\theta} \\[2mm] k_x = \dfrac{n_y - o_x}{2\sin\theta} \end{cases} \quad (3\text{-}23)$$

与平移齐次变换一样，旋转齐次变换算子公式［式（3-19）~式（3-21）］以及一般旋转变换算子公式［式（3-22）］，不仅仅适用于点的旋转变换，也同样适用于坐标系的旋转变换。若相对于固定坐标系进行变换，则算子左乘；若相对于动坐标系进行变换，则算子右乘。

例 3-5 已知坐标系中点 U 的齐次坐标 $u = [7 \quad 3 \quad 2 \quad 1]$，将此点绕 Z 轴旋转 90°，再绕 Y 轴旋转 90°，如图 3-12 所示。求旋转变换后所得的点 W。

解 $\quad w = \text{Rot}(y,90°)\text{Rot}(z,90°)u = [2 \quad 7 \quad 3 \quad 1]^T$

例 3-6 如图 3-13 所示，单臂操作手的手臂和手腕具有一个旋转自由度。已知手部起始位姿矩阵为

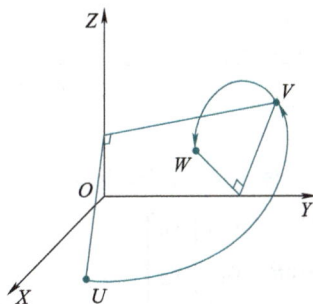

图 3-12　两次旋转变换

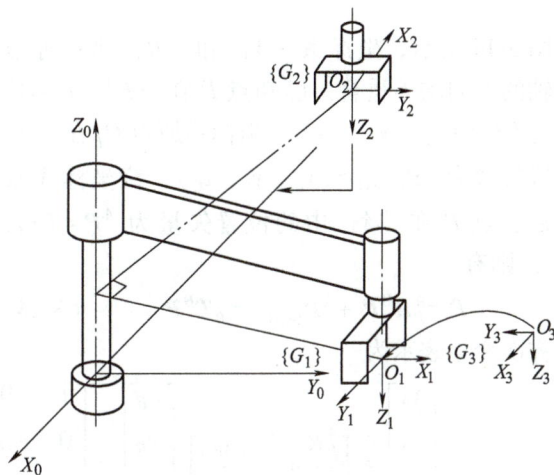

图 3-13　手臂和手腕转动

$$G_1 = \begin{bmatrix} 0 & 1 & 0 & 2 \\ 1 & 0 & 0 & 6 \\ 0 & 0 & -1 & 2 \\ 0 & 0 & 0 & 1 \end{bmatrix}$$

若手臂绕 Z_o 旋转 $+90°$，则手部达到 G_2；若手臂不动，仅手部绕手腕 Z_1 轴旋转 $+90°$，则手部到达 G_3。写出手部坐标系 $\{G_2\}$ 及 $\{G_3\}$ 的矩阵表达式。

解　手臂绕定轴转动是相对于固定坐标系做旋转齐次变换，所以

$$G_2 = \overrightarrow{\mathrm{Rot}(z, 90°)}\, G_1$$

$$= \begin{bmatrix} 0 & -1 & 0 & 0 \\ 1 & 0 & 0 & 0 \\ 0 & 0 & 1 & 0 \\ 0 & 0 & 0 & 1 \end{bmatrix} \begin{bmatrix} 0 & -1 & 0 & 2 \\ 1 & 0 & 0 & 6 \\ 0 & 0 & -1 & 2 \\ 0 & 0 & 0 & 1 \end{bmatrix} = \begin{bmatrix} -1 & 0 & 0 & -6 \\ 0 & 1 & 0 & 2 \\ 0 & 0 & -1 & 2 \\ 0 & 0 & 0 & 1 \end{bmatrix}$$

手臂绕手腕轴旋转是相对于动坐标系做旋转齐次变换，所以

$$G_3 = G_1 \overleftarrow{\mathrm{Rot}(z, 90°)}$$

$$= \begin{bmatrix} 0 & 1 & 0 & 2 \\ 1 & 0 & 0 & 6 \\ 0 & 0 & -1 & 2 \\ 0 & 0 & 0 & 1 \end{bmatrix} \begin{bmatrix} 0 & -1 & 0 & 0 \\ 1 & 0 & 0 & 0 \\ 0 & 0 & -1 & 0 \\ 0 & 0 & 0 & 1 \end{bmatrix} = \begin{bmatrix} 1 & 0 & 0 & 2 \\ 0 & -1 & 0 & 6 \\ 0 & 0 & -1 & 2 \\ 0 & 0 & 0 & 1 \end{bmatrix}$$

经过旋转齐次变换后，坐标系 $\{G_2\}$、$\{G_3\}$ 的位置如图 3-13 所示。

3.3.3　复合变换

运动过程中，若坐标系相对于固定坐标系原点位置发生变化，同时坐标系绕固定坐标系的某一坐标轴旋转一定角度的变换，称为复合变换。其特点是两坐标原点的位置发生改变，坐标轴方向和单位向量也同时

平移加旋转的齐次变换

变化。

如图 3-14 所示，坐标系 $\{A\}$ 和 $\{B\}$ 坐标原点和坐标轴的方向均不重合。已知点 P 在 $\{B\}$ 中的位置矢量为 ${}^B\boldsymbol{P}=(x_B,\ y_B,\ z_B)$，坐标系原点 O_B 在 $\{A\}$ 中的位置矢量为 ${}^A\boldsymbol{P}_{\mathrm{BORG}}=(x_0,\ y_0,\ z_0)$，绕坐标 X 轴旋转 θ 后，点 P 在 $\{A\}$ 中的位置矢量为 ${}^A\boldsymbol{P}=(x_A,\ y_A,\ z_A)$，则有

$$ {}^A\boldsymbol{P} = {}^A_B\boldsymbol{R}\,{}^B\boldsymbol{P} + {}^A\boldsymbol{P}_{\mathrm{BORG}} = {}^A_B\boldsymbol{T}\,{}^B\boldsymbol{P} \tag{3-24} $$

用齐次变换表示为

图 3-14   复合坐标变换

$$ \begin{bmatrix} x_A \\ y_A \\ z_A \\ 1 \end{bmatrix} = \begin{bmatrix} {}^A_B\boldsymbol{R} & \vdots & {}^A\boldsymbol{P}_{\mathrm{BORG}} \\ \cdots & & \cdots \\ \mathbf{0} & \vdots & 1 \end{bmatrix} \begin{bmatrix} x_B \\ y_B \\ z_B \\ 1 \end{bmatrix} = \begin{bmatrix} 1 & 0 & 0 & x_0 \\ 0 & \cos\theta & -\sin\theta & y_0 \\ 0 & \sin\theta & \cos\theta & z_0 \\ 0 & 0 & 0 & 1 \end{bmatrix} \begin{bmatrix} x_B \\ y_B \\ z_B \\ 1 \end{bmatrix} \tag{3-25} $$

故复合变换矩阵 ${}^A_B\boldsymbol{T}$ 为

$$ {}^A_B\boldsymbol{T} = \begin{bmatrix} {}^A_B\boldsymbol{R} & \vdots & {}^A\boldsymbol{P}_{\mathrm{BORG}} \\ \mathbf{0} & \vdots & 1 \end{bmatrix} \tag{3-26} $$

式中，${}^A_B\boldsymbol{T}$ 为齐次变换的复合算子。

式 (3-26) 中左上角的 3×3 的 ${}^A_B\boldsymbol{R}$ 矩阵是旋转齐次变换矩阵，描述了两坐标系之间的姿态关系；右上角 3×1 ${}^A\boldsymbol{P}_{\mathrm{BORG}}$ 矩阵是平移齐次变换矩阵，描述了两坐标系之间的位置关系。所以复合变换矩阵又称为位姿矩阵。

例 3-7   已知坐标系 $\{B\}$ 初始位姿与 $\{A\}$ 重合，坐标系 $\{B\}$ 相对于坐标系 $\{A\}$ 的 Z 轴转动 30°，再沿坐标系 $\{A\}$ 的 X 轴移动 10 个单位，并沿坐标系 $\{A\}$ 的 Y 轴移动 5 个单位，假设点 P 在坐标系 $\{B\}$ 中的描述为 ${}^B P=[3\ \ 7\ \ 0]^T$，求点 P 在坐标系 $\{A\}$ 中的复合变换矩阵。

解   由式 (3-25) 可得

$$ {}^A\boldsymbol{P} = {}^A_B\boldsymbol{T}\,{}^B\boldsymbol{P} = \begin{bmatrix} \cos30° & -\sin30° & 0 & 10 \\ \sin30° & \cos30° & 0 & 5 \\ 0 & 0 & 1 & 0 \\ 0 & 0 & 0 & 1 \end{bmatrix} \begin{bmatrix} 3 \\ 7 \\ 0 \\ 1 \end{bmatrix} = \begin{bmatrix} 9.098 \\ 12.562 \\ 0 \\ 1 \end{bmatrix} $$

3.3.4   算子左乘和右乘规则

由矩阵运算规律可知：两矩阵相乘，次序是不能交换的。从变化几何来看，齐次坐标变换的算子（平移、旋转、复合）左乘和右乘分别表示不同的变化顺序和规则。一般按参考坐标系为基准变换需要用左乘，按自身坐标系为基准变换需要用右乘。

下面通过实例来进行说明。

设 $\{A0\}$ 为参考坐标系，初始坐标系 $\{A1\} = \begin{bmatrix} 1 & 0 & 0 & 0 \\ 0 & 1 & 0 & 3 \\ 0 & 0 & 1 & 0 \\ 0 & 0 & 0 & 1 \end{bmatrix}$，如图 3-15 和图 3-16 所示。

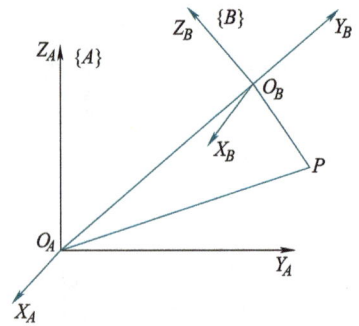

（1）实例一　将初始坐标系 $\{A1\}$ 绕 Z_0 轴旋转 $90°$ 得到图 3-15 所示的 $O_1X_1Y_1Z_1$ 坐标系（轨迹①），接着绕 X_1 轴旋转 $90°$ 得到如图 3-15 所示的 $O_2X_2Y_2Z_2$ 坐标系（轨迹②），即坐标系 $\{A2\}$，具体计算如下：

$$\{A2\} = \mathrm{Rot}(z,90°)\,\{A1\}\,\mathrm{Rot}(x,90°)$$

$$= \begin{bmatrix} 0 & -1 & 0 & 0 \\ 1 & 0 & 0 & 0 \\ 0 & 0 & 1 & 0 \\ 0 & 0 & 0 & 1 \end{bmatrix} \begin{bmatrix} 1 & 0 & 0 & 0 \\ 0 & 1 & 0 & 3 \\ 0 & 0 & 1 & 0 \\ 0 & 0 & 0 & 1 \end{bmatrix} \begin{bmatrix} 1 & 0 & 0 & 0 \\ 0 & 0 & -1 & 0 \\ 0 & 1 & 0 & 0 \\ 0 & 0 & 0 & 1 \end{bmatrix}$$

$$= \begin{bmatrix} 0 & 0 & 1 & -3 \\ 1 & 0 & 0 & 0 \\ 0 & 1 & 0 & 0 \\ 0 & 0 & 0 & 1 \end{bmatrix}$$

由于初始坐标系 $\{A1\}$ 第一次变换是绕着参考坐标系的，因此将变换算子 $\mathrm{Rot}(z,90°)$ 左乘，第二次变换是绕着自身坐标系 $\{A1\}$ 的，因此将变换算子 $\mathrm{Rot}(x,90°)$ 右乘。

（2）实例二　将初始坐标系 $\{A1\}$ 绕 Z_0 轴（参考坐标系）旋转 $90°$ 得到如图 3-16 所示的 $O_1X_1Y_1Z_1$ 坐标系（轨迹①），接着绕 X_0 轴（参考坐标系）旋转 $90°$ 得到如图 3-16 所示的 $O_3X_3Y_3Z_3$ 坐标系（轨迹②），即坐标系 $\{A3\}$，具体计算如下所示：

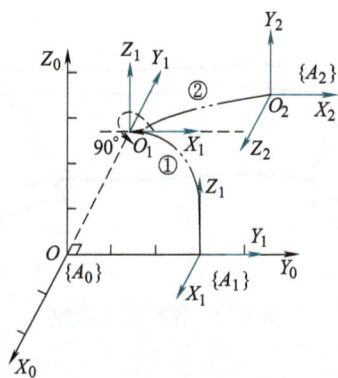

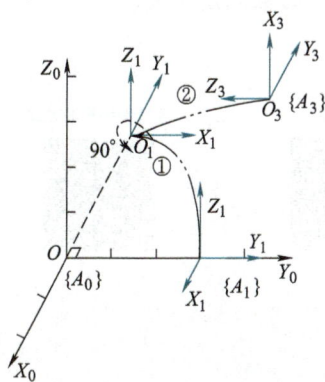

图 3-15　$\{A1\}$ 坐标系先左乘后右乘　　　图 3-16　$\{A1\}$ 坐标系两次左乘

$$\{A3\} = \mathrm{Rot}(x,90°)\,\mathrm{Rot}(z,90°)\,\{A1\}$$

$$= \begin{bmatrix} 1 & 0 & 0 & 0 \\ 0 & 0 & -1 & 0 \\ 0 & 1 & 0 & 0 \\ 0 & 0 & 0 & 1 \end{bmatrix} \begin{bmatrix} 0 & -1 & 0 & 0 \\ 1 & 0 & 0 & 0 \\ 0 & 0 & 1 & 0 \\ 0 & 0 & 0 & 1 \end{bmatrix} \begin{bmatrix} 1 & 0 & 0 & 0 \\ 0 & 1 & 0 & 3 \\ 0 & 0 & 1 & 0 \\ 0 & 0 & 0 & 1 \end{bmatrix}$$

$$= \begin{bmatrix} 0 & -1 & 0 & -3 \\ 0 & 0 & -1 & 0 \\ 1 & 0 & 0 & 0 \\ 0 & 0 & 0 & 1 \end{bmatrix}$$

由于初始坐标系 $\{A1\}$ 两次变换是绕着参考坐标系的，因此将变换算子 $\mathrm{Rot}(z,90°)$ 与

变换算子 $\mathrm{Rot}(x,\ 90°)$ 先后左乘。

3.4 工业机器人连杆参数及其齐次变换矩阵

机器人运动学的重点是研究手部的位姿和运动，而手部位姿与机器人各杆件的尺寸、运动副类型及杆间的相互关系有关。因此，在研究手部机构对于机座的几何关系时，必须分析两相邻杆件的相互关系，即建立杆件坐标系。

3.4.1 连杆参数及连杆坐标系的建立

如图 3-17 所示，连杆（Link）两端有关节 n 和 $n+1$。该连杆尺寸可以用两个量来描述：一个是两个关节轴线沿公垂线的距离 a_n，称为连杆长度；另一个是垂直于 a_n 的平面内两个轴线的夹角 α_n，称为连杆扭角。这两个参数为连杆的尺寸参数。

再考虑连杆 n 与相邻连杆 $n-1$ 的关系，若它们通过关节相连，如图 3-18 所示，其相对位置可用两个参数 d_n 和 θ_n，来确定，其中 d_n 是沿关节 n 轴线两个公垂线的距离，θ_n 是垂直于关节 n 轴线的平面内两条公垂线的夹角。这是表达相邻杆件关系的两个参数。这样，每个连杆可以由四个参数所描述：其中两个描述连杆尺寸；另外两个描述连杆与相邻杆件的连接关系。对于旋转关节，θ_n 是关节变量，其他三个参数固定不变；对于移动关节，d_n 是关节变量，其他三个参数固定不变。

连杆参数   连杆坐标系的建立

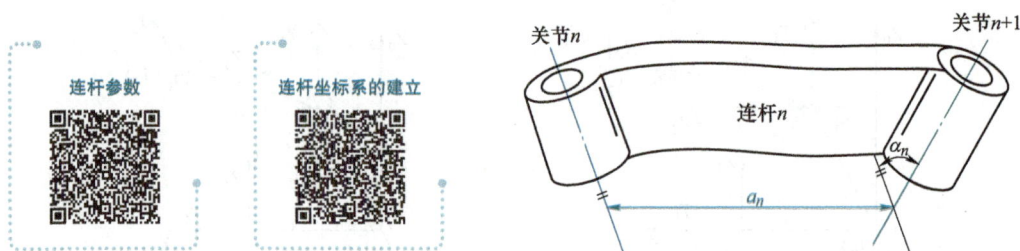

图 3-17　连杆尺寸参数

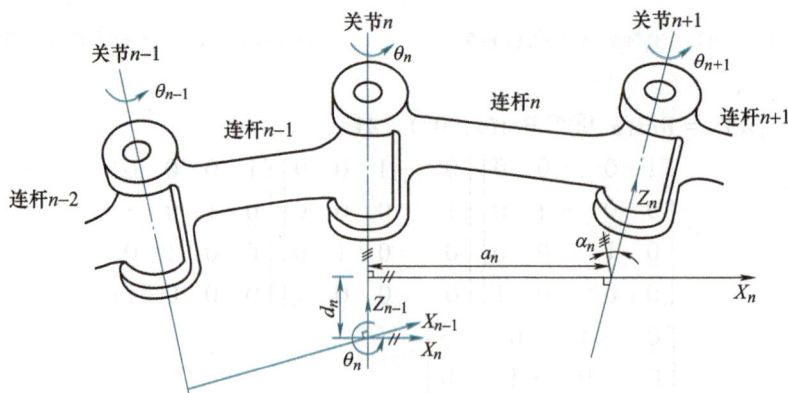

图 3-18　连杆参数

连杆坐标系的建立按下面规则进行：连杆 n 坐标系（简称 n 系）的坐标原点设在关节 n

的轴线和关节 $n+1$ 的轴线的公垂线与关节 $n+1$ 的轴线的交点（见图 3-18），n 系的 Z 轴与关节 $n+1$ 的轴线重合，X 轴与上述公垂线重合，且方向从关节 n 指向关节 $n+1$，Y 轴则按右手系确定。

现将建立的连杆参数（见图 3-18）归纳为表 3-1，将建立的坐标系（见图 3-18）归纳为表 3-2。

表 3-1　建立的连杆参数

名称		含义	"±" 号	性质
θ_n	转角	连杆 n 绕关节 n 的 Z_{n-1} 轴的转角	右手螺旋法则	转动关节为变量 移动关节为常量
d_n	距离	连杆 n 沿关节 n 的 Z_{n-1} 轴的位移	沿 Z_{n-1} 方向为+	转动关节为常量 移动关节为变量
a_n	长度	沿 X_n 方向上，连杆 n 的长度，尺寸参数	与 X_n 正向一致	常量
α_n	扭角	连杆 n 两关节轴线之间的扭角，尺寸参数	右手螺旋法则	常量

表 3-2　建立的坐标系 $O_n X_n Y_n Z_n$

原点 O_n	轴 Z_n	轴 X_n	轴 Y_n
位于关节 $n+1$ 轴线与连杆 n 两关节轴线的公垂线的交点处	与关节 $n+1$ 轴线重合	沿连杆 n 两关节轴线的公垂线，并指向 $n+1$ 关节	按右手螺旋法则确定

3.4.2　连杆坐标系之间的变换矩阵

建立了各连杆坐标系后，$n-1$ 系与 n 系间的变换关系可以用坐标系的平移和旋转来实现。从 $n-1$ 系到 n 系的变换，可先令 $n-1$ 系绕 Z_{n-1} 轴转 θ_n 角，再沿 Z_{n-1} 轴平移 d_n，然后沿 X_n 轴平移 a_n，最后绕 X_n 轴旋转 α_n 角，使得 $n-1$ 系与 n 系重合。用一个变换矩阵 A_n 来综合表示上述四次变换时应注意，坐标系在每次旋转或平移后发生了变动，后一次变换都是相对于动坐标系进行的，因此在运算中变换算子应该右乘，于是连杆 n 的齐次坐标变换矩阵为

$$A_n = \mathrm{Rot}(z,\theta_n)\,\mathrm{Trans}(0,0,d_n)\,\mathrm{Trans}(a_n,0,0)\,\mathrm{Rot}(x,\alpha_n)$$

$$= \begin{bmatrix} c\theta_n & -s\theta_n & 0 & 0 \\ s\theta_n & c\theta_n & 0 & 0 \\ 0 & 0 & 1 & 0 \\ 0 & 0 & 0 & 1 \end{bmatrix}\begin{bmatrix} 1 & 0 & 0 & a_n \\ 0 & 1 & 0 & 0 \\ 0 & 0 & 1 & d_n \\ 0 & 0 & 0 & 1 \end{bmatrix}\begin{bmatrix} 1 & 0 & 0 & 0 \\ 0 & c\alpha_n & -s\alpha_n & 0 \\ 0 & s\alpha_n & c\alpha_n & 0 \\ 0 & 0 & 0 & 1 \end{bmatrix}$$

$$= \begin{bmatrix} c\theta_n & -s\theta_n c\alpha_n & s\theta_n s\alpha_n & a_n c\theta_n \\ s\theta_n & c\theta_n c\alpha_n & -c\theta_n s\alpha_n & a_n s\theta_n \\ 0 & s\alpha_n & c\alpha_n & d_n \\ 0 & 0 & 0 & 1 \end{bmatrix}$$

(3-27)

3.5 串联机器人运动学分析

串联机器人是由若干杆件和关节组成首尾不相连的开式运动链。不考虑力和质量等因素的影响，运用几何学方法来研究机器人的运动称为机器人运动学。机器人运动学问题分为两类：第一类是，已知机器人各关节变量和连杆参数，研究其末端执行器位姿的过程，称为正运动学（Forward Kinematics）；第二类是，已知机器人几何参数和末端执行器位姿，求解机器人各关节变量的过程，称为逆运动学（Inverse Kinematics）。机器人运动学分析目的是建立各运动参数与机器人末端执行器（手部）位姿的关系，为机器人运动控制研究提供素材。

3.5.1 机器人运动学方程

机器人运动学方程

为机器人的每一个连杆建立一个坐标系，并用齐次变换来描述这些坐标系间的相对关系，称为相对位姿。通常把描述一个连杆坐标系与下一个连杆坐标系间相对关系的齐次变换矩阵称为 A 变化或 A 矩阵。

如果 A_1 矩阵表示第一连杆坐标系相对于固定坐标系的齐次变换，则第一连杆坐标系相对于固定坐标系的位姿 T_1 为

$$T_1 = A_1 T_0 = A_1$$

式中，T_0 为固定坐标系的齐次矩阵表达式，即

运动学方程求解

$$T_0 = \begin{bmatrix} 1 & 0 & 0 & 0 \\ 0 & 1 & 0 & 0 \\ 0 & 0 & 1 & 0 \\ 0 & 0 & 0 & 1 \end{bmatrix}$$

如果 A_2 矩阵表示第二连杆坐标系相对于第一连杆坐标系的齐次变换，则第二连杆坐标系在固定坐标系中的位姿 T_2 可用 A_2 和 A_1 的乘积来表示，并且 A_2 应该右乘，即

$$T_2 = A_1 A_2$$

同理，若 A_3 矩阵表示第三连杆坐标系相对于第二连杆坐标系的齐次变换，则有

$$T_3 = A_1 A_2 A_3$$

以此类推，对于六连杆机器人，则有

$$T_6 = A_1 A_2 A_3 A_4 A_5 A_6 \tag{3-28}$$

式（3-28）右边表示了从固定参考系到手部坐标系的各连杆坐标系之间的变换矩阵的连乘，左边 T_6 表示这些变换矩阵的乘积，也就是手部坐标系相对于固定参考系的位姿，称式（3-28）为机器人运动学方程。式（3-28）T_6 的计算结果是一个 4×4 矩阵，即

$$T_6 = \begin{bmatrix} n_x & o_x & a_x & p_x \\ n_y & o_y & a_y & p_y \\ n_z & o_z & a_z & p_z \\ 0 & 0 & 0 & 1 \end{bmatrix} \tag{3-29}$$

式中，前三列表示手部的姿态；第四列表示手部的位置。

3.5.2　正运动学

如图 3-19 所示，具有一个肩关节、一个肘关节和一个腕关节的
SCARA 机器人，大臂为连杆 1，由肩关节（关节 1）连接在基础上；小臂
为连杆 2，由肘关节（关节 2）连接在大臂上；手部为连杆 3，由腕关
节（关节 3）连接在小臂上。此类机器人的机械结构特点是三个关节轴线
是相互平行的。固定坐标系 {0} 和连杆 1、连杆 2、连杆 3 的坐标系
{1}、{2}、{3} 如图 3-19a 所示，坐落在关节 1、关节 2、关节 3 和手部
中心，坐标系 {3} 即手部坐标系。连杆参数中 θ 为变量，其余参数 d、a、α 均为常量。考
虑到关节轴线平行，并且连杆都在一个平面内的特点，列出 SCARA 机器人连杆的参数，见
表 3-3。

正向运动学方程求解

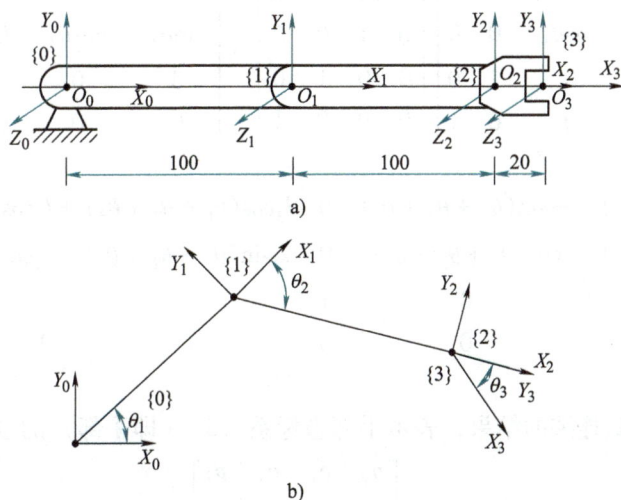

图 3-19　SCARA 机器人的坐标系

表 3-3　SCARA 机器人连杆参数

连杆	转角（变量）θ_n	两连杆间距离 d_n	连杆长度 a_n	连杆扭角 α_n
连杆 1	θ_1	d_1	$a_1 = l_1 = 100$	$\alpha_1 = 0$
连杆 2	θ_2	d_2	$a_2 = l_2 = 100$	$\alpha_2 = 0$
连杆 3	θ_3	d_3	$a_3 = l_3 = 20$	$\alpha_3 = 0$

注：两连杆间的距离 d_n 是指沿关节 n 轴线两个公垂线的距离。

该平面关节机器人的运动学方程为

$$T_3 = A_1 A_2 A_3$$

式中，A_1 为连杆 1 的坐标系 {1} 相对于固定坐标系 {0} 的齐次变换矩阵；A_2 为连杆 2 的
坐标系 {2} 相对于连杆 1 的坐标系 {1} 的齐次变换矩阵；A_3 为连杆 3 的坐标系 {3} 相对
于连杆 2 的坐标系 {2} 的齐次变换矩阵。参考图 3-19b，于是有

$$A_1 = \mathrm{Rot}(z_0, \theta_1)\,\mathrm{Trans}(l_1, 0, 0)$$
$$A_2 = \mathrm{Rot}(z_1, \theta_2)\,\mathrm{Trans}(l_2, 0, 0)$$

$$A_3 = \mathrm{Rot}(z_2,\theta_3)\,\mathrm{Trans}(l_3,0,0)$$

即

$$A_1 = \begin{bmatrix} \cos\theta_1 & -\sin\theta_1 & 0 & 0 \\ \sin\theta_1 & \cos\theta_1 & 0 & 0 \\ 0 & 0 & 1 & 0 \\ 0 & 0 & 0 & 1 \end{bmatrix} \begin{bmatrix} 1 & 0 & 0 & l_1 \\ 0 & 1 & 0 & 0 \\ 0 & 0 & 1 & 0 \\ 0 & 0 & 0 & 1 \end{bmatrix} = \begin{bmatrix} \cos\theta_1 & -\sin\theta_1 & 0 & l_1\cos\theta_1 \\ \sin\theta_1 & \cos\theta_1 & 0 & l_1\sin\theta_1 \\ 0 & 0 & 1 & 0 \\ 0 & 0 & 0 & 1 \end{bmatrix}$$

$$A_2 = \begin{bmatrix} \cos\theta_2 & -\sin\theta_2 & 0 & 0 \\ \sin\theta_2 & \cos\theta_2 & 0 & 0 \\ 0 & 0 & 1 & 0 \\ 0 & 0 & 0 & 1 \end{bmatrix} \begin{bmatrix} 1 & 0 & 0 & l_2 \\ 0 & 1 & 0 & 0 \\ 0 & 0 & 1 & 0 \\ 0 & 0 & 0 & 1 \end{bmatrix} = \begin{bmatrix} \cos\theta_2 & -\sin\theta_2 & 0 & l_2\cos\theta_2 \\ \sin\theta_2 & \cos\theta_2 & 0 & l_2\sin\theta_2 \\ 0 & 0 & 1 & 0 \\ 0 & 0 & 0 & 1 \end{bmatrix}$$

$$A_3 = \begin{bmatrix} \cos\theta_3 & -\sin\theta_3 & 0 & 0 \\ \sin\theta_3 & \cos\theta_3 & 0 & 0 \\ 0 & 0 & 1 & 0 \\ 0 & 0 & 0 & 1 \end{bmatrix} \begin{bmatrix} 1 & 0 & 0 & l_3 \\ 0 & 1 & 0 & 0 \\ 0 & 0 & 1 & 0 \\ 0 & 0 & 0 & 1 \end{bmatrix} = \begin{bmatrix} \cos\theta_3 & -\sin\theta_3 & 0 & l_3\cos\theta_3 \\ \sin\theta_3 & \cos\theta_3 & 0 & l_3\sin\theta_3 \\ 0 & 0 & 1 & 0 \\ 0 & 0 & 0 & 1 \end{bmatrix}$$

因此，可以写出

$$T_3 = \begin{bmatrix} \cos(\theta_1+\theta_2+\theta_3) & -\sin(\theta_1+\theta_2+\theta_3) & 0 & l_3\cos(\theta_1+\theta_2+\theta_3)+l_2\cos(\theta_1+\theta_2)+l_1\cos\theta_1 \\ \sin(\theta_1+\theta_2+\theta_3) & \cos(\theta_1+\theta_2+\theta_3) & 0 & l_3\sin(\theta_1+\theta_2+\theta_3)+l_2\sin(\theta_1+\theta_2)+l_1\sin\theta_1 \\ 0 & 0 & 1 & 0 \\ 0 & 0 & 0 & 1 \end{bmatrix}$$

$$(3\text{-}30)$$

T_3 是 A_1、A_2、A_3 连乘的结果，表示手部坐标系 {3}（即手部）的位置和姿态。

$$T_3 = \left[\begin{array}{ccc:c} n_x & o_x & a_x & p_x \\ n_y & o_y & a_y & p_y \\ n_z & o_z & a_z & p_z \\ \hdashline 0 & 0 & 0 & 1 \end{array}\right]$$

于是，可写出手部位置 4×1 列阵为

$$\boldsymbol{p} = \begin{bmatrix} p_x \\ p_y \\ p_z \\ 1 \end{bmatrix} = \begin{bmatrix} l_3\cos(\theta_1+\theta_2+\theta_3)+l_2\cos(\theta_1+\theta_2)+l_1\cos\theta_1 \\ l_3\sin(\theta_1+\theta_2+\theta_3)+l_2\sin(\theta_1+\theta_2)+l_1\sin\theta_1 \\ 0 \\ 1 \end{bmatrix}$$

表示手部姿态的方向矢量 $\boldsymbol{n}$、$\boldsymbol{o}$、$\boldsymbol{a}$ 分别为

$$\boldsymbol{n} = \begin{bmatrix} n_x \\ n_y \\ n_z \\ 0 \end{bmatrix} = \begin{bmatrix} \cos(\theta_1+\theta_2+\theta_3) \\ \sin(\theta_1+\theta_2+\theta_3) \\ 0 \\ 0 \end{bmatrix}, \boldsymbol{o} = \begin{bmatrix} o_x \\ o_y \\ o_z \\ 0 \end{bmatrix} = \begin{bmatrix} -\sin(\theta_1+\theta_2+\theta_3) \\ \cos(\theta_1+\theta_2+\theta_3) \\ 0 \\ 0 \end{bmatrix}, \boldsymbol{a} = \begin{bmatrix} a_x \\ a_y \\ a_z \\ 0 \end{bmatrix} = \begin{bmatrix} 0 \\ 0 \\ 1 \\ 0 \end{bmatrix}$$

当转角变量 θ_1、θ_2、θ_3 给定时，可以算出具体数值。如图 3-19b 所示，设 $\theta_1 = 30°$，$\theta_2 = -60°$，$\theta_3 = -30°$，则可根据平面关节型机器人运动学方程式（3-30）求解出运动学正解，

即手部的位姿矩阵表达式为

$$
\boldsymbol{T}_3 = \begin{bmatrix} 0.5 & 0.866 & 0 & 183.2 \\ -0.866 & 0.5 & 0 & -17.32 \\ 0 & 0 & 1 & 0 \\ 0 & 0 & 0 & 1 \end{bmatrix}
$$

例 3-8　图 3-20a 所示为瑞典 ABB 公司生产的 IRB140 关节型六轴机械臂，其连杆坐标系如图 3-20b 所示。求解齐次变换矩阵 $_6^0\boldsymbol{T}$。

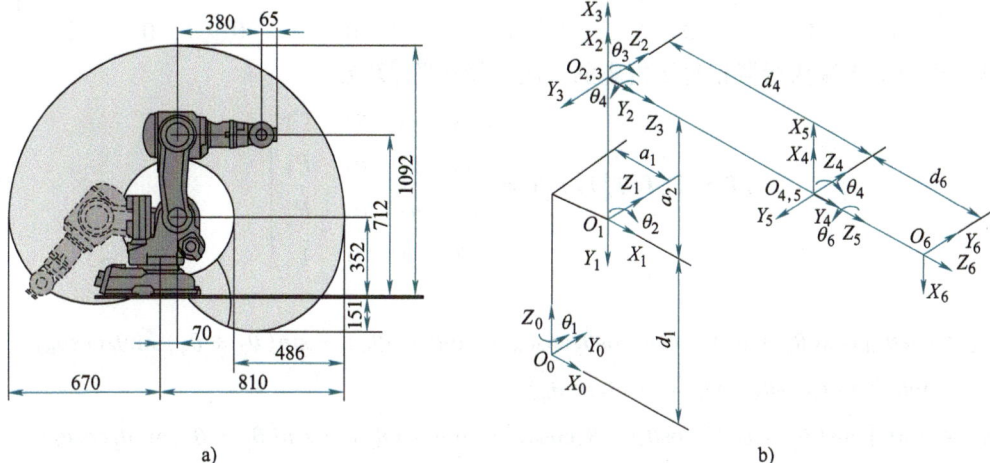

图 3-20　IRB140 关节型六轴机械臂及连杆坐标系

解　1）建立各连杆 D-H 坐标系，如图 3-20b 所示。
　　2）确定连杆参数以及关节变量，D-H 参数见表 3-4。

表 3-4　D-H 参数（1）

关节 i	连杆转角 $\theta_i/(°)$	连杆扭角 $\alpha_i/(°)$	连杆长度 a/mm	连杆距离 d/mm	关节变量范围 $(°)$
1	$\theta_1(0)$	-90	$a_1(70)$	$d_1(352)$	$-180\sim180$
2	$\theta_2(-90)$	0	$a_2(360)$		$-90\sim110$
3	$\theta_3(0)$	-90	0	0	$-230\sim50$
4	$\theta_4(0)$	90	0	$d_4(380)$	$-200\sim200$
5	$\theta_5(0)$	-90	0	0	$-120\sim120$
6	$\theta_6(180)$	0	0	$d_6(65)$	$-400\sim400$

　　3）求两连杆间的位姿矩阵 $_i^{i-1}\boldsymbol{T}(i=1,2,\cdots,6)$。
　　由 D-H 连杆参数表与齐次矩阵公式可求得

$$
_1^0\boldsymbol{T} = \begin{bmatrix} \cos\theta_1 & 0 & -\sin\theta_1 & a_1\cos\theta_1 \\ \sin\theta_1 & 0 & \cos\theta_1 & a_1\sin\theta_1 \\ 0 & -1 & 0 & d_1 \\ 0 & 0 & 0 & 1 \end{bmatrix}, \quad
_2^1\boldsymbol{T} = \begin{bmatrix} \cos\theta_2 & -\sin\theta_2 & 0 & a_2\cos\theta_2 \\ \sin\theta_2 & \cos\theta_2 & 0 & a_2\sin\theta_2 \\ 0 & 0 & 1 & d_2 \\ 0 & 0 & 0 & 1 \end{bmatrix},
$$

$$
{}_3^2T = \begin{bmatrix} \cos\theta_3 & 0 & -\sin\theta_3 & a_3\cos\theta_3 \\ \sin\theta_3 & 0 & \cos\theta_3 & a_3\sin\theta_3 \\ 0 & -1 & 0 & d_3 \\ 0 & 0 & 0 & 1 \end{bmatrix}, \quad {}_4^3T = \begin{bmatrix} \cos\theta_4 & 0 & \sin\theta_4 & a_4\cos\theta_4 \\ \sin\theta_4 & 0 & -\cos\theta_4 & a_4\sin\theta_4 \\ 0 & 1 & 0 & d_4 \\ 0 & 0 & 0 & 1 \end{bmatrix},
$$

$$
{}_5^4T = \begin{bmatrix} \cos\theta_5 & 0 & -\sin\theta_5 & a_5\cos\theta_5 \\ \sin\theta_5 & 0 & \cos\theta_5 & a_5\sin\theta_5 \\ 0 & -1 & 0 & d_5 \\ 0 & 0 & 0 & 1 \end{bmatrix}, \quad {}_6^5T = \begin{bmatrix} \cos\theta_6 & -\sin\theta_6 & 0 & a_6\cos\theta_6 \\ \sin\theta_6 & \cos\theta_6 & 0 & a_6\cos\theta_6 \\ 0 & 0 & 1 & d_6 \\ 0 & 0 & 0 & 1 \end{bmatrix}
$$

4）机械手末端执行器相对于机座的齐次变换矩阵 ${}_6^0T$ 为

$$
{}_6^0T = {}_1^0T\,{}_2^1T\,{}_3^2T\,{}_4^3T\,{}_5^4T\,{}_6^5T = \begin{bmatrix} n_X & o_X & a_X & P_X \\ n_Y & o_Y & a_Y & P_Y \\ n_Z & o_Z & a_Z & P_Z \\ 0 & 0 & 0 & 1 \end{bmatrix}
$$

式中，

$$
\begin{cases} n_X = \cos\theta_1[\cos(\theta_2+\theta_3)(\cos\theta_4\cos\theta_5\cos\theta_6 - \sin\theta_4\sin\theta_6) - \sin(\theta_2+\theta_3)\sin\theta_5\cos\theta_6] + \\ \quad \sin\theta_1(\sin\theta_4\cos\theta_5\cos\theta_6 + \cos\theta_4\sin\theta_6); \\ n_Y = \sin\theta_1[\cos(\theta_2+\theta_3)(\cos\theta_4\cos\theta_5\cos\theta_6 - \sin\theta_4\sin\theta_6) - \sin(\theta_2+\theta_3)\sin\theta_5\cos\theta_6] - \\ \quad \cos\theta_1(\sin\theta_4\cos\theta_5\cos\theta_6 + \cos\theta_4\sin\theta_6); \\ n_Z = -\sin(\theta_2+\theta_3)(\cos\theta_4\cos\theta_5\cos\theta_6 - \sin\theta_4\sin\theta_6) - \cos(\theta_2+\theta_3)\sin\theta_5\cos\theta_6; \end{cases}
$$

$$
\begin{cases} o_X = \cos\theta_1[\cos(\theta_2+\theta_3)(-\cos\theta_4\cos\theta_5\sin\theta_6 - \sin\theta_4\cos\theta_6) + \sin(\theta_2+\theta_3)\sin\theta_5\cos\theta_6] + \\ \quad \sin\theta_1(\cos\theta_4\sin\theta_6 - \sin\theta_4\cos\theta_5\sin\theta_6); \\ o_Y = \sin\theta_1[\cos(\theta_2+\theta_3)(-\cos\theta_4\cos\theta_5\sin\theta_6 - \sin\theta_4\cos\theta_6) + \sin(\theta_2+\theta_3)\sin\theta_5\cos\theta_6] - \\ \quad \cos\theta_1(\cos\theta_4\cos\theta_6 - \sin\theta_4\cos\theta_5\sin\theta_6); \\ o_Z = -\sin(\theta_2+\theta_3)(-\cos\theta_4\cos\theta_5\sin\theta_6 - \sin\theta_4\cos\theta_6) + \cos(\theta_2+\theta_3)\sin\theta_5\cos\theta_6; \end{cases}
$$

$$
\begin{cases} a_X = -\cos\theta_1[\cos(\theta_2+\theta_3)\cos\theta_4\sin\theta_5 + \sin(\theta_2+\theta_3)\cos\theta_5] - \sin\theta_1\sin\theta_4\sin\theta_5; \\ a_Y = -\sin\theta_1[\cos(\theta_2+\theta_3)\cos\theta_4\sin\theta_5 + \sin(\theta_2+\theta_3)\cos\theta_5] + \cos\theta_1\sin\theta_4\sin\theta_5; \\ a_Z = \sin(\theta_2+\theta_3)\cos\theta_4\sin\theta_5 - \cos(\theta_2+\theta_3)\cos\theta_5; \end{cases}
$$

$$
\begin{cases} P_X = \cos\theta_1[a_2\cos\theta_2 + a_3\cos(\theta_2+\theta_3) - d_4\sin(\theta_2+\theta_3)] - d3\sin\theta_1; \\ P_Y = \sin\theta_1[a_2\cos\theta_2 + a_3\cos(\theta_2+\theta_3) - d_4\sin(\theta_2+\theta_3)] + d3\cos\theta_1; \\ P_Z = -a_3\sin(\theta_2+\theta_3) - a_2\sin\theta_2 - d_4\cos(\theta_2+\theta_3); \end{cases}
$$

例 3-9 如图 3-21 所示，一个具有七自由度的协作机器人，其关节编号自第 0 到 6。与上文建模方式的不同之处在于，这里将坐标系建立在关节上而非连杆上。D-H 参数见表 3-5。

表 3-5 D-H 参数 (2)

关节 i	转角（变量）$\theta/(°)$	距离 d/mm	长度 a/mm	扭角 $\alpha/(°)$
关节 0	θ_0	$d_0 = 0$	$a_0 = 0$	$\alpha_0 = 0$
关节 1	θ_1	$d_1 = 0$	$a_1 = 0$	$\alpha_1 = 90$

（续）

关节 i	转角（变量）$\theta/(°)$	距离 d/mm	长度 a/mm	扭角 $\alpha/(°)$
关节 2	θ_2	$d_2 = 413$	$a_2 = 0$	$\alpha_2 = 90$
关节 3	θ_3	$d_3 = 0$	$a_3 = 0$	$\alpha_3 = 90$
关节 4	θ_4	$d_4 = 344.5$	$a_4 = 0$	$\alpha_4 = 90$
关节 5	θ_5	$d_5 = 0$	$a_5 = 0$	$\alpha_5 = 90$
关节 6	θ_6	$d_6 = 239.1$	$a_6 = 0$	$\alpha_6 = 90$

规定，α_{i-1} 表示绕着 X_{i-1} 轴，从 Z_{i-1} 旋转到 Z_i 的角度；a_{i-1} 表示沿着 X_{i-1} 轴，从 Z_{i-1} 移动到 Z_i 的距离；d_i 表示沿着 Z_i 轴，从 X_{i-1} 移动到 X_i 的距离；θ_i 表示绕着 Z_i 轴，从 X_{i-1} 旋转到 X_i 的角度。

由 D-H 参数得到齐次变换矩阵为

$$^{i-1}T_i = \begin{bmatrix} \cos\theta_i & -\sin\theta_i & 0 & a_{i-1} \\ \sin\theta_i\cos\alpha_{i-1} & \cos\theta_i\cos\alpha_{i-1} & -\sin\alpha_{i-1} & -d_i\sin\alpha_{i-1} \\ \sin\theta_i\sin\alpha_{i-1} & \cos\theta_i\sin\alpha_{i-1} & \cos\alpha_{i-1} & d_i\cos\alpha_{i-1} \\ 0 & 0 & 0 & 1 \end{bmatrix}$$

将具体的数值代入后可以得到相应的变换矩阵：

$$^0T_1 = \begin{bmatrix} \cos\theta_0 & -\sin\theta_0 & 0 & 0 \\ \sin\theta_0 & \cos\theta_0 & 0 & 0 \\ 0 & 0 & 1 & 0 \\ 0 & 0 & 0 & 1 \end{bmatrix}, \quad ^1T_2 = \begin{bmatrix} \cos\theta_1 & -\sin\theta_1 & 0 & 0 \\ 0 & 0 & -1 & 0 \\ \sin\theta_1 & \cos\theta_1 & 0 & 0 \\ 0 & 0 & 0 & 1 \end{bmatrix}$$

$$^1T_2 = \begin{bmatrix} \cos\theta_1 & -\sin\theta_1 & 0 & 0 \\ 0 & 0 & -1 & 0 \\ \sin\theta_1 & \cos\theta_1 & 0 & 0 \\ 0 & 0 & 0 & 1 \end{bmatrix}, \quad ^2T_3 = \begin{bmatrix} \cos\theta_2 & -\sin\theta_2 & 0 & 0 \\ 0 & 0 & -1 & -d_2 \\ \sin\theta_2 & \cos\theta_2 & 0 & 0 \\ 0 & 0 & 0 & 1 \end{bmatrix}$$

$$^3T_4 = \begin{bmatrix} \cos\theta_3 & -\sin\theta_3 & 0 & 0 \\ 0 & 0 & -1 & 0 \\ \sin\theta_3 & \cos\theta_3 & 0 & 0 \\ 0 & 0 & 0 & 1 \end{bmatrix}, \quad ^4T_5 = \begin{bmatrix} \cos\theta_4 & -\sin\theta_4 & 0 & 0 \\ 0 & 0 & -1 & -d_4 \\ \sin\theta_4 & \cos\theta_4 & 0 & 0 \\ 0 & 0 & 0 & 1 \end{bmatrix}$$

$$^5T_6 = \begin{bmatrix} \cos\theta_5 & -\sin\theta_5 & 0 & 0 \\ 0 & 0 & -1 & 0 \\ \sin\theta_5 & \cos\theta_5 & 0 & 0 \\ 0 & 0 & 0 & 1 \end{bmatrix}, \quad ^6T_7 = \begin{bmatrix} \cos\theta_6 & -\sin\theta_6 & 0 & 0 \\ 0 & 0 & -1 & -d_6 \\ \sin\theta_6 & \cos\theta_6 & 0 & 0 \\ 0 & 0 & 0 & 1 \end{bmatrix}$$

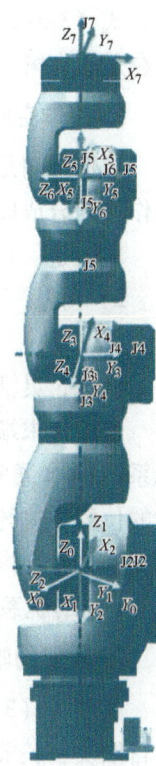

由上述齐次变换矩阵，可以得到从关节 0 到关节 6 的变换关系为

$$^0T_6 = {}^0T_1\,{}^1T_2\,{}^2T_3\,{}^3T_4\,{}^4T_5\,{}^5T_6\,{}^6T_7$$

图 3-21　七自由度协作机器人

3.5.3　逆运动学

前面说明了正运动学求解的方法，即给出关节变量 θ 和 d 求出手部位姿各矢量 n、o、a 和 p，这种求解方法只需要将关节变量代入运动学方程中即可得出。但在机器人控制中，问题往往相反，即在已知手部要到达的目标位姿的情况下，然后求出变量，以驱动各关节的马达，满足手部的位姿，这就是逆运动学求解，也称为运动学反解。

逆运动学方程求解

3.5.4　运动学反解

机械手的运动学方程可写为

$$\begin{cases} n = n(q_1, q_2, \cdots, q_n) = n(q) \\ o = o(q_1, q_2, \cdots, q_n) = o(q) \\ a = a(q_1, q_2, \cdots, q_n) = a(q) \\ P = P(q_1, q_2, \cdots, q_n) = P(q) \end{cases} \tag{3-31}$$

式中，n，o，a，P 为末端执行器位姿；$q = [q_1, q_2, \cdots, q_n]^{\mathrm{T}}$ 为关节矢量，下标是关节数目。

对于 6 个自由度的机械手，式（3-31）中有 6 个未知数 $q_n (n = 1, 2, \cdots, 6)$。表面上看，式（3-31）有 12 个方程，而实际上只有 6 个是独立的。这些方程都是非线性超越方程，存在是否有解、解是否唯一以及如何求解等问题。

1. 工作空间和解的存在性

工作空间是机械手末端执行器能够到达的空间范围，即手爪能够到达的目标点的集合。工作空间分成以下两种：

1）灵活（工作）空间。它是指机械手末端执行器能以任意方位到达的目标点集合。

2）可达（工作）空间。它是指机械手末端执行器至少能以一个方位到达的目标点集合。

显然，灵活空间是可达空间的子集。

若给定末端位姿位于工作空间内，则反解是存在的，否则反解不存在。任意给定一个目标系 {G}，通常是要找到最接近目标系 {G} 的可达位姿。用户最关心的是工具端所能到达的位姿，这与工具系 {T} 有关。在讨论和研究机械手本身运动学时，并不把工具系 {T} 的变换包含在内，而是考虑腕系 {W} 的工作空间。对于给定的工具系 {T}，相对于目标系 {G} 的腕系 {W} 便可解出，从而判别 {W} 是否处于工作空间内。

2. 反解的唯一性和最优解

在解式（3-31）时，遇到的另一问题是反解并非唯一（即多解）。机械手运动学反解的数目取决于关节数目、连杆参数和关节变量的活动范围。一般来说，非零连杆参数越多，到达某一目标的方式越多，运动学反解数目越多。表 3-6 所列为反解最大数目与连杆长度非零数目之间的关系。

表 3-6　反解最大数目与连杆长度非零数目之间的关系

连杆长度 a_i	反解数目
$a_1 = a_3 = a_5 = 0$	≤ 4
$a_3 = a_5 = 0$	≤ 8
$a_3 = 0$	≤ 16
$a_i \neq 0$	≤ 16

如何从多重解中选择一组解呢？一般视具体情况而定，在避免碰撞的前提下，按"最短行程"准则（即使每个关节的移动量为最小）来选取。工业机械手决定末端执行器空间位置的前三个连杆尺寸较大，末端执行器姿态的后三个连杆尺寸较小，故应加权处理，遵循"多移动小关节，少移动大关节"的原则。

3. 求解方法

逆运动学要比正运动学问题复杂得多，而且随着自由度的增加，反解也更加复杂。运动学反解方法分为两类：封闭解法和数值解法。

（1）封闭解法　封闭解法计算速度高、效率高，便于实时控制。封闭解也称为解析解，即根据严格的公式进行推导，给出任意的自变量代入解析函数，便可求出因变量，解析解是一个封闭的函数。大多数工业机械手都满足封闭解的两个充分条件中的一个（Pieper 准则）：①三个相邻关节轴相交于一点；②三个相邻关节轴相互平行。

（2）数值解法　非线性方程组的数值解法本身就是一个有待研究的领域。数值解是采用某种计算方法（如迭代法、插值法等）得到的解，运用此方法所求得的因变量为一个个离散数值。其特点是数学模型较简单，但计算速度慢，不能求得机构的所有解。"机械手运动学是可解的"指可找到一种求解关节变量的算法，用于确定末端执行器位姿所对应关节变量的全部解，在多解情况下，应计算出所有的解。某些迭代算法不能保证求出所有的解，故不适合于求机械手的运动学反解问题。

（3）实例　现以例 3-9 中的机器人为例。已知机械手末端执行器相对于机座的齐次变换

矩阵 ${}^0_6T = \begin{bmatrix} n_x & o_x & a_x & P_X \\ n_y & o_y & a_y & P_Y \\ n_z & o_z & a_z & P_Z \\ 0 & 0 & 0 & 1 \end{bmatrix}$，可按如下方法，依次求解各关节的转角。

1）求 θ_1。根据正运动学的齐次变换矩阵 ${}^0_6T = {}^0_1T{}^1_2T{}^2_3T{}^3_4T{}^4_5T{}^5_6T$，将方程两边同时左乘逆变换矩阵 ${}^0_1T^{-1}$，可得

$$
{}^0_1T^{-1}{}^0_6T = {}^1_2T{}^2_3T{}^3_4T{}^4_5T{}^5_6T = {}^1_6T \tag{3-32}
$$

将式（3-32）展开，并令矩阵中（3,3）与（3,4）的对应元素相等，则有

$$
\sin\theta_1 a_x - \cos\theta_1 a_y = \sin\theta_4 \sin\theta_5 \tag{3-33}
$$
$$
\sin\theta_1 P_X - \cos\theta_1 P_Y = d_6 \sin\theta_4 \sin\theta_5 \tag{3-34}
$$

注：（3,3）表示矩阵中第三行、第三列的元素。

解以上方程组，可得

$$
\theta_1 = \arctan \frac{P_Y - d_6 a_y}{P_X - d_6 a_x} \tag{3-35}
$$

$$\theta_1 = \pi + \arctan\frac{P_Y - d_6 a_y}{P_X - d_6 a_x} \tag{3-36}$$

2）求 θ_3。为求 θ_3，将位姿方程变换为

$$_3^2\boldsymbol{T}^{-1}\,_2^1\boldsymbol{T}^{-1}\,_1^0\boldsymbol{T}^{-1}\,_6^0\boldsymbol{T} = _4^3\boldsymbol{T}\,_5^4\boldsymbol{T}\,_6^5\boldsymbol{T} \tag{3-37}$$

将式（3-37）展开，并令矩阵中（1,3）、（3,3）、（1,4）、（3,4）对应元素相等，有

$$\begin{cases} \cos(\theta_2 + \theta_3)(\cos\theta_1 a_x + \sin\theta_1 a_y) + \sin(\theta_2 + \theta_3)a_z = \cos\theta_4\sin\theta_5 \\ \sin(\theta_2 + \theta_3)(\cos\theta_1 a_x + \sin\theta_1 a_y) - \cos(\theta_2 + \theta_3)a_z = \cos\theta_5 \\ \cos(\theta_2 + \theta_3)(\cos\theta_1 P_X + \sin\theta_1 P_Y - a_1) + \sin(\theta_2 + \theta_3)P_Z - (a_2\cos\theta_3 + a_3) = d_6\cos\theta_4\sin\theta_5 \\ \sin(\theta_2 + \theta_3)(\cos\theta_1 P_X + \sin\theta_1 P_Y - a_1) + \cos(\theta_2 + \theta_3)P_Z - (a_2\sin\theta_3) = d_6\cos\theta_5 + d_4 \end{cases}$$
$$\tag{3-38}$$

则

$$s(\theta_3 + \rho) = A \Rightarrow \theta_3 = \arcsin A - \rho \tag{3-39}$$

$$\theta_3 = \pi - \arcsin A + \rho \tag{3-40}$$

式中，$A = \dfrac{[\cos\theta_1 P_X + \sin\theta_1 P_Y - a_1 - d_6(\cos\theta_1 a_x + \sin\theta_1 a_y)]^2 + (P_Z - d_6 a_x)^2 - a_2^2 - a_3^2 - d_4^2}{\sqrt{(2a_2 d_4)^2 + (2a_2 a_3)^2}}$,

$\rho = \arctan\dfrac{a_3}{d_4}$。

3）求 θ_2。令式（3-37）矩阵中（1, 3）、（1, 4）元素对应相等，可得

$$\begin{cases} \cos(\theta_2 + \theta_3)(\cos\theta_1 a_x + \sin\theta_1 a_y) + \sin(\theta_2 + \theta_3)a_x = \cos\theta_4\sin\theta_5 \\ \cos(\theta_2 + \theta_3)(\cos\theta_1 a_x + \sin\theta_1 P_Y - a_1) + \sin(\theta_2 + \theta_3)P_Z - (a_2\cos\theta_3 + a_3) = d_6\cos\theta_4\sin\theta_5 \end{cases}$$
$$\tag{3-41}$$

解得

$$\theta_{23} = \arcsin B - \psi \tag{3-42}$$

$$\theta_{23} = \pi - \arcsin B + \psi \tag{3-43}$$

式中，$\psi = \dfrac{\cos\theta_1 P_X + \sin\theta_1 P_Y - a_1 - d_6(\cos\theta_1 a_x + \sin\theta_1 a_y)}{P_Z - d_6 a_z}$,

$B = \dfrac{a_2\cos\theta_3 + a_3}{\sqrt{(\cos\theta_1 P_X + \sin\theta_1 P_Y - a_1 - d_6\cos\theta_1 a_x - d_6\sin\theta_1 a_y)^2 + (P_Z - d_6 a_x)^2}}$。

由式（3-42）和式（3-43）可以求出 θ_2：

$$\theta_{23} = \theta_2 + \theta_3 \Rightarrow \theta_2 = \theta_{23} - \theta_3 = \arctan B - \psi - \theta_3 \tag{3-44}$$

$$\theta_2 = \pi - \arctan B + \psi + \theta_3 \tag{3-45}$$

4）求 θ_5。令式（3-37）矩阵中（3, 3）元素对应相等，可得

$$\sin(\theta_2 + \theta_3)(\cos\theta_1 a_x + \sin\theta_1 a_y) - \cos(\theta_2 + \theta_3)a_z = \cos\theta_5 \tag{3-46}$$

解得

$$\theta_5 = \arccos[\sin(\theta_2 + \theta_3)(\cos\theta_1 a_x + \sin\theta_1 a_y) - \cos(\theta_2 + \theta_3)a_z] \tag{3-47}$$

$$\theta_5 = 2\pi - \arccos[\sin(\theta_2 + \theta_3)(\cos\theta_1 a_x + \sin\theta_1 a_y) - \cos(\theta_2 + \theta_3)a_z] \tag{3-48}$$

5）求 θ_4。由式（3-33）可得

$$\theta_4 = \arcsin\frac{\sin\theta_1 a_x - \cos\theta_1 a_y}{\sin\theta_5} \tag{3-49}$$

$$\theta_4 = \pi - \arcsin\frac{\sin\theta_1 a_x - \cos\theta_1 a_y}{\sin\theta_5} \tag{3-50}$$

6）求 θ_6。令式（3-37）矩阵中（3,2）元素对应相等，可得

$$\sin(\theta_2 + \theta_3)(\cos\theta_1 o_x + \sin\theta_1 o_y) - \cos(\theta_2 + \theta_3)o_z = \sin\theta_5\sin\theta_6 \tag{3-51}$$

解得

$$\theta_6 = \arcsin\frac{\sin(\theta_2 + \theta_3)(\cos\theta_1 o_x + \sin\theta_1 o_y) - \cos(\theta_2 + \theta_3)o_z}{\sin\theta_5} \tag{3-52}$$

$$\theta_6 = \pi - \arcsin\frac{\sin(\theta_2 + \theta_3)(\cos\theta_1 o_x + \sin\theta_1 o_y) - \cos(\theta_2 + \theta_3)o_z}{\sin\theta_5} \tag{3-53}$$

阅读材料

工业机器人指数积
正逆解算法

移动机器人的
运动学建模

本章小结与重点

1. 本章小结

本章首先讨论机器人坐标系及其位姿在坐标系内的描述；其次给出齐次坐标及其变换的定义，在此基础上对机器人位姿进行齐次坐标的描述和分析；随后探讨连杆坐标系的建立以及描述坐标系的参数，进而表达了连杆坐标间的变换矩阵；最后介绍正运动学和逆运动学的概念，并用实例形式讨论了串联机器人的正运动学和逆运动学计算问题。

运动学总结

2. 本章重点

（1）点的齐次坐标描述　$\boldsymbol{P} = \begin{bmatrix} P_x & P_y & P_z & 1 \end{bmatrix}^{\mathrm{T}}$

（2）方向的齐次坐标描述　$\boldsymbol{v} = \begin{bmatrix} \cos\alpha & \cos\beta & \cos\gamma & 0 \end{bmatrix}^{\mathrm{T}}$

（3）坐标系的齐次坐标描述

$$T = \begin{bmatrix} \boldsymbol{n} & \boldsymbol{o} & \boldsymbol{a} & \boldsymbol{p} \end{bmatrix} = \begin{bmatrix} n_x & o_x & a_x & x_0 \\ n_y & o_y & a_y & y_0 \\ n_z & o_z & a_z & z_0 \\ 0 & 0 & 0 & 1 \end{bmatrix}$$

（4）平移和旋转的齐次坐标变换

1）平移齐次变换：

$$\mathrm{Trans}(\Delta x, \Delta y, \Delta z) = \begin{bmatrix} 1 & 0 & 0 & \Delta x \\ 0 & 1 & 0 & \Delta y \\ 0 & 0 & 1 & \Delta z \\ 0 & 0 & 0 & 1 \end{bmatrix}$$

2）旋转齐次变换：

$$\mathrm{Rot}(x,\theta) = \begin{bmatrix} 1 & 0 & 0 & 0 \\ 0 & \cos\theta & -\sin\theta & 0 \\ 0 & \sin\theta & \cos\theta & 0 \\ 0 & 0 & 0 & 1 \end{bmatrix} \quad \mathrm{Rot}(y,\theta) = \begin{bmatrix} \cos\theta & 0 & \sin\theta & 0 \\ 0 & 1 & 0 & 0 \\ -\sin\theta & 0 & \cos\theta & 0 \\ 0 & 0 & 0 & 1 \end{bmatrix}$$

$$\mathrm{Rot}(z,\theta) = \begin{bmatrix} \cos\theta & -\sin\theta & 0 & 0 \\ \sin\theta & \cos\theta & 0 & 0 \\ 0 & 0 & 1 & 0 \\ 0 & 0 & 0 & 1 \end{bmatrix}$$

（5）左乘和右乘　一般按参考坐标系为基准变换需要用左乘（绝对变换），按自身坐标系为基准变换需要用右乘（相对变换）。

（6）连杆参数　转角 θ_n、距离 d_n、长度 a_n、扭角 α_n。

（7）连杆坐标系的建立（见表3-2）

（8）串联机器人运动学

1）正运动学：已知关节角度（$\theta_1 \sim \theta_n$），求解末端位姿（x, y, z, i, j, k）。

2）逆运动学：已知末端位姿（x, y, z, i, j, k），求解关节角度（$\theta_1 \sim \theta_n$）。

习　题

1. 点矢量 v 为 $\begin{bmatrix} 10 & 20 & 30 \end{bmatrix}^{\mathrm{T}}$，相对参考坐标系做如下齐次变换：

$$A = \begin{bmatrix} 0.866 & -0.5 & 0 & 11 \\ 0.5 & 0.866 & 0 & -3 \\ 0 & 0 & 1 & 9 \\ 0 & 0 & 0 & 1 \end{bmatrix}$$

求变换后点矢量 v 的齐次坐标，并说明是什么性质的变换，写出旋转算子 Rot 及平移算子 Trans。

2. 矩阵 $\begin{bmatrix} ? & 0 & -1 & 0 \\ ? & 0 & 0 & 1 \\ ? & -1 & 0 & 2 \\ ? & 0 & 0 & 1 \end{bmatrix}$ 代表齐次变换，求其中的未知元素（即第一列元素）。

3. 写出齐次变换矩阵 $_B^A\boldsymbol{T}$，它表示相对固定坐标系 $\{A\}$ 做如下齐次变换：先绕 z_A 轴转 $90°$，再绕 x_A 轴转 $-90°$，最后做移动 $[3 \quad 7 \quad 9]^T$。

4. 写出齐次坐标变换矩阵 $_B^A\boldsymbol{T}$，它表示相对运动坐标系 $\{B\}$ 做如下变换：先移动 $[3 \quad 7 \quad 9]^T$，再绕 x_B 轴转 $-90°$，最后绕 z_B 轴转 $90°$。

5. 求 $\boldsymbol{T} = \begin{bmatrix} 0 & 1 & 0 & -1 \\ 0 & 0 & -1 & 2 \\ -1 & 0 & 0 & 0 \\ 0 & 0 & 0 & 1 \end{bmatrix}$ 的逆变换 $\boldsymbol{T}^{-1}$。

6. 如图 3-22 所示的二自由度平面机械手，关节 1 为转动关节，关节变量为 θ_1；关节 2 为移动关节，关节变量为 d_2。

（1）建立关节坐标系并写出该机械手的运动方程式。

（2）当关节变量 $\theta_1 = 0°$、$d_2 = 0.50m$ 和 $\theta_1 = 30°$、$d_2 = 0.80m$ 时，求手部中心的位置值。

7. 如图 3-22 所示的二自由度平面机械手，已知手部中心坐标值为 (X_0, Y_0)。求该机械手运动学反解 θ_1 和 d_2。

8. 如图 3-23 所示的二自由度平面机械手，两连杆长度均为 1m，试建立各杆件坐标系，求出 $\boldsymbol{A}_1$、$\boldsymbol{A}_2$ 矩阵及该机械手的运动学反解。

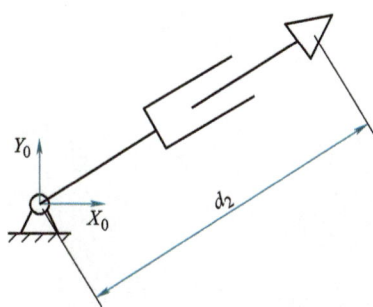

图 3-22　习题 6 和习题 7 图

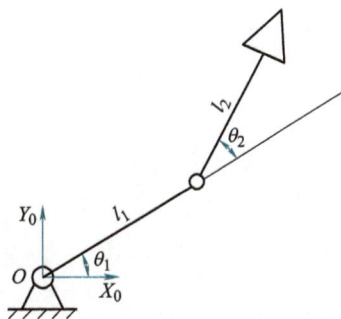

图 3-23　习题 8 图

本章重点专业英语词汇

中文词语	英文词汇
关节	joint
运动学	kinematics
坐标系	coordinate system
齐次变换	homogeneous transformation
旋转	rotation
平移	translation
连杆	link
正运动学	forward kinematics
逆运动学	inverse kinematics

机器人动力学

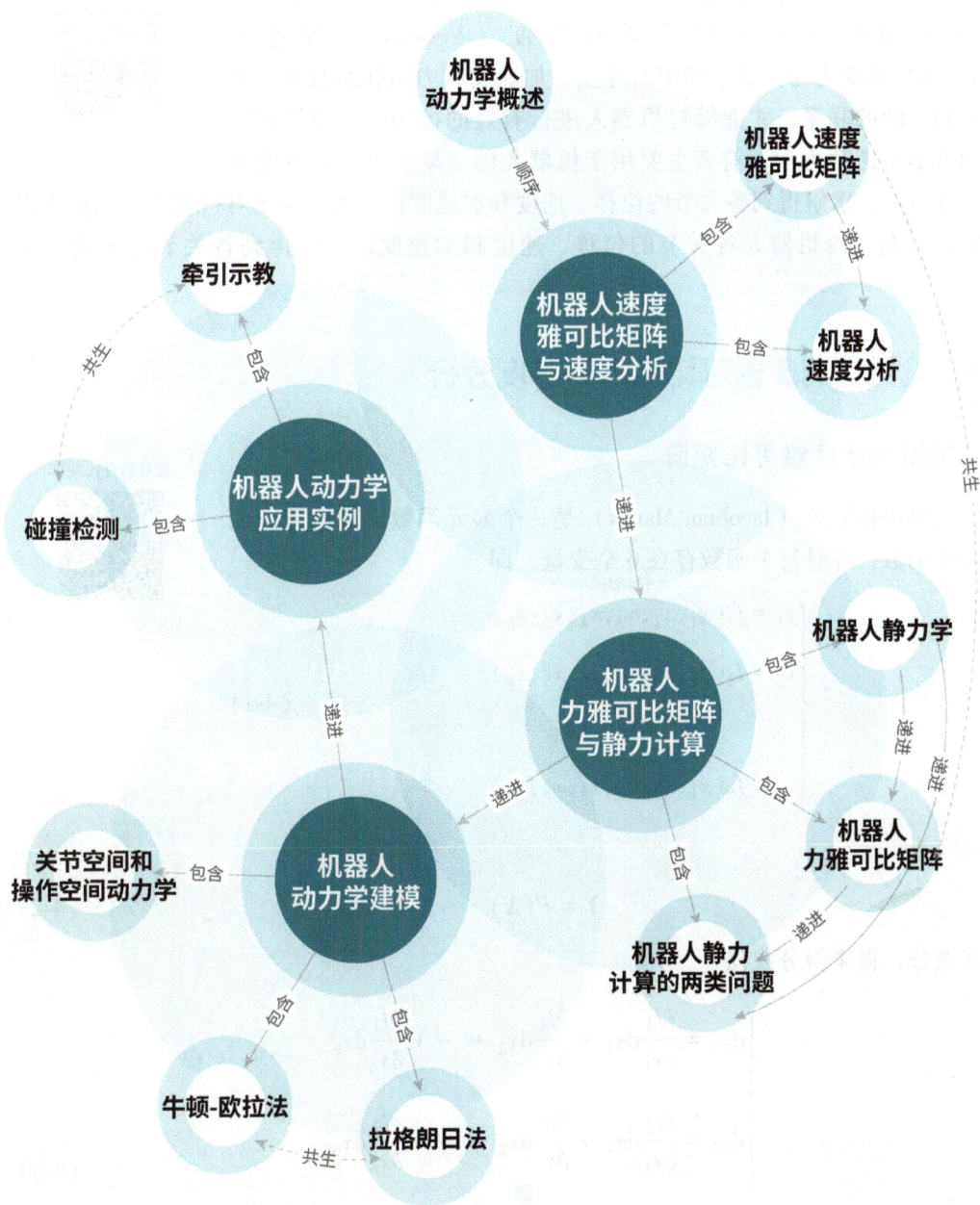

第4章

机器人动力学概述

机器人速度雅可比矩阵

机器人速度雅可比矩阵与速度分析

机器人速度分析

牵引示教

机器人动力学应用实例

碰撞检测

机器人静力学

机器人力雅可比矩阵与静力计算

机器人力雅可比矩阵

关节空间和操作空间动力学

机器人动力学建模

机器人静力计算的两类问题

牛顿-欧拉法

拉格朗日法

4.1　机器人动力学概述

对于工业机器人的控制，仅仅是静止状态下的运动学研究是远远不够的，还应当考虑各关节运动与速度、力之间的关系。动力学（Dynamics）能够将末端执行器的速度（Velocity）、加速度（Acceleration）和受力与关节空间中的速度、加速度和力矩联系起来，只有探究它们之间的联系，才能够对机器人进行有效的控制。动力学同样分为正动力学与逆动力学，前者主要用于机器人的运动仿真，由各关节的驱动力或力矩，求解得到各关节的位移、速度和加速度；后者是为了对机器人的运动进行有效的实时控制，由机器人各关节的位移、速度和加速度，求解得到各关节的驱动力或力矩。

动力学简介

4.2　机器人速度雅可比矩阵与速度分析

4.2.1　机器人速度雅可比矩阵

数学上雅可比矩阵（Jacobian Matrix）是一个多元函数偏导矩阵。假设存在 6 个函数，并且每个函数存在 6 个变量，即

速度雅可比矩阵

$$\begin{cases} y_1 = f_1(x_1, x_2, x_3, x_4, x_5, x_6) \\ y_2 = f_2(x_1, x_2, x_3, x_4, x_5, x_6) \\ \qquad\qquad \vdots \\ y_6 = f_6(x_1, x_2, x_3, x_4, x_5, x_6) \end{cases} \qquad (4-1)$$

则可写为

$$Y = F(X) \qquad (4-2)$$

将其微分，得全微分方程

$$\begin{cases} \mathrm{d}y_1 = \dfrac{\partial f_1}{\partial x_1}\mathrm{d}x_1 + \dfrac{\partial f_1}{\partial x_2}\mathrm{d}x_2 + \cdots + \dfrac{\partial f_1}{\partial x_6}\mathrm{d}x_6 \\[2mm] \mathrm{d}y_2 = \dfrac{\partial f_2}{\partial x_1}\mathrm{d}x_1 + \dfrac{\partial f_2}{\partial x_2}\mathrm{d}x_2 + \cdots + \dfrac{\partial f_2}{\partial x_6}\mathrm{d}x_6 \\[2mm] \qquad\qquad\qquad\qquad \vdots \\[2mm] \mathrm{d}y_6 = \dfrac{\partial f_6}{\partial x_1}\mathrm{d}x_1 + \dfrac{\partial f_6}{\partial x_2}\mathrm{d}x_2 + \cdots + \dfrac{\partial f_6}{\partial x_6}\mathrm{d}x_6 \end{cases} \qquad (4-3)$$

也可简写为

$$\mathrm{d}\boldsymbol{Y} = \frac{\partial \boldsymbol{F}}{\partial \boldsymbol{X}}\mathrm{d}\boldsymbol{X}, \qquad \frac{\partial \boldsymbol{F}}{\partial \boldsymbol{X}} = \begin{bmatrix} \dfrac{\partial f_1}{\partial x_1} & \dfrac{\partial f_1}{\partial x_2} \cdots & \dfrac{\partial f_1}{\partial x_6} \\[2mm] \dfrac{\partial f_2}{\partial x_1} & \dfrac{\partial f_2}{\partial x_2} \cdots & \dfrac{\partial f_2}{\partial x_6} \\[2mm] \vdots & \vdots & \vdots \\[2mm] \dfrac{\partial f_6}{\partial x_1} & \dfrac{\partial f_6}{\partial x_2} \cdots & \dfrac{\partial f_6}{\partial x_6} \end{bmatrix} \tag{4-4}$$

在串联机器人速度分析与静力学分析中，将式（4-4）中的矩阵 $\dfrac{\partial \boldsymbol{F}}{\partial \boldsymbol{X}}$ 称为机器人雅可比矩阵，简称为雅可比，一般用符号 $\boldsymbol{J}$ 表示。下面以二自由度平面关节型串联机器人为例求解其雅可比矩阵。

例 4-1　图 4-1 所示为二自由度平面关节型串联机器人，其端点位置（x，y）与关节变量 θ_1、θ_2 的关系为

$$\begin{cases} x = l_1\cos\theta_1 + l_2\cos(\theta_1 + \theta_2) \\ y = l_1\sin\theta_1 + l_2\sin(\theta_1 + \theta_2) \end{cases} \tag{4-5}$$

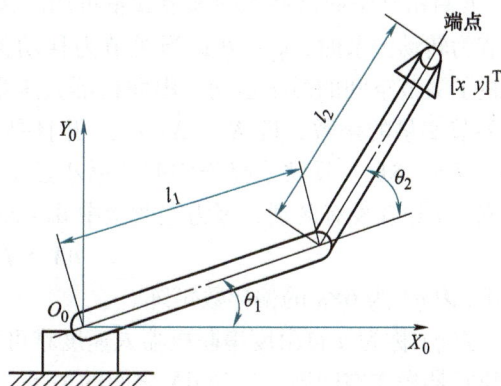

图 4-1　二自由度平面关节型串联机器人

即

$$\begin{cases} x = x(\theta_1,\theta_2) \\ y = y(\theta_1,\theta_2) \end{cases} \tag{4-6}$$

将其微分，得全微分方程

$$\begin{cases} \mathrm{d}x = \dfrac{\partial x}{\partial \theta_1}\mathrm{d}\theta_1 + \dfrac{\partial x}{\partial \theta_2}\mathrm{d}\theta_2 \\[3mm] \mathrm{d}y = \dfrac{\partial y}{\partial \theta_1}\mathrm{d}\theta_1 + \dfrac{\partial y}{\partial \theta_2}\mathrm{d}\theta_2 \end{cases} \tag{4-7}$$

将其写成矩阵形式为

$$\begin{bmatrix} \mathrm{d}x \\ \mathrm{d}y \end{bmatrix} = \begin{bmatrix} \dfrac{\partial x}{\partial \theta_1} & \dfrac{\partial x}{\partial \theta_2} \\[3mm] \dfrac{\partial y}{\partial \theta_1} & \dfrac{\partial y}{\partial \theta_2} \end{bmatrix} \begin{bmatrix} \mathrm{d}\theta_1 \\ \mathrm{d}\theta_2 \end{bmatrix} \tag{4-8}$$

令

$$\boldsymbol{J} = \begin{bmatrix} \dfrac{\partial x}{\partial \theta_1} & \dfrac{\partial x}{\partial \theta_2} \\[3mm] \dfrac{\partial y}{\partial \theta_1} & \dfrac{\partial y}{\partial \theta_2} \end{bmatrix} \tag{4-9}$$

则式（4-8）可简写为

$$dX = J \cdot d\theta \tag{4-10}$$

式中，$dX = \begin{bmatrix} dx \\ dy \end{bmatrix}$，$d\theta = \begin{bmatrix} d\theta_1 \\ d\theta_2 \end{bmatrix}$。

将 J 称为图 4-1 所示二自由度平面关节型串联机器人的速度雅可比矩阵，它反映了关节空间微小运动 $d\theta$ 与操作空间微小位移 dX 之间的关系。

依据式（4-9），二自由度串联机器人的雅可比矩阵写为

$$J = \begin{bmatrix} -l_1\sin\theta_1 - l_2\sin(\theta_1 + \theta_2) & -l_2\sin(\theta_1 + \theta_2) \\ l_1\cos\theta_1 + l_2\cos(\theta_1 + \theta_2) & l_2\cos(\theta_1 + \theta_2) \end{bmatrix} \tag{4-11}$$

n 自由度串联机器人的关节变量可用广义关节变量 q 表示，$q = \begin{bmatrix} q_1 & q_2 & \cdots & q_n \end{bmatrix}^{\mathrm{T}}$。当关节为转动关节时，$q_i = \theta_i$；当关节为移动关节时，$q_i = d_i$。$dq = \begin{bmatrix} dq_1 & dq_2 & \cdots & dq_n \end{bmatrix}^{\mathrm{T}}$，反映了关节空间的微小运动。串联机器人末端执行器在操作空间的运动参数用 X 表示，它是关节变量的函数，即 $X = X(q)$，并且是一个 6 维列矢量。因此，$dX = \begin{bmatrix} dx & dy & dz \end{bmatrix}$ $\delta\phi_x \quad \delta\phi_y \quad \delta\phi_z]^{\mathrm{T}}$ 反映了操作空间的微小运动，它由机器人末端执行器微小位移和微小角度构成，d 和 δ 没有区别，因为在数学中 $dx = \delta x$。由式（4-10）可写出类似方程，即

$$dX = J(q) \cdot dq \tag{4-12}$$

式中，$J(q)$ 为 $6 \times n$ 的偏导数矩阵。

$J(q)$ 称为 n 自由度串联机器人速度雅可比矩阵。它反映了关节空间中微小运动 dq 与末端执行器操作空间微小运动 dX 之间的关系。它的第 i 行第 j 列元素为

$$J_{ij}(q) = \frac{\partial x_i(q)}{\partial q_j} \quad (i = 1, 2, \cdots, 6; \ j = 1, 2, \cdots, n) \tag{4-13}$$

4.2.2 机器人速度分析

对式（4-12）左、右两边各除以 dt，得

$$\frac{dX}{dt} = J(q)\frac{dq}{dt} \tag{4-14}$$

速度分析的
两类问题

即

$$V = J(q) \cdot \dot{q} \tag{4-15}$$

式中，V 为串联机器人末端执行器操作空间中的广义速度，$V = \dot{X}$；$\dot{q}$ 为串联机器人关节在关节空间中的速度；$J(q)$ 为确定关节空间速度 $\dot{q}$ 与操作空间速度 V 之间关系的雅可比矩阵。

对于图 4-1 所示二自由度平面关节型串联机器人来说，$J(q)$ 是式（4-11）所示的 2×2 矩阵。若令 J_1、J_2 分别为式（4-11）所示雅可比的第一列矢量和第二列矢量，则式（4-15）可写成

$$V = J_1\dot{\theta}_1 + J_2\dot{\theta}_2 \tag{4-16}$$

式中，$J_1\dot{\theta}_1$ 为仅由第一个关节运动引起的端点速度；$J_2\dot{\theta}_2$ 为仅由第二个关节运动引起的端点速度。

总的端点速度为这两个速度矢量的合成。因此，串联机器人速度雅可比矩阵的每一列表

示其他关节不动而某一关节运动产生的端点速度。

图 4-1 所示二自由度平面关节型机器人末端执行器的速度为

$$V = \begin{bmatrix} v_x \\ v_y \end{bmatrix} = \begin{bmatrix} -[l_1\sin\theta_1 + l_2\sin(\theta_1 + \theta_2)]\dot{\theta}_1 - l_2\sin(\theta_1 + \theta_2)\dot{\theta}_2 \\ [l_1\cos\theta_1 + l_2\cos(\theta_1 + \theta_2)]\dot{\theta}_1 + l_2\cos(\theta_1 + \theta_2)\dot{\theta}_2 \end{bmatrix} \tag{4-17}$$

假如 θ_1 及 θ_2 是时间的函数，$\theta_1 = f_1(t)$，$\theta_2 = f_2(t)$，则可求出该串联机器人末端执行器在某一时刻的速度 $V = f(t)$，即手部瞬时速度。反之，如果给定串联机器人末端执行器速度，可由式（4-18）解出相应的关节速度，即

$$\dot{\boldsymbol{\theta}} = \boldsymbol{J}^{-1} \cdot \boldsymbol{V} \tag{4-18}$$

如果要求串联机器人末端执行器在空间按规定的速度工作，则用式（4-16）可以计算出沿路径每一瞬时相应的关节速度。但是，通常求逆速度雅可比矩阵 $\boldsymbol{J}^{-1}$ 比较困难，可能还会出现奇异解，也就无法解算关节速度。

当串联机器人逆速度雅可比矩阵 $\boldsymbol{J}^{-1}$ 出现奇异解时，通常可以分为以下两种情况：

1）工作域边界上奇异。当串联机器人手臂全部伸展开或全部折回而使末端执行器处于串联机器人工作域的边界上或边界附近时，出现逆速度雅可比矩阵奇异，这时串联机器人相应的形位称为奇异形位。

2）工作域内部奇异。奇异并不一定发生在工作域边界上，也可以是由两个或更多个关节轴线重合所引起的。

当串联机器人处在奇异形位时，就会产生退化现象，丧失一个或更多自由度。这意味着在空间某个方向上，无论串联机器人关节速度怎样，末端执行器都不可能移动。

例 4-2　如图 4-2 所示，二自由度平面关节型机械臂的末端执行器某瞬时沿固定坐标系 X_0 轴正向以 1.0m/s 速度移动，杆长为 $l_1 = l_2 = 0.5$m。假设该瞬时 $\theta_1 = 30°$，$\theta_2 = -60°$。求相应瞬时的关节速度。

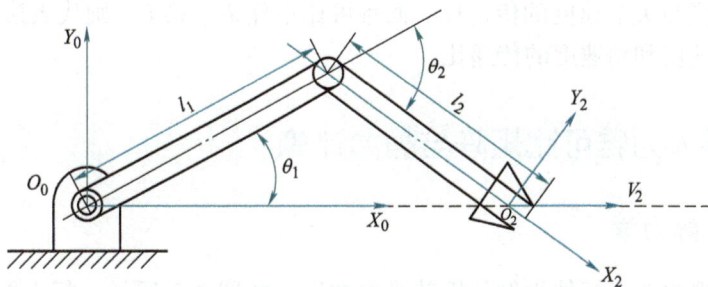

图 4-2　二自由度平面关节型机械臂沿 X_0 正向运动

解　由式（4-11）可知，二自由度机械手的速度雅可比矩阵为

$$\boldsymbol{J} = \begin{bmatrix} -l_1\sin\theta_1 - l_2\sin(\theta_1 + \theta_2) & -l_2\sin(\theta_1 + \theta_2) \\ l_1\cos\theta_1 + l_2\cos(\theta_1 + \theta_2) & l_2\cos(\theta_1 + \theta_2) \end{bmatrix} \tag{4-19}$$

因此，逆速度雅可比矩阵为

$$\boldsymbol{J}^{-1} = \frac{1}{l_1 l_2 \sin\theta_2} \begin{bmatrix} l_2\cos(\theta_1 + \theta_2) & l_2\sin(\theta_1 + \theta_2) \\ -l_1\cos\theta_1 - l_2\cos(\theta_1 + \theta_2) & -l_1\sin\theta_1 - l_2\sin(\theta_1 + \theta_2) \end{bmatrix} \tag{4-20}$$

因 $\boldsymbol{V} = \begin{bmatrix} v_x \\ v_y \end{bmatrix} = \begin{bmatrix} 1 \\ 0 \end{bmatrix}$，由式（4-18）可得

$$\dot{\boldsymbol{\theta}} = \begin{bmatrix} \dot{\theta}_1 \\ \dot{\theta}_2 \end{bmatrix} = \boldsymbol{J}^{-1}\boldsymbol{V} = \frac{1}{l_1 l_2 \sin\theta_2}\begin{bmatrix} l_2\cos(\theta_1+\theta_2) & l_2\sin(\theta_1+\theta_2) \\ -l_1\cos\theta_1 - l_2\cos(\theta_1+\theta_2) & -l_1\sin\theta_1 - l_2\sin(\theta_1+\theta_2) \end{bmatrix}\begin{bmatrix} 1 \\ 0 \end{bmatrix}$$

(4-21)

因此，

$$\dot{\theta}_1 = \frac{\cos(\theta_1+\theta_2)}{l_1\sin\theta_2} = -2\text{rad/s} \tag{4-22}$$

$$\dot{\theta}_2 = -\frac{\cos\theta_1}{l_2\sin\theta_2} - \frac{\cos(\theta_1+\theta_2)}{l_1\sin\theta_2} = 4\text{rad/s} \tag{4-23}$$

综上，在该瞬时，$\theta_1 = 30°$，$\theta_2 = -60°$，$\dot{\theta}_1 = -2\text{rad/s}$，$\dot{\theta}_2 = 4\text{rad/s}$，末端执行器瞬时速度为 1m/s。

奇异讨论：当 $l_1 l_2 \sin\theta_2 = 0$ 时，式（4-20）无解。因为 $l_1 \neq 0$，$l_2 \neq 0$，所以，在 $\theta_2 = 0$ 或 $\theta_2 = 180°$ 时，二自由度串联机器人逆速度雅可比矩阵 $\boldsymbol{J}^{-1}$ 奇异。此时，该串联机器人两臂完全伸直或完全折回，即两杆重合，串联机器人处于奇异形位，在这种奇异形位下，末端执行器正好处在工作域的边界上，该瞬时末端执行器只能沿着一个方向运动，不能沿其他方向运动，因此此时机器人缺失一个自由度。

对于在三维空间中作业的一般六自由度串联机器人，其速度雅可比矩阵 $\boldsymbol{J}$ 是一个 6×6 矩阵，$\dot{\boldsymbol{q}}$ 和 $\boldsymbol{V}$ 均为 6×1 列阵，即 $\boldsymbol{V}_{(6\times1)} = \boldsymbol{J}(q)_{(6\times6)} \cdot \dot{\boldsymbol{q}}_{(6\times1)}$。手部速度矢量 $\boldsymbol{V}$ 是由 3×1 线速度矢量和 3×1 角速度矢量组合而成的 6 维列矢量。关节速度矢量 $\dot{\boldsymbol{q}}$ 是由 6 个关节速度组合而成的 6 维列矢量。雅可比矩阵 $\boldsymbol{J}$ 的前三行代表末端执行器线速度与关节速度的传递比；后三行代表手部角速度与关节速度的传递比。而雅可比矩阵 $\boldsymbol{J}$ 的第 i 列则代表第 i 个关节速度 $\dot{\boldsymbol{q}}_i$ 对末端执行器线速度和角速度的传递比。

4.3 机器人力雅可比矩阵与静力计算

4.3.1 机器人静力学

以机器人手臂中单个杆件为例分析其受力情况。如图 4-3 所示，杆 i 通过关节 i 和 $i+1$ 分别与杆 $i-1$ 和杆 $i+1$ 相连，在关节 $i-1$ 和关节 $i+1$ 上分别建立两个坐标系 $\{O_{i-1}\}$ 和 $\{O_i\}$。

定义以下变量：

$f_{i-1,\,i}$ 及 $n_{i-1,\,i}$——杆 $i-1$ 通过关节 i 作用在杆 i 上的力和力矩；

$f_{i,\,i+1}$ 及 $n_{i,\,i+1}$——杆 i 通过关节 $i+1$ 作用在杆 $i+1$ 上的力和力矩；

$-f_{i,\,i+1}$ 及 $-n_{i,\,i+1}$——杆 $i+1$ 通过关节 $i+1$ 作用在杆 i 上的反作用力和反作用力矩；

$f_{n,\,n+1}$ 及 $n_{n,\,n+1}$——串联机器人末端执行器端点对外界环境的作用力和力矩；

$-f_{n,\,n+1}$ 及 $-n_{n,\,n+1}$——外界环境对串联机器人手部端点的作用力和力矩；

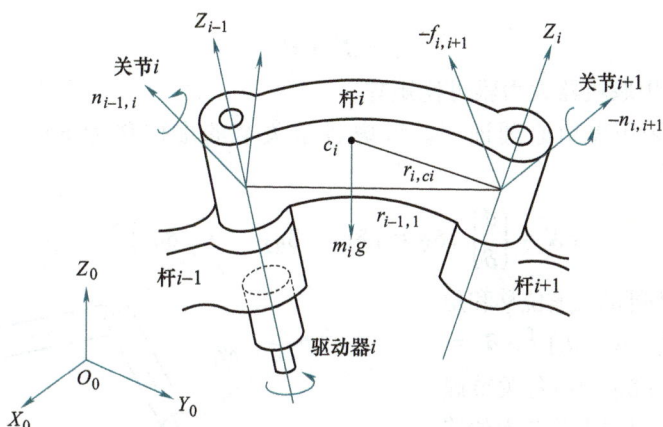

图 4-3　杆 i 上的力和力矩

$m_i g$ ——作用在质心 ci；上的连杆的重力。

杆 i 的静力学平衡条件为上述所受的合力和合力矩为零，因此力和力矩平衡方程式为

$$f_{i-1,i} + (-f_{i,i+1}) + m_i g = 0 \tag{4-24}$$

$$n_{i-1,i} + (-n_{i,i+1}) + (r_{i-1,i} + r_{i,ci}) \times f_{i-1,i} + r_{i,ci} \times (-f_{i,i+1}) = 0 \tag{4-25}$$

式中，$r_{i-1,i}$ 为坐标系 $\{i\}$ 的原点相对于坐标系 $\{i-1\}$ 的位置矢量；$r_{i,ci}$ 为质心相对于坐标系 $\{i\}$ 的位置矢量。

假如已知外界环境对串联机器人最末杆的作用力和力矩，那么可以由最末杆向 0 号杆依次递推，从而计算出每个杆上的受力情况。为了便于表示串联机器人末端执行器端点对外界环境的作用力和力矩（简称为端点力，用 $\boldsymbol{F}$ 表示），可将 $f_{n,n+1}$ 和 $n_{n,n+1}$ 合并写成一个 6 维矢量，即

$$\boldsymbol{F} = \begin{bmatrix} f_{n,n+1} \\ n_{n,n+1} \end{bmatrix} \tag{4-26}$$

各关节驱动器的驱动力（或力矩）可写成一个 n 维矢量的形式，即

$$\boldsymbol{\tau} = \begin{bmatrix} \tau_1 \\ \tau_2 \\ \vdots \\ \tau_n \end{bmatrix} \tag{4-27}$$

式中，n 为关节的个数；$\boldsymbol{\tau}$ 为关节力矩（或关节力）矢量，简称广义关节力矩。

对于转动关节，τ_i 表示关节驱动力矩；对于移动关节，τ_i 表示关节驱动力。

4.3.2　机器人力雅可比矩阵

机器人在工作时，末端执行器在工作空间中与对象接触，从而在各关节产生相应的作用力，因此驱动器会产生关节力矩并通过连杆传递到末端执行器，以克服外界的作用力。假定各关节之间没有摩擦力，且忽略各个杆件的重力影响，则广义关节力矩 $\boldsymbol{\tau}$ 与串联机器人末端执行器端点

力雅可比矩阵

力 F 的关系为：

$$\boldsymbol{\tau} = \boldsymbol{J}^{\mathrm{T}} \cdot \boldsymbol{F} \tag{4-28}$$

式中，$\boldsymbol{J}^{\mathrm{T}}$ 为 $n\times6$ 的串联机器人力雅可比矩阵。

式（4-28）可采用虚功原理证明。考虑各个关节的虚位移为 δq_i，手部的虚位移为 $\delta \boldsymbol{X}$，如图 4-4 所示。

$$\delta \boldsymbol{X} = \begin{bmatrix} \boldsymbol{d} \\ \boldsymbol{\delta} \end{bmatrix}, \delta \boldsymbol{q} = [\delta q_1 \quad \delta q_2 \quad \cdots \quad \delta q_n]^{\mathrm{T}} \tag{4-29}$$

式中，$\boldsymbol{d}$、$\boldsymbol{\delta}$ 分别为手部的线虚位移和角虚位移，$\boldsymbol{d} = [d_x \quad d_y \quad d_z]^{\mathrm{T}}$，$\boldsymbol{\delta} = [\delta\phi_x \quad \delta\phi_y \quad \delta\phi_z]^{\mathrm{T}}$；$\delta \boldsymbol{q}$ 为由各关节虚位移 δq_i 组成的串联机器人关节虚位移矢量。

图 4-4　手部及各个关节的虚位移

假如发生上述虚位移时，各关节力矩为 $\tau_i(i=1, 2, \cdots, n)$，外部作用在机器人手部端点上的力和力矩分别为 $-f_{n, n+1}$ 和 $-n_{n, n+1}$。上述力和力矩所做的虚功可以由式（4-30）求出

$$\delta W = \tau_1\delta q_1 + \tau_2\delta q_2 + \cdots + \tau_n\delta q_n - f_{n,n+1}d - n_{n,n+1}\delta \tag{4-30}$$

或写成

$$\delta W = \boldsymbol{\tau}^{\mathrm{T}}\delta \boldsymbol{q} - \boldsymbol{F}^{\mathrm{T}}\delta \boldsymbol{X} \tag{4-31}$$

根据虚位移原理，串联机器人处于平衡状态的充分必要条件是对任意符合几何约束的虚位移，有

$$\delta W = 0 \tag{4-32}$$

其中，虚位移 $\delta \boldsymbol{q}$ 和 $\delta \boldsymbol{X}$ 并不是独立的，而是符合杆件的几何约束条件的。利用式（4-10），$\mathrm{d}\boldsymbol{X} = \boldsymbol{J} \cdot \mathrm{d}\boldsymbol{q}$，式（4-31）可写成：

$$\delta W = \boldsymbol{\tau}^{\mathrm{T}}\delta \boldsymbol{q} - \boldsymbol{F}^{\mathrm{T}}\boldsymbol{J}\delta \boldsymbol{q} = (\boldsymbol{\tau} - \boldsymbol{J}^{\mathrm{T}}\boldsymbol{F})^{\mathrm{T}}\delta \boldsymbol{q} \tag{4-33}$$

式中，$\delta \boldsymbol{q}$ 为几何上允许位移的关节独立变量。

对于任意的 $\delta \boldsymbol{q}$，欲使 $\delta W = 0$，必有

$$\boldsymbol{\tau} = \boldsymbol{J}^{\mathrm{T}} \cdot \boldsymbol{F} \tag{4-34}$$

式（4-34）表示在静力平衡状态下，末端执行器端点力 $\boldsymbol{F}$ 向广义关节力矩 $\boldsymbol{\tau}$ 映射的线性关系。式中 $\boldsymbol{J}^{\mathrm{T}}$ 与末端执行器端点力 $\boldsymbol{F}$ 和广义关节力矩 $\boldsymbol{\tau}$ 之间的力传递有关，故称为串联机器人力雅可比矩阵。而串联机器人力雅可比矩阵 $\boldsymbol{J}^{\mathrm{T}}$ 正是速度雅可比矩阵 $\boldsymbol{J}$ 的转置。

4.3.3　机器人静力计算

由关系式 $\boldsymbol{\tau} = \boldsymbol{J}^{\mathrm{T}} \cdot \boldsymbol{F}$ 可知，串联机器人的静力计算可分为两大类：机器人静力学的正解与机器人静力学的反解。

（1）机器人静力学的正解　已知外界对串联机器人末端执行器作用力 $\boldsymbol{F}'$，即端点力 $\boldsymbol{F} = -\boldsymbol{F}'$，求相应的满足静力学平衡条件的关节驱动力矩 $\boldsymbol{\tau}$。

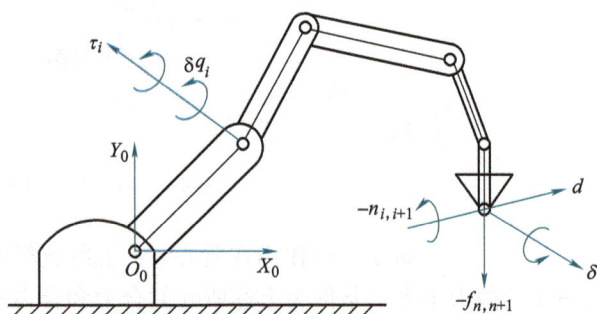

静力计算的两类问题

（2）机器人静力学的反解　已知关节驱动力矩 τ，确定串联机器人末端执行器对外界的作用力 F。

$$F = (J^{\mathrm{T}})^{-1}\tau \tag{4-35}$$

此时，若串联机器人自由度大于 6，则力雅可比矩阵不是方阵，即 J^{T} 没有反解。若 F 的维数比 τ 低，且 J 满秩，则可利用最小二乘法求得 F 的估值。

例 4-3　如图 4-5a 所示，二自由度平面关节型机械臂，已知末端执行器端点力 $F = [F_x, F_y]^{\mathrm{T}}$，在不考虑摩擦的条件下，求相应于端点力 F 的关节力矩 τ_1 和 τ_2。

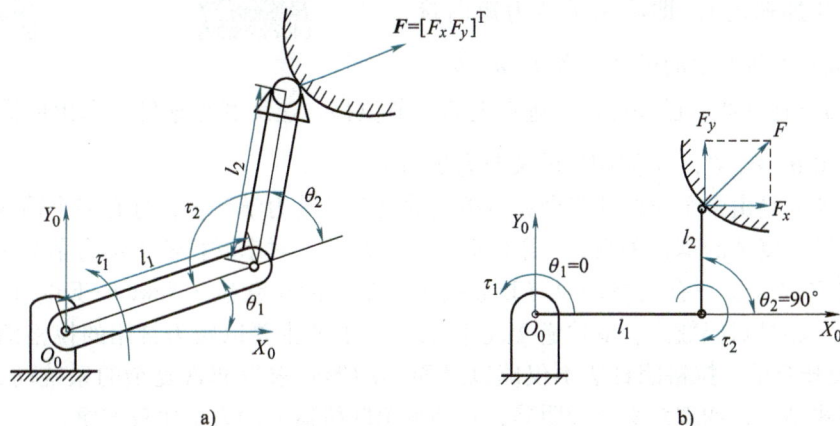

图 4-5　手部端点力 F 与关节力矩 τ

解　已知该机械手的速度雅可比矩阵为

$$J = \begin{bmatrix} -l_1\sin\theta_1 - l_2\sin(\theta_1+\theta_2) & -l_2\sin(\theta_1+\theta_2) \\ l_1\cos\theta_1 + l_2\cos(\theta_1+\theta_2) & l_2\cos(\theta_1+\theta_2) \end{bmatrix} \tag{4-36}$$

则该机械手的力雅可比矩阵为

$$J^{\mathrm{T}} = \begin{bmatrix} -l_1\sin\theta_1 - l_2\sin(\theta_1+\theta_2) & l_1\cos\theta_1 + l_2\cos(\theta_1+\theta_2) \\ -l_2\sin(\theta_1+\theta_2) & l_2\cos(\theta_1+\theta_2) \end{bmatrix} \tag{4-37}$$

根据 $\tau = J^{\mathrm{T}}F$，得

$$\tau = \begin{bmatrix} \tau_1 \\ \tau_2 \end{bmatrix} = \begin{bmatrix} -l_1\sin\theta_1 - l_2\sin(\theta_1+\theta_2) & l_1\cos\theta_1 + l_2\cos(\theta_1+\theta_2) \\ -l_2\sin(\theta_1+\theta_2) & l_2\cos(\theta_1+\theta_2) \end{bmatrix}\begin{bmatrix} F_x \\ F_y \end{bmatrix} \tag{4-38}$$

所以

$$\begin{cases} \tau_1 = -[l_1\sin\theta_1 + l_2\sin(\theta_1+\theta_2)]F_x + [l_1\cos\theta_1 + l_2\cos(\theta_1+\theta_2)]F_y \\ \tau_2 = -l_2\sin(\theta_1+\theta_2)F_x + l_2\cos(\theta_1+\theta_2)F_y \end{cases} \tag{4-39}$$

如图 4-5b 所示，在某瞬时 $\theta_1 = 0$，$\theta_2 = 90°$，则在该瞬时与手部端点力相对应得关节力矩为

$$\begin{cases} \tau_1 = -l_2 F_x + l_1 F_y \\ \tau_2 = -l_2 F_x \end{cases} \tag{4-40}$$

4.4 机器人动力学建模

串联机器人动力学建模是串联机器人设计、运动仿真和动态实时控制的基础。

1）动力学正问题：已知关节的驱动力矩，求串联机器人系统相应的运动参数（包括关节位移、速度和加速度）。即给出关节力矩向量 $\boldsymbol{\tau}$，求串联机器人所产生的运动参数 θ、$\dot{\theta}$、$\ddot{\theta}$。

运动学分析的方法

运动学分析的两类问题

2）动力学逆问题：已知运动轨迹点上的关节位移、速度和加速度，求出所需要的关节力矩。即给出 θ、$\dot{\theta}$、$\ddot{\theta}$，求解相应的关节力矩向量 $\boldsymbol{\tau}$。

串联机器人是由多个连杆和多个关节组成的复杂的动力学系统，且有多个输入和多个输出，存在着错综复杂的耦合关系和严重的非线性。因此，对串联机器人动力学的研究十分广泛，所用的方法很多，有拉格朗日（Lagrange）法、牛顿-欧拉（Newton-Euler）法、高斯法、凯恩法、旋量对偶数法、罗伯逊-魏登保法等。本节主要以较为常用的拉格朗日法和牛顿-欧拉法展开介绍。拉格朗日法不仅能以最简单的形式求得非常复杂的系统动力学方程，而且具有显式结构，物理意义比较明确，对理解串联机器人动力学比较方便。

串联机器人动力学问题的求解通常比较困难，计算时间较长，因此需要简化求解的过程，最大限度地减少串联机器人动力学在线计算的时间。

4.4.1 拉格朗日法

拉格朗日法是基于能量项对系统变量即时间微分的方法。拉格朗日函数 L 定义为系统动能（Kinetic Energy）E_K 与系统势能（Potential Energy）E_P 之差，即

$$L = E_K - E_P \tag{4-41}$$

定义 $\theta_i (i = 1, 2, \cdots, n)$ 为系统变量，在工业机器人中为广义关节变量，则 $\dot{\theta}_i$ 为相应的广义关节速度，F_i 为关节的广义驱动力。则系统拉格朗日方程为

$$F_i = \frac{\mathrm{d}}{\mathrm{d}t}\frac{\partial L}{\partial \dot{\theta}_i} - \frac{\partial L}{\partial \theta_i} \quad (i = 1, 2, \cdots, n) \tag{4-42}$$

用拉格朗日法建立机器人动力学方程的四个步骤：

1）选取坐标系。选定完全且独立的广义关节变量 $\theta_i (i = 1, 2, \cdots, n)$。

2）选定相应的关节上的广义力 F_i。当 θ_i 是位移变量时，F_i 为力；当 θ_i 是角度变量时，F_i 为力矩。

3）求出机器人各构件的动能和势能，构造拉格朗日函数。

4）代入拉格朗日方程求解机器人系统的动力学方程。

下面给出两个例子来解释如何利用拉格朗日方程建立系统动力学方程。

例 4-4　如图 4-6 所示小车-弹簧系统，X 轴表示小车的运动方向，位移 x 为系统的广义坐标。根据式（4-41）与式（4-42）可联立系统动力学方程。

小车-弹簧系统动能

$$E_K = \frac{1}{2}mv^2 = \frac{1}{2}m\dot{x}^2 \qquad (4\text{-}43)$$

小车-弹簧系统势能

$$E_P = \frac{1}{2}kx^2 \qquad (4\text{-}44)$$

小车-弹簧系统的拉格朗日函数

$$L = E_K - E_P = \frac{1}{2}m\dot{x}^2 - \frac{1}{2}kx^2 \qquad (4\text{-}45)$$

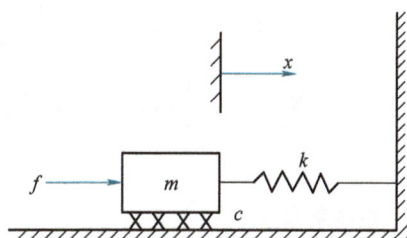

图 4-6　小车-弹簧系统简图

拉格朗日函数导数

$$\frac{\mathrm{d}}{\mathrm{d}t}\frac{\partial L}{\partial \dot{x}} = m\ddot{x}, \qquad \frac{\partial L}{\partial x} = -kx \qquad (4\text{-}46)$$

小车-弹簧系统的拉格朗日方程为

$$F = m\ddot{x} + kx \qquad (4\text{-}47)$$

例 4-5 进一步对二自由度双连杆机构进行拉格朗日动力学方程求解。

选取如图 4-7 所示的坐标系。

连杆 1 与连杆 2 的关节变量分别为转角 θ_1 与 θ_2，相应的关节 1 与关节 2 的力矩 τ_1 与 τ_2。连杆 1 与连杆 2 的质量分别是 m_1 与 m_2，杆长分别为 l_1 与 l_2，质心分别在 C_1 与 C_2 处，质心分别离相应关节中心的距离为 p_1 和 p_2。因此，连杆 1 质心 C_1 的位置坐标为

$$x_1 = p_1\sin\theta_1 \qquad (4\text{-}48)$$

$$y_1 = -p_1\cos\theta_1 \qquad (4\text{-}49)$$

杆 1 质心 C_1 的速度平方为

$$\dot{x}_1^2 + \dot{y}_1^2 = (p_1\dot{\theta}_1)^2 \qquad (4\text{-}50)$$

杆 2 质心 C_2 的位置坐标为

$$x_2 = l_1\sin\theta_1 + p_2\sin(\theta_1 + \theta_2) \qquad (4\text{-}51)$$

$$y_2 = -l_1\cos\theta_1 - p_2\cos(\theta_1 + \theta_2) \qquad (4\text{-}52)$$

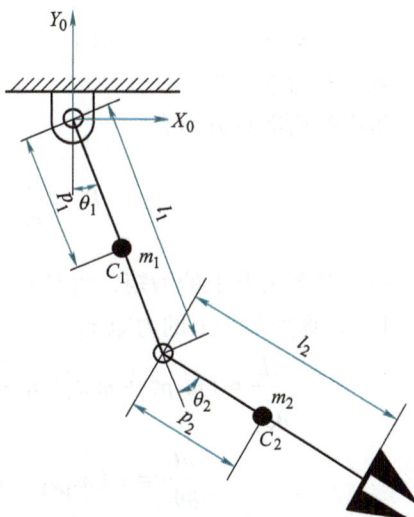

图 4-7　二自由度工业机器人
动力学方程的建立

杆 2 质心 C_2 的速度平方为

$$\dot{x}_2 = l_1\cos\theta_1\dot{\theta}_1 + p_2\cos(\theta_1 + \theta_2)(\dot{\theta}_1 + \dot{\theta}_2) \qquad (4\text{-}53)$$

$$\dot{y}_2 = l_1\sin\theta_1\dot{\theta}_1 + p_2\sin(\theta_1 + \theta_2)(\dot{\theta}_1 + \dot{\theta}_2) \qquad (4\text{-}54)$$

$$\dot{x}_2^2 + \dot{y}_2^2 = l_1^2\dot{\theta}_1^2 + p_2^2(\dot{\theta}_1 + \dot{\theta}_2)^2 + 2l_1p_2(\dot{\theta}_1^2 + \dot{\theta}_1\dot{\theta}_2)\cos\theta_2 \qquad (4\text{-}55)$$

系统动能为

$$E_K = \sum E_{Ki}, (i = 1,2) \qquad (4\text{-}56)$$

$$E_{K1} = \frac{1}{2}m_1p_1^2\dot{\theta}_1^2 \qquad (4\text{-}57)$$

$$E_{\mathrm{K2}} = \frac{1}{2}m_2 l_1^2 \dot{\theta}_1^2 + \frac{1}{2}m_2 p_2^2 (\dot{\theta}_1 + \dot{\theta}_2)^2 + m_2 l_1 p_2 (\dot{\theta}_1^2 + \dot{\theta}_1 \dot{\theta}_2) \cos\theta_2 \qquad (4\text{-}58)$$

$$E_{\mathrm{K}} = \sum_{i=1}^{2} E_{\mathrm{K}i} = \frac{1}{2}(m_1 p_1^2 + m_2 l_1^2)\dot{\theta}_1^2 + \frac{1}{2}m_2 p_2^2 (\dot{\theta}_1 + \dot{\theta}_2)^2 + m_2 l_1 p_2 (\dot{\theta}_1^2 + \dot{\theta}_1 \dot{\theta}_2) \cos\theta_2$$

$$\qquad (4\text{-}59)$$

系统势能为

$$E_{\mathrm{P}} = \sum E_{\mathrm{P}i}, i = 1,2 \qquad (4\text{-}60)$$

$$E_{\mathrm{P1}} = m_1 g p_1 (1 - \cos\theta_1) \qquad (4\text{-}61)$$

$$E_{\mathrm{P2}} = m_2 g l_1 (1 - \cos\theta_1) + m_2 g p_2 [1 - \cos(\theta_1 + \theta_2)] \qquad (4\text{-}62)$$

$$E_{\mathrm{P}} = \sum E_{\mathrm{P}i} = (m_1 p_1 + m_2 l_1)g(1 - \cos\theta_1) + m_2 g p_2 [1 - \cos(\theta_1 + \theta_2)] \qquad (4\text{-}63)$$

拉格朗日函数

$$L = E_{\mathrm{K}} - E_{\mathrm{P}}$$

$$= \frac{1}{2}(m_1 p_1^2 + m_2 l_1^2)\dot{\theta}_1^2 + \frac{1}{2}m_2 p_2^2 (\dot{\theta}_1 + \dot{\theta}_2)^2 + m_2 l_1 p_2 (\dot{\theta}_1^2 + \dot{\theta}_1 \dot{\theta}_2)\cos\theta_2$$

$$= (m_1 p_1 + m_2 l_1)g(1 - \cos\theta_1) + m_2 g p_2 [1 - \cos(\theta_1 + \theta_2)] \qquad (4\text{-}64)$$

系统动力学方程

根据拉格朗日方程有

$$F_i = \frac{\mathrm{d}}{\mathrm{d}t}\frac{\partial L}{\partial \dot{q}_i} - \frac{\partial L}{\partial q_i}, (i = 1,2,\cdots,n) \qquad (4\text{-}65)$$

可计算各关节上的力矩，得到系统动力学方程。

1）计算关节 1 上的力矩 τ_1

$$\frac{\partial L}{\partial \dot{\theta}_1} = (m_1 p_1^2 + m_2 l_1^2)\dot{\theta}_1 + m_2 p_2^2 (\dot{\theta}_1 + \dot{\theta}_2) + m_2 l_1 p_2 (2\dot{\theta}_1 + \dot{\theta}_2)\cos\theta_2 \qquad (4\text{-}66)$$

$$\frac{\partial L}{\partial \theta_1} = -(m_1 p_1 + m_2 l_1)g\sin\theta_1 - m_2 g p_2 \sin(\theta_1 + \theta_2) \qquad (4\text{-}67)$$

所以

$$\tau_1 = \frac{\mathrm{d}}{\mathrm{d}t}\frac{\partial L}{\partial \dot{\theta}_1} - \frac{\partial L}{\partial \theta_1}$$

$$= (m_1 p_1^2 + m_2 p_2^2 + m_2 l_1^2 + 2m_2 l_1 p_2 \cos\theta_2)\ddot{\theta}_1 +$$

$$(m_2 p_2^2 + m_2 l_1 p_2 \cos\theta_2)\ddot{\theta}_2 + (-2m_2 l_1 p_2 \sin\theta_2)\dot{\theta}_1 \dot{\theta}_2 +$$

$$(-m_2 l_1 p_2 \sin\theta_2)\dot{\theta}_2^2 + (m_1 p_1 + m_2 l_1)g\sin\theta_1 + m_2 g p_2 \sin(\theta_1 + \theta_2) \qquad (4\text{-}68)$$

式（4-68）可简写为

$$\tau_1 = D_{11}\ddot{\theta}_1 + D_{12}\ddot{\theta}_2 + D_{112}\dot{\theta}_1 \dot{\theta}_2 + D_{122}\dot{\theta}_2^2 + D_1 \qquad (4\text{-}69)$$

由此可得

$$\begin{cases} D_{11} = m_1 p_1^2 + m_2 p_2^2 + m_2 l_1^2 + 2m_2 l_1 p_2 \cos\theta_2 \\ D_{12} = m_2 p_2^2 + m_2 l_1 p_2 \cos\theta_2 \\ D_{112} = -2m_2 l_1 p_2 \sin\theta_2 \\ D_{122} = -m_2 l_1 p_2 \sin\theta_2 \\ D_1 = (m_1 p_1 + m_2 l_1)g\sin\theta_1 + m_2 g p_2 \sin(\theta_1 + \theta_2) \end{cases} \tag{4-70}$$

2）计算关节 2 上的力矩 τ_2

$$\frac{\partial L}{\partial \dot\theta_2} = m_2 p_2^2 (\dot\theta_1 + \dot\theta_2) + m_2 l_1 p_2 \dot\theta_1 \cos\theta_2 \tag{4-71}$$

$$\frac{\partial L}{\partial \theta_2} = -m_2 g p_2 \sin(\theta_1 + \theta_2) - m_2 l_1 p_2 (\dot\theta_1^2 + \dot\theta_1 \dot\theta_2)\sin\theta_2 \tag{4-72}$$

所以

$$\tau_2 = \frac{\mathrm{d}}{\mathrm{d}t}\frac{\partial L}{\partial \dot\theta_2} - \frac{\partial L}{\partial \theta_2}$$

$$= (m_2 p_2^2 + m_2 l_1 p_2 \dot\theta_1 \cos\theta_2)\ddot\theta_1 + m_2 p_2^2 \ddot\theta_2 + [(-m_2 l_1 p_2 + m_2 l_1 p_2)\sin\theta_2]\dot\theta_1 \dot\theta_2 +$$
$$(m_2 l_1 p_2 \sin\theta_2)\dot\theta_1^2 + m_2 g p_2 \sin(\theta_1 + \theta_2) \tag{4-73}$$

式（4-73）可简写为

$$\tau_2 = \frac{\mathrm{d}}{\mathrm{d}t}\frac{\partial L}{\partial \dot\theta_2} - \frac{\partial L}{\partial \theta_2} = D_{21}\ddot\theta_1 + D_{22}\ddot\theta_2 + D_{212}\dot\theta_1 \dot\theta_2 + D_{211}\dot\theta_1^2 + D_2 \tag{4-74}$$

由此可得

$$\begin{cases} D_{21} = m_2 p_2^2 + m_2 l_1 p_2 \dot\theta_1 \cos\theta_2 \\ D_{22} = m_2 p_2^2 \\ D_{212} = (-m_2 l_1 p_2 + m_2 l_1 p_2)\sin\theta_2 = 0 \\ D_{211} = m_2 l_1 p_2 \sin\theta_2 \\ D_2 = m_2 g p_2 \sin(\theta_1 + \theta_2) \end{cases} \tag{4-75}$$

式（4-69）~式（4-75）表示了关节驱动力矩与关节位移、速度加速度之间的关系，即力和运动之间的关系，称为图 4-7 所示二自由度机器人的动力学方程。对其进行分析可知：

1）式中包含 $\ddot\theta_1$ 或 $\ddot\theta_2$ 的项表示由加速度引起的关节力矩项，其中：含有 D_{12} 和 D_{22} 的项分别表示由关节 1 加速度和关节 2 加速度引起的惯性力矩项；含有 D_{12} 的项表示关节 2 的加速度对关节 1 的耦合力矩项；含有 D_{21} 的项表示关节 1 的加速度对关节 2 的耦合惯性力矩项。

2）式中包含 $\dot\theta_1^2$ 或 $\dot\theta_2^2$ 的项表示由向心力引起的关节力矩项，其中：含有 D_{122} 的项表示关节 2 速度引起的向心力对关节 1 的耦合力矩项；含有 D_{211} 的项表示关节 1 速度引起的向心力对关节 2 的耦合力矩项。

3）式中包含 $\dot\theta_1 \dot\theta_2$ 的项表示由科氏力引起的关节力矩项，其中：含有 D_{112} 的项表示科氏力对关节 1 的耦合力矩项；含有 D_{212} 的项表示科氏力对关节 2 的耦合力矩项。

4）只含有关节变量 θ_1、θ_2 的项表示重力引起的关节力矩项。其中：含有 D_1 的项表示连杆 1、连杆 2 的重量对关节 1 引起的重力矩项；含有 D_2 的项表示连杆 2 的重量对关节 2 引起的重力矩项。

从上面的推导可以看出，很简单的二自由度平面关节机器人动力学包含了很多因素，这些因素会影响机器人的动力学特性。对于更为复杂的多自由度机器人，动力学方程更加复杂。不仅如此，也给机器人的实时控制带来了许多麻烦。通常通过以下几种方法进行简化：

1）当机器人杆件重量不大时，动力学方程中的重力矩项可以省略。

2）当机器人关节速度不高时，含有 $\dot{\theta}_1^2$、$\dot{\theta}_2^2$、$\dot{\theta}_1\dot{\theta}_2$ 等项可以省略。

3）当机器人关节加速度不大时，$\ddot{\theta}_1$、$\ddot{\theta}_2$ 的项可以省略；当关节加速度减小时，会引起速度变化的时间增加，延长了机器人作业循环的时间。

4.4.2　牛顿-欧拉法

假设机器人的每个杆件都为刚体（Rigid Body），为了使杆件改变运动状态，必须对杆件施加力，运动杆件所需的力或力矩是所需加速度和杆件质量分布的函数。牛顿方程与用于转动情况的欧拉方程一起，可描述机器人驱动力矩、负载力（力矩）、惯量和加速度之间的相互关系。

首先研究刚体质心的平动，如图 4-8 所示。假设刚体的质量为 m，质心在 C 点，质心处的位置矢量用 c 表示，则质心处的加速度为 $\ddot{c}$；

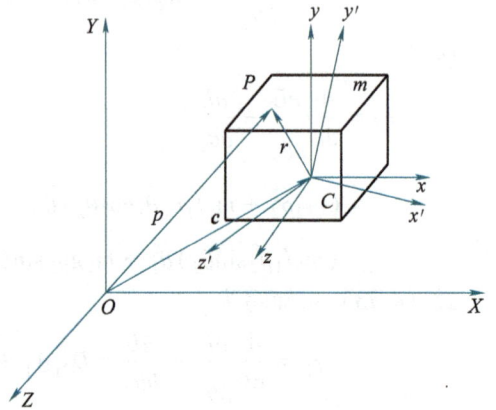

图 4-8　刚体

设刚体绕质心转动角速度用 ω 表示，绕质心的角加速度为 ε，根据牛顿方程可得作用在刚体质心 C 处的力为

$$\boldsymbol{F} = m\ddot{\boldsymbol{c}} \tag{4-76}$$

根据三维空间的欧拉方程，作用在刚体上的力矩为

$$\boldsymbol{\tau} = \boldsymbol{I}_C \boldsymbol{\varepsilon} + \boldsymbol{\omega} \times \boldsymbol{I}_C \boldsymbol{\omega} \tag{4-77}$$

式中，$\boldsymbol{\tau}$ 为作用力对刚体质心的力矩；ω 和 ε 为绕质心的角速度和角加速度。

式（4-76）与式（4-77）合称为牛顿-欧拉方程。

例 4-6　如图 4-9 所示为二自由度平面机器人，连杆 1 长度为 L_1，质心为 C_1，质量为 m_1，驱动力矩为 $\boldsymbol{\tau}_1 = \begin{bmatrix} 0 & 0 & \tau_{11} \end{bmatrix}^T$，角速度为 $\boldsymbol{\omega}_1 = \begin{bmatrix} 0 & 0 & \omega_1 \end{bmatrix}^T$，加速度为 $\boldsymbol{\varepsilon}_1 = \begin{bmatrix} 0 & 0 & \varepsilon_1 \end{bmatrix}^T$；连杆 2 长度为 L_2，质心为 C_2，质量为 m_2，驱动力矩为 $\boldsymbol{\tau}_2 = \begin{bmatrix} 0 & 0 & \tau_{22} \end{bmatrix}^T$，角速度为 $\boldsymbol{\omega}_2 = \begin{bmatrix} 0 & 0 & \omega_2 \end{bmatrix}^T$，加速度为 $\boldsymbol{\varepsilon}_2 = \begin{bmatrix} 0 & 0 & \varepsilon_2 \end{bmatrix}^T$。

选取关节 O 和关节 A 处的转角 θ_1 和 θ_2 为系

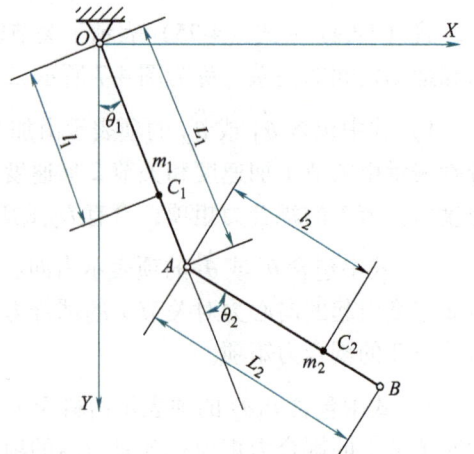

图 4-9　二自由度平面机器人结构

统的广义坐标，可以写出连杆 1 的牛顿-欧拉方程为

$$f_{0,1} - f_{1,2} + f_1 = m_1\ddot{c}_1 \tag{4-78}$$

$$\tau_{0,1} + f_{0,1} \times l_1 - \tau_{1,2} - f_{1,2} \times h_1 = I_{C1} \cdot \varepsilon_1 \tag{4-79}$$

连杆 2 的牛顿-欧拉方程为

$$f_{1,2} + f_2 = m_2\ddot{c}_2 \tag{4-80}$$

$$\tau_{1,2} + f_{1,2} \times l_2 = I_{C2} \cdot \varepsilon_2 \tag{4-81}$$

式中：

$$f_1 = \begin{bmatrix} 0 & m_1g & 0 \end{bmatrix}^{\mathrm{T}} \tag{4-82}$$

$$f_2 = \begin{bmatrix} 0 & m_2g & 0 \end{bmatrix}^{\mathrm{T}} \tag{4-83}$$

$$\tau_{0,1} = \tau_1 = \begin{bmatrix} 0 & 0 & \tau_{11} \end{bmatrix}^{\mathrm{T}} \tag{4-84}$$

$$\tau_{1,2} = \tau_2 = \begin{bmatrix} 0 & 0 & \tau_{22} \end{bmatrix}^{\mathrm{T}} \tag{4-85}$$

由式（4-78）~式（4-85）可消去杆件间作用力，可解得：

$$\tau_2 = I_{C2} \cdot \varepsilon_2 - (m_2\ddot{c}_2 - m_2g) \times l_2 \tag{4-86}$$

$$\tau_1 = I_{C1} \cdot \varepsilon_1 - (m_1\ddot{c}_1 - m_1g - m_2\ddot{c}_2 + m_2g) \times l_1 - (m_2\ddot{c}_2 - m_2g) \times h_1 + \tau_2 \tag{4-87}$$

质心位置为

$$c_1 = \begin{bmatrix} l_1\sin\theta_1 \\ l_1\cos\theta_1 \\ 0 \end{bmatrix} \tag{4-88}$$

$$c_2 = \begin{bmatrix} L_1\sin\theta_1 + l_2\sin(\theta_1 + \theta_2) \\ L_1\cos\theta_1 + l_2\cos(\theta_1 + \theta_2) \\ 0 \end{bmatrix} \tag{4-89}$$

求导得到

$$\dot{c}_1 = \begin{bmatrix} l_1\dot{\theta}_1\cos\theta_1 \\ -l_1\dot{\theta}_1\sin\theta_1 \\ 0 \end{bmatrix} \tag{4-90}$$

$$\ddot{c}_1 = \begin{bmatrix} l_1(-\dot{\theta}_1^2\sin\theta_1 + \ddot{\theta}_1\cos\theta_1) \\ -l_1(\dot{\theta}_1^2\cos\theta_1 + \ddot{\theta}_1\sin\theta_1) \\ 0 \end{bmatrix} \tag{4-91}$$

$$\dot{c}_2 = \begin{bmatrix} L_1\dot{\theta}_1\cos\theta_1 + l_2(\dot{\theta}_1 + \dot{\theta}_2)\cos(\theta_1 + \theta_2) \\ -L_1\dot{\theta}_1\sin\theta_1 - l_2(\dot{\theta}_1 + \dot{\theta}_2)\sin(\theta_1 + \theta_2) \\ 0 \end{bmatrix} \tag{4-92}$$

$$\ddot{\pmb{c}}_2 = \begin{bmatrix} -L_1\dot{\theta}_1^2\sin\theta_1 - l_2(\dot{\theta}_1 + \dot{\theta}_2)^2\sin(\theta_1 + \theta_2) + L_1\ddot{\theta}_1\cos\theta_1 + l_2(\ddot{\theta}_1 + \ddot{\theta}_2)\cos(\theta_1 + \theta_2) \\ -L_1\dot{\theta}_1^2\cos\theta_1 - l_2(\dot{\theta}_1 + \dot{\theta}_2)^2\cos(\theta_1 + \theta_2) - L_1\ddot{\theta}_1\sin\theta_1 - l_2(\ddot{\theta}_1 + \ddot{\theta}_2)\sin(\theta_1 + \theta_2) \\ 0 \end{bmatrix}$$

$$(4\text{-}93)$$

另外

$$\pmb{h}_1 = \begin{bmatrix} l_1\sin\theta_1 \\ l_1\cos\theta_1 \\ 0 \end{bmatrix} \tag{4-94}$$

$$\pmb{h}_2 = \begin{bmatrix} l_2\sin(\theta_1 + \theta_2) \\ l_2\cos(\theta_1 + \theta_2) \\ 0 \end{bmatrix} \tag{4-95}$$

有

$$\pmb{\tau}_1 = \begin{bmatrix} 0 \\ 0 \\ \tau_{11} \end{bmatrix} = \begin{bmatrix} I_{x2} & 0 & 0 \\ 0 & I_{y2} & 0 \\ 0 & 0 & I_{z2} \end{bmatrix} \begin{bmatrix} 0 \\ 0 \\ \ddot{\theta}_1 + \ddot{\theta}_2 \end{bmatrix} - m_2 \begin{bmatrix} \ddot{c}_{2x} \\ \ddot{c}_{2y} - g \\ 0 \end{bmatrix} \times \begin{bmatrix} l_2\sin(\theta_1 + \theta_2) \\ l_2\cos(\theta_1 + \theta_2) \\ 0 \end{bmatrix} \tag{4-96}$$

$$\tau_{11} = I_{z2}(\ddot{\theta}_1 + \ddot{\theta}_2) - m_2 l_2[\ddot{c}_{2x}\cos(\theta_1 + \theta_2) - (\ddot{c}_{2y} - g)\sin(\theta_1 + \theta_2)] \tag{4-97}$$

代入加速度分量，得

$$\tau_{11} = I_{z2}(\ddot{\theta}_1 + \ddot{\theta}_2) - 2m_2 l_2 \{ [-L_1\dot{\theta}_1^2\sin\theta_1 - l_2(\dot{\theta}_1 + \dot{\theta}_2)\sin(\theta_1 + \theta_2) + L_1\ddot{\theta}_1\cos\theta_1 + l_2(\ddot{\theta}_1 +$$
$$\ddot{\theta}_2)\cos(\theta_1 + \theta_2)]\cos(\theta_1 + \theta_2) - 2[-L_1\dot{\theta}_1^2\cos\theta_1 - l_2(\dot{\theta}_1 + \dot{\theta}_2)\cos(\theta_1 + \theta_2) -$$
$$L_1\ddot{\theta}_1\sin\theta_1 - l_2(\ddot{\theta}_1 + \ddot{\theta}_2)\sin(\theta_1 + \theta_2) - g]\sin(\theta_1 + \theta_2)\} \tag{4-98}$$

对 $\pmb{\tau}_{22}$ 可同样写出矩阵方程。化简可得

$$\tau_{11} = (I_{z1} + I_{z2} + 2m_2 L_1 l_2\cos\theta_2 + m_1 l_1^2 + m_2 L_1^2 + m_2 l_2^2)\ddot{\theta}_1 + (I_{z2} + m_2 l_2^2 + m_2 L_1 l_2\cos\theta_2)\ddot{\theta}_2 -$$
$$m_2 L_1 l_2\dot{\theta}_2^2\sin\theta_2 - 2m_2 L_1 l_2\dot{\theta}_1\dot{\theta}_2\sin\theta_2 - m_2 g l_2\sin(\theta_1 + \theta_2) - (m_1 + m_2)g l_1\sin\theta_1$$

$$(4\text{-}99)$$

$$\tau_{22} = (I_{z2} + m_2 l_2^2 + m_2 L_1 l_2\cos\theta_2)\ddot{\theta}_1 + (I_{z2} + m_2 l_2^2)\ddot{\theta}_2 + m_2 L_1 l_2\dot{\theta}_1^2\sin\theta_2 - m_2 g l_2\sin(\theta_1 + \theta_2)$$

$$(4\text{-}100)$$

式（4-100）即为各杆件关节的驱动力计算公式，它是一个以角速度为变量、变系数的非线性动力学方程。

4.4.3　关节空间和操作空间动力学

1. 关节空间和操作空间

n 自由度机器人手臂的手部位姿 X 由 n 个关节变量所决定，n 个关节

变量也称作 n 维关节矢量 $\boldsymbol{q}$，所有关节矢量 $\boldsymbol{q}$ 构成了机器人的关节空间（Joint Space）。末端执行器在直角坐标空间中运动，即机器人末端执行器位姿在直角坐标空间中进行描述，称为操作空间（Operation Space）。运动学方程 $\boldsymbol{X} = \boldsymbol{X}(\boldsymbol{q})$ 就是关节空间向操作空间的映射；而运动学反解则是由映射求其在关节空间中的原像。在关节空间和操作空间中机器人动力学方程存在一定的对应关系，并且有着不同的表达形式。

2. 关节空间动力学方程

将式（4-69）~ 式（4-75）写成矩阵形式，则

$$\boldsymbol{\tau} = \boldsymbol{D}(\boldsymbol{q})\ddot{\boldsymbol{q}} + \boldsymbol{H}(\boldsymbol{q},\dot{\boldsymbol{q}}) + \boldsymbol{G}(\boldsymbol{q}) \tag{4-101}$$

式中，$\boldsymbol{\tau} = \begin{bmatrix} \tau_1 \\ \tau_2 \end{bmatrix}$；$\boldsymbol{q} = \begin{bmatrix} \theta_1 \\ \theta_2 \end{bmatrix}$；$\dot{\boldsymbol{q}} = \begin{bmatrix} \dot{\theta}_1 \\ \dot{\theta}_2 \end{bmatrix}$；$\ddot{\boldsymbol{q}} = \begin{bmatrix} \ddot{\theta}_1 \\ \ddot{\theta}_2 \end{bmatrix}$。

所以

$$\boldsymbol{D}(\boldsymbol{q}) = \begin{bmatrix} m_1 p_1^2 + m_2(l_1^2 + p_2^2 + 2l_1 p_2 \cos\theta_2) & m_2(p_2^2 + l_1 p_2 \cos\theta_2) \\ m_2(p_2^2 + l_1 p_2 \cos\theta_2) & m_2 p_2^2 \end{bmatrix} \tag{4-102}$$

$$\boldsymbol{H}(\boldsymbol{q},\dot{\boldsymbol{q}}) = m_2 l_1 p_2 \sin\theta_2 \begin{bmatrix} \dot{\theta}_2^2 + 2\dot{\theta}_1 \dot{\theta}_2 \\ \dot{\theta}_1^2 \end{bmatrix} \tag{4-103}$$

$$\boldsymbol{G}(\boldsymbol{q}) = \begin{bmatrix} (mp_1 + m_2 l_1)g\sin\theta_1 + m_2 p_2 g\sin(\theta_1 + \theta_2) \\ m_2 p_2 g\sin(\theta_1 + \theta_2) \end{bmatrix} \tag{4-104}$$

式（4-101）是机械臂在关节空间中的动力学方程的一般结构形式，它反映关节力矩与关节变量、速度、加速度之间的函数关系。对于 n 关节的机械臂，$\boldsymbol{D}(\boldsymbol{q})$ 是 $n \times n$ 的正定对称矩阵，是 $\boldsymbol{q}$ 的函数，称为机械臂的惯性矩阵；$\boldsymbol{H}(\boldsymbol{q}, \dot{\boldsymbol{q}})$ 是 $n \times 1$ 的离心力和科氏力矢量；$\boldsymbol{G}(\boldsymbol{q})$ 是 $n \times 1$ 的重力矢量，与机械臂的形位 n 有关。

3. 操作空间动力学方程

与关节空间动力学方程相对应，在笛卡儿操作空间中，可以用直角坐标变量（即末端执行器位姿的矢量 $\boldsymbol{X}$）来表示机器人动力学方程。因此，操作力与末端执行器 $\ddot{\boldsymbol{X}}$ 之间的关系可表示为

$$\boldsymbol{F} = \boldsymbol{M}_x(\boldsymbol{q})\ddot{\boldsymbol{X}} + \boldsymbol{U}_x(\boldsymbol{q},\dot{\boldsymbol{q}}) + \boldsymbol{G}_x(\boldsymbol{q}) \tag{4-105}$$

式中，$\boldsymbol{M}_x(\boldsymbol{q})$、$\boldsymbol{U}_x(\boldsymbol{q}, \dot{\boldsymbol{q}})$ 和 $\boldsymbol{G}_x(\boldsymbol{q})$ 分别为在操作空间中的惯性矩、离心力与科氏力矢量、重力矢量；$\boldsymbol{F}$ 为广义操作力矢量。

关节空间动力学方程与操作空间动力学方程之间的对应关系，可以通过广义操作力 $\boldsymbol{F}$ 与广义关节力矩 $\boldsymbol{\tau}$ 之间的关系表示为

$$\boldsymbol{\tau} = \boldsymbol{J}^{\mathrm{T}}(\boldsymbol{q})\boldsymbol{F} \tag{4-106}$$

操作空间与关节空间之间的速度、加速度的关系为

$$\begin{cases} \dot{\boldsymbol{X}} = \boldsymbol{J}(\boldsymbol{q})\dot{\boldsymbol{q}} \\ \ddot{\boldsymbol{X}} = \boldsymbol{J}(\boldsymbol{q})\ddot{\boldsymbol{q}} + \dot{\boldsymbol{J}}(\boldsymbol{q})\dot{\boldsymbol{q}} \end{cases} \tag{4-107}$$

4.5　机器人动力学应用实例

4.5.1　碰撞检测

随着工业机器人的发展，人们对机器人的要求也越来越高，特别是在机器人安全性能方面。传统的工业机器人，为保证机器的安全运行，需要配备防护栏，这样能保证运行时与人隔开。但是随着技术的发展，机器人开始承担越来越复杂的工作。这些工作有时需要工作人员的介入。所以在这种情况下，人机交互的安全是至关重要的问题。为了保证安全，控制器需要实时检测机器人与工作人员之间是否存在碰撞隐患。通过控制策略保证即使发生碰撞，也不会伤害到工作人员。目前，大多数检测碰撞或碰撞力都是通过添加外部传感器来实现的。

机器人碰撞检测的方法可以分为两种：接触式和非接触式。接触式碰撞检测是通过机器人与周围环境或物体实际接触来检测碰撞的，常用的方法有力传感器式、电流环式、柔性关节式、双编码器式、电子皮肤式等。非接触式碰撞检测是通过使用传感器或视觉系统来检测机器人与周围环境或物体之间的距离和位置关系，来判断是否可能发生碰撞的，常用的方法有红外灯、激光等传感器。

图 4-10 所示为 FANUC 协作机器人，它的表面看起来比较臃肿，但实际上安装了厚厚的一层弹性材料，当它工作时与人发生碰撞，可以有效地减小冲击力；其底部还安装了力传感器可以检测外力，使其对外力矩更加敏感。例如，在二关节上施加较小的力，机器人也能迅速检测并停止运动。

图 4-11 所示为 ABB 协作机器人 Yumi，它采用电流环式的碰撞检测方法。电流环也称为力矩环，是电机控制中最内层反应最快速的反馈回路。可以直接根据电流环反馈和机器人系统动力学方程，估计出外力矩。但这种方式的难点在于关节摩擦力的估计，因为关节摩擦力受到机器人的位姿、转速、温度等很多因素的影响，所以难以准确地建模和辨识。减速器越大，摩擦力误差也越大。因此这种方式检测碰撞力矩的精度有限，但成本很低，不需要额外的传感器。目前主要应用在小型的机器人上，比如 Yumi 机器人。

图 4-10　FANUC 协作机器人

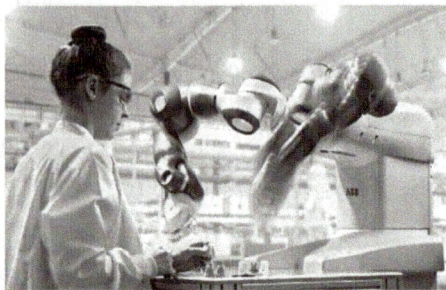

图 4-11　ABB 协作机器人 Yumi

图 4-12 所示为 KUKA 协作机器人 iiwa，它的碰撞检测方法是基于柔性关节，根据关

节力矩传感器和双编码器的反馈来估计外力矩，在每个关节上都配有力矩传感器、增量编码器和绝对编码器。这种方式避免了摩擦力的建模和估计，碰撞检测精度很高，但成本比较高。

　　与柔性关节相比，图 4-13 所示的 UR 机器人使用了双编码器，少了一个关节力矩传感器。这里的双编码器是指安装在谐波减速器两侧的增量编码器和绝对编码器。谐波减速器的刚度比较低，这里把谐波减速器当作一个关节力矩传感器来使用，通过两个编码器读数之间的差值来建立关节受力模型，但谐波减速器的高度比力矩传感器还要高很多。外力检测精度比较低，但原理上也可以避免摩擦力的影响。这种方式的成本相对比较低。

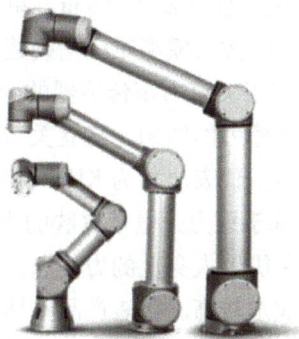

图 4-12　KUKA 协作机器人 iiwa　　　　　　　图 4-13　UR 机器人

　　图 4-14 所示为博世人机协作系统（APAS），它是基于电子皮肤的人机协作智能系统。电子皮肤根据机械臂表面的压力传感器检测外力，这种方式检测灵敏度和检测精度都很高，但成本过高，装配很复杂。

　　接触式碰撞检测原理的核心是高精度的动力学模型。当动力学模型足够准确后，就能实时准确预测机器人的每一个瞬间，每个关节所受到的力矩，当机器人与人发生碰撞时，关节力矩突然发

牵引示教

图 4-14　博世人机协作系统（APAS）

生变化，这时实际关节力矩和动力学预测力矩之间存在较大的偏差。若超过偏差阈值，则判定为发生碰撞，机器人停止运动。

4.5.2　牵引示教

　　牵引示教是由操作人员驱动多自由度的机械臂，该机械臂将操作人员手部的牵引力、扭转力矩经解耦计算，分析出操作人员的控制意图，并发送给工业机器人控制器，工业机器人控制器根据该压力和扭转力矩数值的大小和方向，驱动工业机器人各个关节协调运转，实现

随动、伺服控制。

目前，机器人的示教主要依赖于示教盒操作实现，但该方式过程烦琐、效率低且对操作者的技术水平要求较高。而机器人的牵引示教，是操作者直接牵引着机器人实现示教。与采用示教盒的示教相比，直接示教更为灵活、直观，对操作者的要求也降低很多，但对机器人受力的控制难度较高。

牵引示教中，一般通过人手直接控制机器人的末端执行器实现机器人的示教。其本质是机器人通过力觉系统感知环境对它的外力，即力感知。常见的力感知有以下四种方式：

（1）基于电流环反馈的力感知　建立电流-角度的动力学模型并进行辨识，从电流反馈中剥离机器人动力学所贡献的成分，即可获取外界力信息。这种方式较适用于小型机器人，比如 ABB 的协作机器人 Yumi，单臂负载为 0.5kg。该方式具有结构简单、成本低的特点，但由于关节摩擦力模型难以精确建模，导致其在实际使用时的精度很有限。

（2）基于关节力矩传感器的力感知　通过在减速器的输出端安装关节力矩传感器，可避免关节摩擦力的影响，建立关节力矩-角度的动力学模型。这种方式精度很高，但结构复杂、成本高。代表产品为 KUKA 的协作机器人 iiwa。

（3）基于压力式电子皮肤的力感知　在机器人表面覆盖一层压力传感器，可直接检测环境施加在机器人身上的力信息。这种方式检测灵敏、精度高，但布线和设计难度较高、结构复杂、成本较高。代表产品是博世的 APAS。

（4）基于多维力传感器的力感知　目前这种方式的感知分为两种：末端六轴力矩传感器与底座六轴力矩传感器。

1）末端六轴力矩传感器：在机器人的末端安装六轴力矩传感器，可获取力矩传感器传往后段的力觉信息；不涉及复杂的动力学模型及辨识，但检测范围有限、成本高。这种方式在机器人打磨及装配中应用很多。

2）底座六轴力矩传感器：把六轴力矩传感器安装在底座上，使得该传感器可获取机器人全臂与环境的力觉信息，但须建立相关的动力学模型及进行辨识。代表产品是 FANUC 的 CR 系列绿色机器人。

在实现牵引示教中，根据机器人不同的力感知方法对应的力控策略也不同，如基于底座力传感器、末端力传感器、关节电流反馈和广义动量观测器。这些方式各有利弊，需要根据实际的作业需求来选择。

阅读材料

机器人安全标准

七轴协作机器人

本章小结与重点

1. 本章小结

机器人动力学分析驱动力和接触力之间的关系，以及带来的加速度与运动轨迹之间的关系。动力学方程在机器人的机构设计、控制和仿真计算中有着十分重要的作用，也是各种算法的基础。本章主要以串联机器人为研究对象，首先分析了机器人的速度和速度雅可比矩阵，接着介绍了静力学中机器人的力雅可比，以及静力学中的正向和逆向两类问题的求解，再介绍了两种常用的动力学分析方法，即拉格朗日法和牛顿-欧拉法，通过理论推导和实例相结合阐明求解过程，同时也分析了机器人的关节空间、操作空间及动力学之间的关系，最后介绍了碰撞检测与牵引示教这两种动力学应用案例。

动力学总结

2. 本章重点

（1）雅可比矩阵

$$J = \frac{\partial F}{\partial X} = \begin{bmatrix} \dfrac{\partial f_1}{\partial x_1} & \dfrac{\partial f_1}{\partial x_2} & \cdots & \dfrac{\partial f_1}{\partial x_n} \\ \dfrac{\partial f_2}{\partial x_1} & \dfrac{\partial f_2}{\partial x_2} & \cdots & \dfrac{\partial f_2}{\partial x_n} \\ \vdots & \vdots & & \vdots \\ \dfrac{\partial f_6}{\partial x_1} & \dfrac{\partial f_6}{\partial x_2} & \cdots & \dfrac{\partial f_6}{\partial x_n} \end{bmatrix}_{6 \times n}$$

（2）机器人速度雅可比矩阵　$V = J \cdot \dot{\theta}$，$\dot{\theta} = J^{-1} \cdot V$

（3）机器人力雅可比矩阵　$\tau = J^{\mathrm{T}} \cdot F$，$F = (J^{\mathrm{T}})^{-1} \tau$

（4）机器人动力学建模

1）拉格朗日法。拉格朗日函数 L 定义为系统动能 E_{K} 与系统势能 E_{P} 之差，即 $L = E_{\mathrm{K}} - E_{\mathrm{P}}$。

系统拉格朗日方程：$F_i = \dfrac{\mathrm{d}}{\mathrm{d}t} \dfrac{\partial L}{\partial \dot{\theta}_i} - \dfrac{\partial L}{\partial \theta_i}$　$(i = 1, 2, \cdots, n)$

2）牛顿-欧拉法。

根据牛顿方程可得作用在刚体质心 C 处的力：$F = m\ddot{c}$

根据三维空间的欧拉方程，作用在刚体上的力矩：$\tau = I_C \alpha + \omega \times I_C \omega$

（5）关节空间和操作空间的动力学方程

1）关节空间动力学方程：$\tau = D(q)\ddot{q} + H(q, \dot{q}) + G(q)$

式中，$D(q)$ 为惯性项；$H(q, \dot{q})$ 为耦合项；$G(q)$ 为 $n \times 1$ 重力项。

2）操作空间动力学方程：$F = M_x(q)\ddot{X} + U_x(q, \dot{q}) + G_x(q)$

式中，$M_x(q)$、$U_x(q, \dot{q})$ 和 $G_x(q)$ 分别为在操作空间中的惯性矩、离心力与科氏力矢量、重力矢量。

（6）机器人动力学应用实例　碰撞检测、牵引示教。

习　题

1. 如图 4-15 所示的二自由度机械手，杆长为 $l_1 = l_2 = 0.5\text{m}$。试求表 4-1 中三种情况的关节瞬时速度 $\dot{\theta}$ 和加速度 $\ddot{\theta}$。

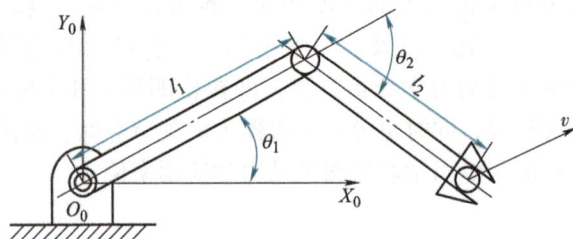

图 4-15　习题 1 和习题 2 图

表 4-1　习题 1 表

$v_x/(\text{m/s})$	-1.0	0	1.0
$v_y/(\text{m/s})$	0	1.0	1.0
$\theta_1/(°)$	30	30	30
$\theta_2/(°)$	-60	120	-30

2. 如图 4-15 所示的二自由度机械手，$l_1 = l_2 = 0.5\text{m}$，手部中心受到外界环境的作用力为 F'_x 及 F'_v。试求表 4-2 中三种情况下，机械手取得静力学平衡时的关节力矩 τ_1 和 τ_2。

表 4-2　习题 2 表

F'_x/N	-10.0	0	10.0
F'_y/N	0	-10.0	10.0
$\theta_1/(°)$	30	30	30
$\theta_2/(°)$	-60	120	-30

3. 已知二自由度机械手的雅可比矩阵为

$$\boldsymbol{J} = \begin{bmatrix} -l_1\sin\theta_1 - l_2\sin(\theta_1 + \theta_2) & -l_2\sin(\theta_1 + \theta_2) \\ l_1\cos\theta_1 + l_2\cos(\theta_1 + \theta_2) & l_2\cos(\theta_1 + \theta_2) \end{bmatrix}$$

若忽略重力，当手部端点力 $\boldsymbol{F} = [1 \quad 0]^T$ 时，求与此力相应的关节力矩。

4. 串联机器人力雅可比矩阵和速度雅可比矩阵有何关系？

5. 什么是拉格朗日函数和拉格朗日方程？

6. 二自由度平面关节型机械手动力学方程主要包含哪些项？有何物理意义？

本章重点专业英语词汇

中文词语	英文词汇
动力学	dynamics
速度	velocity
加速度	acceleration
雅可比矩阵	jacobian matrix
拉格朗日	lagrange
牛顿-欧拉	newton-euler
关节空间	joint space
操作空间	operation space
动能	kinetic energy
势能	potential energy
刚体	rigid body

机器人控制

第5章

- 机器人控制概述
- 机器人控制的特点及分类
  - 机器人控制的特点
    - 机器人控制的分类
  - 机器人控制的分类
- 机器人智能控制
  - 学习控制
  - 滑膜控制
  - 自适应控制
- 机器人力控制
  - 机器人位置/力混合控制
  - 稳态误差分析
  - 力控制基本原理
- 机器人位置控制
  - 位置控制器模型
  - 单关节位置控制
  - 多关节位置控制

5.1　机器人控制概述

机器人可在空间抓放物体、行走移动或进行其他操作，这些所有的规定动作和功能均由机器人控制系统来实现。机器人控制（Robot Control）主要包括：机器人动作的顺序、应实现的路径与位置、动作时间间隔以及作用于对象物上的作用力等。

机器人的控制必须具备三个基本要素：①采用以 CPU 为核心的控制器进行控制，如工业控制计算机（工控机）、可编程逻辑控制器（Programmable Logic Controller，PLC）、单片机等；②能按输入指令进行记忆和再现；③能独立按给定指令在三维空间内进行操作。

为了实现机器人理想的运动，需要采用一定的控制算法，根据机器人轨迹规划的结果（关节位置、速度、加速度），运用机器人运动学和动力学模型计算出每个关节的驱动力矩，实现伺服控制（Servo Control）。目前，常用的经典控制有 PID 闭环控制等；现代控制有自适应控制、最优控制等；智能控制有神经网络控制、学习控制等。

机器人的内部传感器可以实现位置、力和速度的反馈（Feedback）。当末端执行器在跟踪空间轨迹时，可对机器人进行位置控制（Position Control）。当末端执行器与周围环境和对象发生接触和碰撞时，还需要引入力控制（Force Control）。例如，机器人的牵引示教和碰撞检测都需要力控制器来实现。

本章首先讨论机器人控制的特点和分类，接着介绍机器人控制中最常用的位置控制和力控制，最后讨论机器人智能控制。

5.2　机器人控制的特点及分类

5.2.1　机器人控制的特点

工业机器人控制的特点

机器人的控制系统一般是以机器人单轴或多轴协调运动为目的，由一些软件和硬件组成，能根据指令和传感器信息控制机器人完成规定的动作和任务。机器人的控制系统与一般的伺服系统相比，有如下特点：

（1）机器人有多个自由度　每个自由度一般包含一个伺服机构，多个独立的伺服机构需要有机地协调起来，组成一个具有多输入和多输出（Multiple-input and Multiple-output，MIMO）的控制系统。所以，机器人的控制是通过一个计算机控制系统，同时控制机器人内多个伺服机构协调运动的。

（2）机器人的控制与机构运动学及动力学紧密相关　控制的精度很大程度上取决于动力学模型是否准确，根据给定的任务，经常需要求解运动学的正逆问题，选择不同的基准坐标系，并进行适当的坐标变换。机器人各关节之间惯性力、科氏力的耦合作用等影响，会使得机器人控制问题变得更加复杂。

（3）机器人的数学模型是一个复杂的非线性模型（Nonlinear Model）　各个变量之间存在耦合，随着状态的变化，参数也会变化。所以，机器人的控制一般采取"位置-速度-加速度"的多环闭环控制，通过重力补偿、前馈、解耦、基于传感信息的控制等方法提高控制精度。

（4）机器人的控制系统更注重本体与操作对象之间的关系　对于机器人来说，需要夹持并移动物体到达目的位置，更加强调与环境和对象的交互关系。

（5）机器人的牵引示教　当要机器人按照某预定轨迹完成作业时，可先移动机器人对各连杆，来示教该作业的顺序、位置以及其他信息，在执行时，依靠机器人的动作再现功能，可重复进行该工作。

总而言之，机器人控制系统是一个非线性、与运动学和动力学原理密切相关的控制系统。随着实际工作情况的不同，可以采用各种不同的控制方式，如编程自动化、微处理器控制、小型计算机控制。

5.2.2　机器人控制的分类

工业机器人控制的分类

机器人控制器的选择需要根据机器人所执行的任务决定，控制器有多种结构形式。按运动坐标控制来分类，有关节空间运动控制、直角坐标空间运动控制；按控制系统对环境的适应程度来分类，有程序控制系统、适应性控制系统、人工智能控制系统；按控制方式来分类，有伺服控制系统和非伺服控制系统；按传动系统来分类，有液压缸伺服控制系统、电-液伺服控制系统、电机伺服控制系统；除此之外。最常见的是按运动控制方式来分类，有位置控制、速度控制、力控制（包括位置/力混合控制）三类。

1. 位置控制方式

机器人位置控制又分为点位控制和连续轨迹控制两类。

（1）点位控制（Point-to-Point Control）　这类控制的特点是仅控制离散点上机器人末端执行器的位姿，不对相邻点之间的运动轨迹做具体规划。点位控制的主要技术指标是定位精度和完成运动所需的时间，适用于点焊、搬运和上下料等无须考虑运动轨迹的场合。

（2）连续轨迹控制（Continuous Path Control）　这类运动控制的特点是连续控制机器人末端执行器的位姿轨迹，一般要求速度可控、轨迹光滑且平稳。轨迹控制的技术指标是轨迹精度和运动平稳性，适用于切割、喷漆、焊接等需要考虑运动轨迹的场合。

2. 速度控制方式

在位置控制的同时，有时还需要对机器人运动过程中的速度进行控制。机器人在工作过程中，需要根据预定的指令，控制运动部件实现加减速，遵循一定的速度变化曲线。例如，在连续轨迹控制方式下，机器人需要先加速、再匀速、最后减速，为了处理好快速与平稳的矛盾，满足运动平稳和定位准确的要求，必须准确对起停这两个过渡区的速度进行控制。

3. 力（力矩）控制方式

在抓放物体、碰撞检测和牵引示教等场合，机器人需要与环境或作业对象的表面接触，除了精准定位外，还需要用适度的力或力矩进行工作，这时就要采取力（力矩）控制的方式。力（力矩）控制方式的原理与位置伺服控制基本相同，通过力（力矩）传感器，得到力（力矩）信号，是对位置控制的一种补充。

5.3 机器人位置控制

机器人位置控制的目的，就是使机器人各关节和末端执行器的位姿能达到预先设定好的位姿，并具有较好的稳定性、快速性和准确性。

基于直角坐标的位置控制

控制系统设计的简化

在控制系统的设计过程中，往往把机器人的每个关节当成一个独立的伺服机构来处理。一般采用基于关节坐标系的控制，输入期望的关节位置矢量、关节速度矢量或加速度矢量。在机器人模型中，通常每个关节都装有传感器，可以检测关节位移和速度，利用各关节传感器得到反馈的信号，计算所需的力矩，发出相应的力矩指令，以实现要求的运动。

机器人一般由多个关节构成，具有多个自由度。各关节的运动之间相互耦合，这表明机器人的控制是个多输入-多输出控制系统。后文将对系统进行简化，把一个具有 n 个关节的自由度分解成 n 个独立的单输入-单输出（SISO）控制系统。大多数机器人控制系统的设计都采用这种简化方法，但对于更高性能的机器人控制，则需要考虑更高效的控制方法。

5.3.1 位置控制器模型

位置控制器模型、方法

简单机械系统的位置控制问题，可以简化为一个质量-弹簧-阻尼（MCK）系统，如图 5-1 所示，质量为 m 的物体在运动时会受到弹簧力和阻力的作用。若取参考坐标系原点位于系统平衡的位置，则该系统的自由运动方程为

$$m\ddot{x} + c\dot{x} + kx = 0 \tag{5-1}$$

式中，m 为物体的质量；c 为阻尼；k 为刚度。

式（5-1）的解依赖于初始条件，即初始位置和初始速度。

为了达到二阶系统理想的响应状态，还需要在系统上增加一个驱动器，利用驱动器提供在 x 方向上任意大小的力 f，如图 5-2 所示，此时系统的运动方程为

$$m\ddot{x} + c\dot{x} + kx = f \tag{5-2}$$

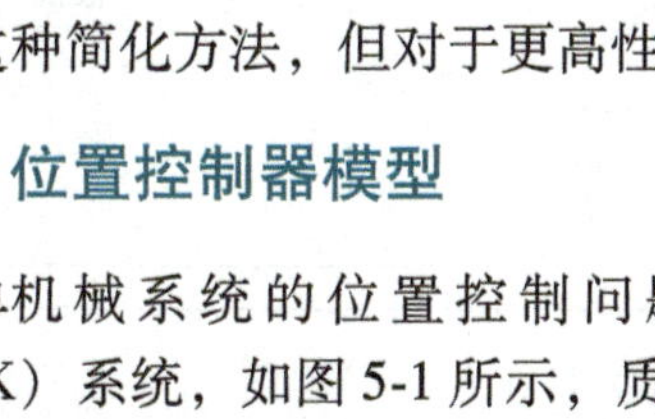

图 5-1 质量-弹簧-阻尼系统

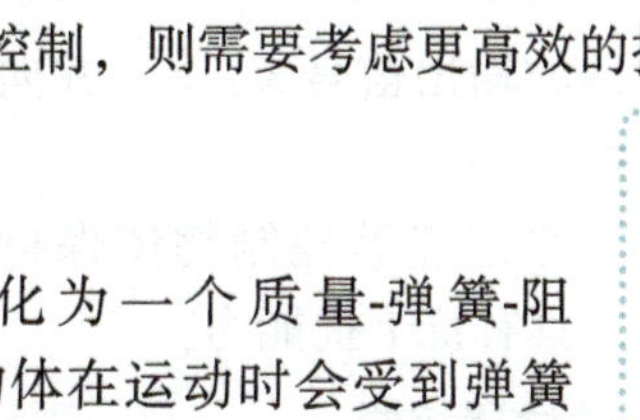

图 5-2 带驱动器的质量-弹簧-阻尼系统

位置控制问题的核心是找到一个合适的驱动力 f，建立控制器，保证即使系统在随机干扰下，也能使物体始终维持在预期的位置上。

1. 定点位置控制

一般可用下述的控制规律来计算驱动器应该施加于物体上的力 f，即

$$f = - k_{p}x - k_{v}\dot{x} \tag{5-3}$$

式中，k_p 和 k_v 分别为控制系统的位置和速度增益（简称控制增益）；x 和 $\dot{x}$ 分别为利用传感器反馈得到的位置和运动速度。

将式（5-3）代入式（5-2）中，就形成了实际的闭环系统。此时，系统的运动方程为

$$m\ddot{x} + c\dot{x} + kx = - k_{p}x - k_{v}\dot{x} \tag{5-4}$$

或表示为

$$m\ddot{x} + (c + k_{v})\dot{x} + (k + k_{p})x = 0 \tag{5-5}$$

$$m\ddot{x} + c'\dot{x} + k'x = 0 \tag{5-6}$$

式中，$c' = c + k_v$；$k' = k + k_p$。

由式（5-5）和式（5-6）可以看出，只要选择合适的控制系统增益 k_v 和 k_p，就可以抑制干扰，使物体保持在预定的位置上。通常，已知系统的刚度 k' 时，所选的增益应使系统具有临界阻尼，即 $c' = 2\sqrt{mk'}$。

图 5-3 所示为定点位置控制器框图，虚线左边为控制系统，虚线右边为被控系统。控制系统接收传感器的输出信号 x、$\dot{x}$，并向驱动器发出输出力指令。

这种位置调节系统能够控制物体保持在一个固定位置上，具有抗干扰能力。

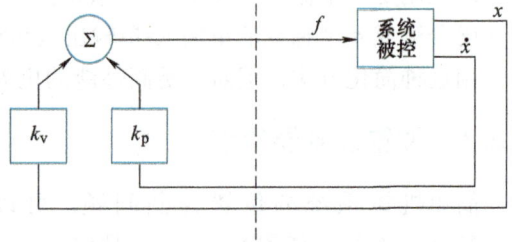

图 5-3　定点位置控制器框图

2. 轨迹跟踪的位置控制

有时要求受控物体不仅能定位在某固定位置，而且还能沿着给定的轨迹运动，这种控制方式称为轨迹跟踪的位置控制。假如给定轨迹函数 $x_d(t)$ 足够光滑，并且存在一阶和二阶导数 $\dot{x}_d(t)$、$\ddot{x}_d(t)$。某一时刻物体的实际位置和速度 $x(t)$、$\dot{x}(t)$ 可由位置传感器和速度传感器分别测得，这样就能得到目标轨迹和实际轨迹的伺服误差 $e = x_d - x$。一般轨迹跟踪器的位置控制规律可选为

$$f = \ddot{x}_{d} + k_{v}\dot{e} + k_{p}e \tag{5-7}$$

将上述控制规律与无阻尼、无刚度的单位质量系统运动方程式 $f = m\ddot{x} = \ddot{x}$ 联立，得到

$$\ddot{x} = \ddot{x}_{d} + k_{v}\dot{e} + k_{p}e \tag{5-8}$$

从而得到

$$\ddot{e} + k_{v}\dot{e} + k_{p}e = 0 \tag{5-9}$$

式（5-9）为系统误差空间的微分方程式，通过选择合适的控制系统增益 k_v 和 k_p，就可以调节系统对误差的抑制。当 $k_v^2 = 4k_p$ 时，可使得这个二阶系统处于临界阻尼状态，没有超调，使误差得到最快的抑制。

图 5-4 所示为轨迹跟踪控制器框图，被控对象是一个单自由度、无阻尼、无刚度、

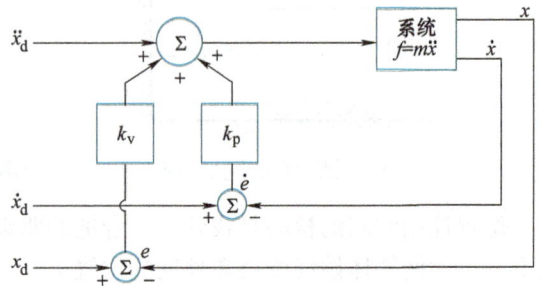

图 5-4　轨迹跟踪控制器框图

单位质量的系统。

3. 控制规律的分解

上述方法适用于单位质量，且无摩擦阻力的系统，但在实际中，大多数系统都被视为有阻尼的质量-弹簧系统。为了让上述方法适用于一般情况，可以采用控制规律的分解方法，把图 5-2 所示的系统当作基本的单位质量系统来处理。

控制规律的分解，就是将系统控制器分解成两个部分：基于模型控制部分和伺服控制部分。这样做的目的是，使特定的受控系统参数（m、c、k）仅出现在基于模型控制部分，伺服控制部分与这些参数无关。

以图 5-2 所示的系统为例说明控制规律的分解。

系统的运动方程见式（5-2），式中的 f 采用以下形式的控制规律：

$$f = \alpha f' + \beta \tag{5-10}$$

式中，α、β 为待定的常数或函数。

若将 f' 当作系统的新输入，则可以将原来的系统当作单位质量系统，作为伺服控制部分，β 为基于模型控制部分。采用这种结构的控制规律，系统方程为

$$m\ddot{x} + c\dot{x} + kx = \alpha f' + \beta \tag{5-11}$$

α 和 β 可以选定为

$$\begin{cases} \alpha = m \\ \beta = c\dot{x} + kx \end{cases} \tag{5-12}$$

将式（5-12）代入式（5-11）得

$$\ddot{x} = f' \tag{5-13}$$

从上述推导可以看出，通过控制规律分解，原系统的伺服控制部分可以等效于在新输入 f' 作用下的无阻尼、无刚度的单位质量系统。对于这种系统，可采用前面介绍的轨迹跟踪控制规律，即式（5-7）和式（5-9）。

利用这种分解方法，系统的伺服控制部分无须考虑系统参数，能较为简单地确定控制增益。对于任何系统，临界阻尼需满足：

$$k_v = 2\sqrt{k_p} \tag{5-14}$$

图 5-5 所示为采用控制规律分解的轨迹跟踪控制系统框图。虚线包围的部分可以认为是一个真实系统加上控制规律基于模型的部分，具有单位质量的动态性能。

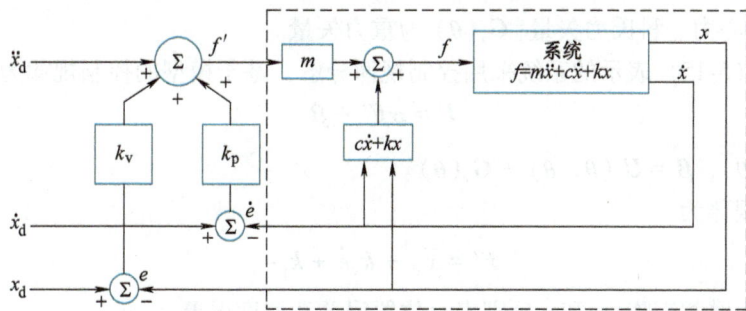

图 5-5　采用控制规律分解的轨迹跟踪控制系统框图

4. 基于直角坐标的控制

前面讨论的机器人位置控制都是基于关节坐标系，系统的输入是期望的关节轨迹。但实际上，直角坐标系的控制会更加方便，系统的输入是期望的直角坐标轨迹。这要求机器人的几个关节电机以不同的速度同时运转，从而使机器人的末端执行器沿期望的轨迹运动。这种控制方式能简化对运动序列的规定，方便用户操作。

（1）直角坐标路径输入时的控制方案　直角坐标的输入有两种基本的控制方案。

一种方案是：通过机器人逆运动学，将直角坐标空间的轨迹转化为关节空间的轨迹，再输入到控制器中，如图 5-6 所示。显然，逆运动学的求解会带来很大的计算量，这种控制方案不仅会增加计算成本，而且效率比较低。

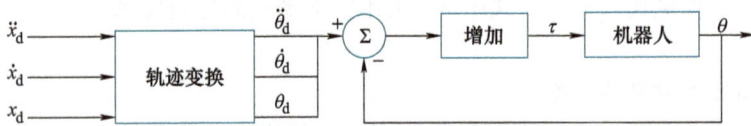

图 5-6　直角坐标路径输入时的控制方案（1）

另一种方案是：直接将直角坐标空间作为输入，不进行轨迹变换，检测到机器人各关节位置 θ 后，通过正运动学立即转换成直角坐标系中的位置，然后与期望的输入相比较，在直角坐标空间中进行误差反馈与计算，如图 5-7 所示。相对于上一种控制方案，这种控制方案的计算成本更小，目前普遍采用这种方案。

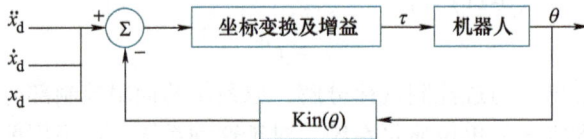

图 5-7　直角坐标路径输入时的控制方案（2）

（2）直角坐标解耦控制　在机器人动力学分析当中，用直角坐标表示的操作空间机器人动力学方程为

$$\boldsymbol{F} = \boldsymbol{M}_x(\theta)\ddot{\boldsymbol{x}} + \boldsymbol{U}_x(\theta,\dot{\theta}) + \boldsymbol{G}_x(\theta) \tag{5-15}$$

式中，$\boldsymbol{F}$ 为作用在机器人末端执行器上的力；$\ddot{\boldsymbol{x}}$ 为末端执行器的位姿；$\boldsymbol{M}_x(\theta)$ 为质量矩阵；$\boldsymbol{U}_x(\theta,\dot{\theta})$ 为向心力、科氏力矢量；$\boldsymbol{G}_x(\theta)$ 为重力矢量。

同样对式（5-15）表示的系统采用控制规律分解，基于模型的控制规律为

$$\boldsymbol{F} = \boldsymbol{\alpha}\boldsymbol{F}' + \boldsymbol{\beta} \tag{5-16}$$

式中，$\boldsymbol{\alpha} = \boldsymbol{M}_x(\theta)$，$\boldsymbol{\beta} = \boldsymbol{U}_x(\theta,\dot{\theta}) + \boldsymbol{G}_x(\theta)$。

伺服控制规律为

$$\boldsymbol{F}' = \ddot{\boldsymbol{x}}_d + \boldsymbol{k}_v\dot{\boldsymbol{e}} + \boldsymbol{k}_p\boldsymbol{e} \tag{5-17}$$

式中，$\boldsymbol{k}_v$ 和 $\boldsymbol{k}_p$ 为增益矩阵；$\boldsymbol{e}$ 和 $\dot{\boldsymbol{e}}$ 分别表示位置误差和速度误差。

图 5-8 所示为动力学解耦的直角坐标控制方案。它所表示的控制器允许直接描述直角坐标轨迹，不需要进行轨迹转化。

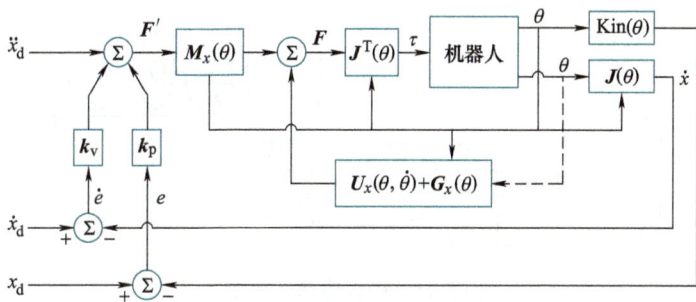

图 5-8　动力学解耦的直角坐标控制方案

5.3.2　单关节位置控制

一个具有 n 个关节的自由度可以分解成 n 个带耦合的单输入-单输出（SISO）控制系统。如果耦合是弱耦合，则每个关节可以近似为独立的伺服驱动系统。实践证明，常规的控制技术能通过单独控制每个关节来实现机器人的位置控制。

机器人一般由电机驱动、液压驱动或气动驱动，其中最常见的驱动方式是每个关节用一个永磁直流伺服电机驱动。这种电机具有良好的特性：控制功率小、过载能力强、调速范围广、安装空间紧凑等，能较好地适应机器人对驱动元件的要求。

1. 单关节位置控制传递函数

下面将以直流永磁力矩电机为例介绍单关节的位置控制。图 5-9 所示为直流伺服电机驱动机器人单个关节的原理图，图 5-10 所示为电枢绕组等效电路，图 5-11 所示为机械传动原理图。图中符号含义如下：

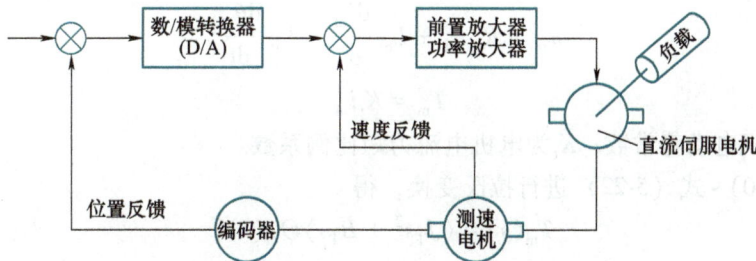

图 5-9　直流伺服电机驱动机器人单个关节的原理图

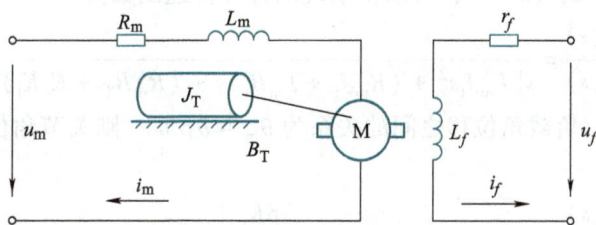

图 5-10　电枢绕组等效电路

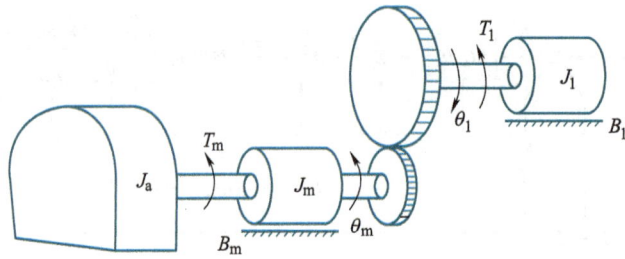

图 5-11　机械传动原理图

u_f、i_f、r_f、L_f 分别为励磁回路的电压、电流、电阻和电感；u_m、i_m、R_m、L_m 分别为电枢回路的电压、电流电阻和电感；T_m 为电机转矩；J_a、J_m、J_1 分别为电机转子转动惯量、传动机构转动惯量、负载转动惯量；B_m、B_1 分别为传动机构阻尼系数、负载端阻尼系数；θ_m、θ_1 分别为电机角位移、负载角位移，$\theta_m = \theta_1/n$，$n = z_m/z_1$ 为减速比，z_m/z_1 为传动轴与负载轴上的齿轮齿数之比。

为了计算电动轴上的等效总转动惯量 J_T 和总黏性摩擦系数 B_T，需要将负载和传动机构的转动惯量折算到电动轴上，即

$$J_T = J_a + J_m + n^2 J_1 \tag{5-18}$$

$$B_T = B_m + n^2 B_1 \tag{5-19}$$

永磁式直流力矩电机可以不考虑励磁回路。其中，机械部分的模型可由电机上的力矩平衡方程描述，电气部分的模型可由电枢回路的电压平衡方程表示，可得系统的微分方程

$$T_m = J_T \frac{d^2\theta_m}{dt^2} + B_T \frac{d\theta_m}{dt} \tag{5-20}$$

$$u_m = R_m i_m + L_m \frac{di_m}{dt} + K_e \frac{d\theta_m}{dt} \tag{5-21}$$

$$T_m = K_t i_m \tag{5-22}$$

式中，K_e 为电机电动势常数；K_t 为电机电流力矩比例系数。

将式（5-20）~式（5-22）进行拉氏变换，得

$$T_m(s) = (J_T s^2 + B_T s)\Theta_m(s) \tag{5-23}$$

$$U_m(s) = (L_m s + R_m)I_m(s) + K_e s\Theta_m(s) \tag{5-24}$$

$$T_m(s) = K_t I_m(s) \tag{5-25}$$

联立式（5-23）~式（5-25），可求得系统的开环传递函数为

$$\frac{\Theta_m(s)}{U_m(s)} = \frac{K_t}{s[L_m J_t s^2 + (R_m J_t + L_m B_t)s + (R_m B_T + K_e K_t)]} \tag{5-26}$$

由于电机角位移、负载角位移之间的关系为 $\theta_m = \theta_1/n$，则关节角位移与电枢电压之间的传递函数为

$$\frac{\Theta_1(s)}{U_m(s)} = \frac{nK_t}{s[L_m J_t s^2 + (R_m J_t + L_m B_t)s + (R_m B_T + K_e K_t)]} \tag{5-27}$$

式（5-27）为机器人单关节控制系统的传递函数，其系统框图如图 5-12 所示。

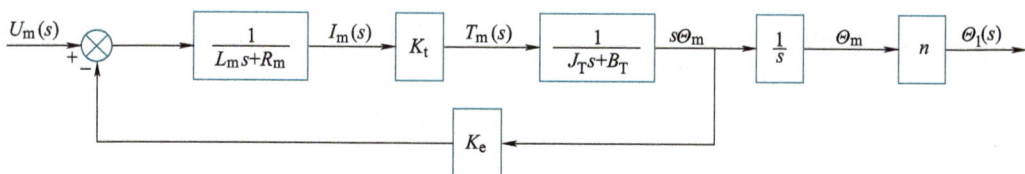

图 5-12　单关节控制系统框图

2. 单关节位置控制器

单关节位置控制器的作用是，使关节的实际角位移跟踪期望角位移。将位置伺服误差（期望角位移-实际角位移）作为电机的输入信号，产生适当的电压，构成闭环控制系统：

$$u_m(t) = K_p e(t) = K_p [\theta_d(t) - \theta_1(t)] \tag{5-28}$$

式中，K_p 为位置偏差增益系数。

对式（5-28）进行拉氏变换，可得

$$U_m(s) = K_p E(s) = K_p [\varTheta_d(s) - \varTheta_1(s)] \tag{5-29}$$

由此可以构造出该系统的闭环控制系统框图，如图 5-13 所示：

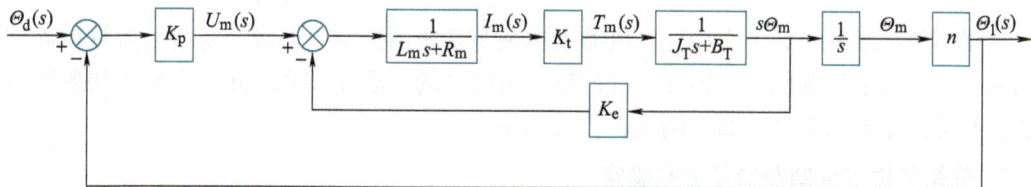

图 5-13　单关节位置闭环控制系统框图

该系统的开环传递函数为

$$G_K(s) = \frac{\varTheta_1(s)}{E(s)} = \frac{nK_p K_t}{s[L_m J_T s^2 + (R_m J_T + L_m B_T)s + (R_m B_T + K_e K_t)]} \tag{5-30}$$

由于电机的电气时间常数远小于机械时间常数，因此可以忽略电枢电感 L_m 的作用，则控制系统的闭环传递函数可以表示为

$$\frac{\varTheta_1(s)}{\varTheta_d(s)} = \frac{G_K(s)}{1 + G_K(s)} = \frac{nK_p K_t}{R_m J_T s^2 + (R_m B_T + K_e K_t)s + nK_p K_t}$$

$$= \frac{nK_p K_t}{R_m J_T} \frac{1}{s^2 + \dfrac{(R_m B_T + K_e K_t)s}{R_m J_T} + \dfrac{nK_p K_t}{R_m J_T}} \tag{5-31}$$

式（5-31）说明机器人的单关节位置控制器是一个二阶系统。系统稳定的条件为：系统参数均为正。当适当增加位置偏差增益系数 K_p 时，可以减少系统的静态误差，提高定位精度。

为了提高系统的快速响应性和动态精度，位置控制器还可以引入速度负反馈，这要求增加一个测速发电机来测量传动轴的角速度。设 K_v 为速度反馈信号，K_{vp} 为速度反馈增益，引入速度负反馈之后的单关节机器人控制系统框图如图 5-14 所示。

此时，相应的开环和闭环传递函数分别变为

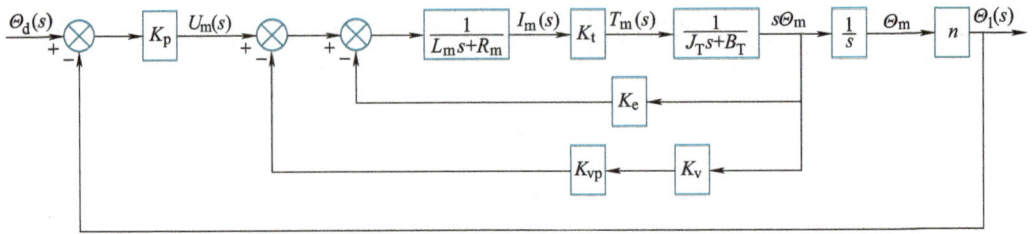

图 5-14 引入速度负反馈后的单关节机器人控制系统框图

$$G_K(s) = \frac{\Theta_1(s)}{E(s)} = \frac{nK_pK_t}{s[R_mJ_T + R_mB_T + K_t(K_e + K_vK_{vp})]} \tag{5-32}$$

$$\frac{\Theta_1(s)}{\Theta_d(s)} = \frac{G_K(s)}{1 + G_K(s)} = \frac{nK_pK_t}{R_mJ_Ts^2 + [R_mB_T + K_tK_e(K_v + K_{vp})]s + nK_pK_t}$$

$$= \frac{nK_pK_t}{R_mJ_T} \frac{1}{s^2 + \frac{[R_mB_T + K_tK_e(K_v + K_{vp})]s}{R_mJ_T} + \frac{nK_pK_t}{R_mJ_T}} \tag{5-33}$$

这里需要注意的是，上文中建立机器人单关节系统的控制模型时，忽略了齿轮轴等零部件的变形，将它们视为刚体。因此式（5-33）所建立的二阶线性系统并没有考虑共振频率的问题，只适用于共振频率不高、刚度比较大的场合。

3. 单关节位置控制器增益参数确定

（1）位置偏差增益系数 K_p 的确定　二阶闭环控制系统的性能指标有上升时间、稳态误差、快速调整时间等。这些都与阻尼比和固有频率有关，通过调整相应的增益系数，可以得到比较稳定且性能指标较好的控制系统。

根据闭环传递函数［式（5-33）］，闭环系统的特征方程可以表示为

$$s^2 + \frac{[R_mB_T + K_tK_e(K_v + K_{vp})]s}{R_mJ_T} + \frac{nK_pK_t}{R_mJ_T} = 0 \tag{5-34}$$

二阶系统特征方程的标准形式为

$$s^2 + 2\xi w_n s + w_n{}^2 = 0 \tag{5-35}$$

式中，ξ 为系统的阻尼比；w_n 为系统的固有频率。

将式（5-34）与式（5-35）对照，可得该二阶系统的 w_n 和 ξ 分别为

$$w_n = \sqrt{\frac{nK_pK_t}{R_mJ_T}} \tag{5-36}$$

$$\xi = \frac{\dfrac{[R_mB_T + K_tK_e(K_v + K_{vp})]s}{R_mJ_T}}{2\sqrt{\dfrac{nK_pK_t}{R_mJ_T}}} \tag{5-37}$$

在确定位置反馈增益 K_p 时，需要考虑机器人手臂的结构刚度和共振频率，它与机器人手臂的机构、尺寸、质量分布和制造装配质量有关。系统结构的共振频率 w_r 可以表示为

$$w_r = \sqrt{\frac{K_T}{J_T}} \qquad (5\text{-}38)$$

式中，K_T 为关节的等效刚度；J_T 为关节的等效转动惯量。

其中，关节的等效转动惯量 J_T 会随着机器人末端执行器负载和机器人位姿的变化而变化。在已知空载时的转动惯量 J_o 时，测出的关节结构共振频率为 w_o，即

$$w_o = \sqrt{\frac{K_T}{J_o}} \qquad (5\text{-}39)$$

由式（5-38）和式（5-39）可知，转动惯量为 J_T 时的结构共振频率为

$$w_r = w_o \sqrt{\frac{J_o}{J_T}} \qquad (5\text{-}40)$$

为了不引起系统的共振，系统的固有频率 w_n 最好限制在关节共振频率 w_r 的一半以内，即

$$w_n = \sqrt{\frac{nK_pK_t}{R_mJ_T}} \leqslant \frac{1}{2}w_r \qquad (5\text{-}41)$$

由式（5-40）和式（5-41）可知，位置偏差增益系数 K_p 的取值范围为

$$0 < K_p \leqslant \frac{1}{4}w_o^2 \frac{J_oR_m}{nK_t} \qquad (5\text{-}42)$$

（2）速度反馈增益系数 K_{vp} 的确定　从安全性考虑，一般希望控制系统具有临界阻尼或过阻尼，即要求系统的 $\xi \geqslant 1$。由式（5-37）可知

$$\frac{\frac{[R_mB_T + K_tK_e(K_v + K_{vp})]s}{R_mJ_T}}{2\sqrt{\frac{nK_pK_t}{R_mJ_T}}} \geqslant 1 \qquad (5\text{-}43)$$

结合式（5-42）和式（5-43）得

$$K_{vp} \geqslant \frac{R_mw_o\sqrt{J_TJ_o} - B_mB_T - K_eK_t}{K_tK_v} \qquad (5\text{-}44)$$

5.3.3　多关节位置控制

实际中机器人一般由多个关节组成，各关节需要根据轨迹规划的结果同时运动。例如，串联机器人的运动是通过驱动机器人的各自关节来使末端执行器达到期望位姿的。末端执行器的在笛卡儿空间的位姿可以通过逆运动学映射到各个关节空间，从而通过各关节空间的变量来控制末端执行器的绝对位置。但实际上，由于重力等因素的影响，各关节相对运动产生的作用力会相互耦合。为了克服关节之间的耦合作用力，需要根据机器人的动态性能进行补偿和调整。

机器人的动态性能一般可通过动态方程表示，其中拉格朗日方程是机器人系统动力学建模的重要方法：

$$T_i = \sum_{i=1}^{n} D_{ij}\ddot{q}_j + J_{ai}\ddot{q}_i + \sum_{j=1}^{6}\sum_{k=1}^{6} D_{ijk}\dot{q}_j\dot{q}_k + D_i \qquad (5\text{-}45)$$

每个关节所需的力或力矩由四项组成。其中，第一项表示所有关节惯量的作用，第二项表示传动轴上关节 i 的惯性力矩，第三项和第四项分别表示向心力和科氏力的作用。这些力矩项需要前馈输入至关节 i 的控制器。

耦合项的计算一般非常复杂和费时，为简化起见，由前文分析，可将多输入多输出系统简化为多个单输入单输出的伺服控制系统串联的形式，并且建立机器人单关节系统的数学模型。为了加快响应速度和增大系统的阻尼，需要引入比例环节和微分环节，构成 PD 控制。若用 $\boldsymbol{\theta}_d = \begin{bmatrix} \theta_{d1} & \theta_{d2} & \cdots & \theta_{dn} \end{bmatrix}$ 表示各关节的目标值，简化后的多关节伺服控制系统框图如图 5-15 所示。

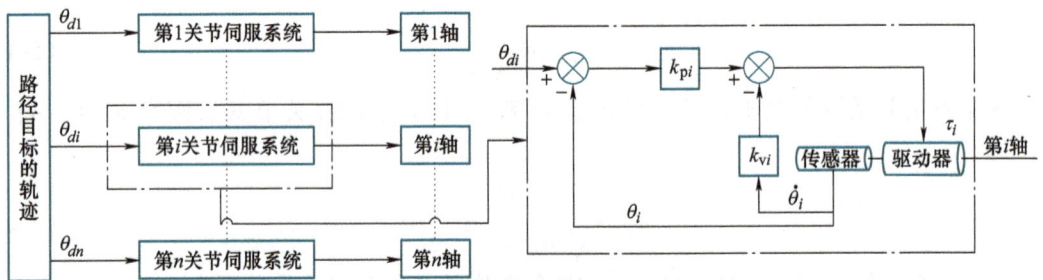

图 5-15　多关节伺服控制系统框图

对于由多个单输入单输出的伺服控制系统组成的机器人，各关节的驱动力可以简化为

$$\boldsymbol{\tau} = \boldsymbol{K}_p(\boldsymbol{\theta}_d - \boldsymbol{\theta}) - \boldsymbol{K}_v\dot{\boldsymbol{\theta}} \tag{5-46}$$

式中，$\boldsymbol{\theta}$、$\dot{\boldsymbol{\theta}}$ 分别为传感器检测并反馈的位置和速度信号，$\boldsymbol{K}_p$ 和 $\boldsymbol{K}_v$ 为比例增益和速度增益。

这种多关节伺服控制系统允许把每个关节都作为单输入单输出系统来处理，结构比较简单，目前大多数机器人都会采用这种控制方式。但严格来说，忽略各关节之间的耦合作用，会影响模型的精度。因此可以在式（5-46）的基础上，把关节的重力和摩擦等耦合作用力当作外部干扰来处理。为了减少外部干扰的影响，在保证系统稳定的前提下，增益系数 $\boldsymbol{K}_p$ 和 $\boldsymbol{K}_v$ 可以尽量取得大些。

为了补偿重力的影响，可以在式（5-46）中增加重力项：

$$\boldsymbol{\tau} = \boldsymbol{K}_p(\boldsymbol{\theta}_d - \boldsymbol{\theta}) - \boldsymbol{K}_v\dot{\boldsymbol{\theta}} + \boldsymbol{G} \tag{5-47}$$

5.4　机器人力控制

用于喷漆、点焊等场合的机器人只需简单的位置控制，在运动过程中末端执行器不与外界物体发生接触。但对于另外一些场合，如装配、加工、擦玻璃等场合，机器人的末端执行器与环境之间存在力的作用，仅仅依靠位置控制并不能满足要求，还需要提供必要的力使它能克服环境中的阻力或符合工作要求。

机器人与环境发生接触时，可能存在对作用力的柔顺要求。机器人的柔顺控制可以分为以下两种：

需要采用力控制的作业情况

1. 被动柔顺控制

机器人借助一些辅助的柔顺机构，使其在与环境接触时能够对外部作用力产生自然顺从的性质，称为被动柔顺性。被动柔顺机构主要是由弹簧和阻尼器等构成的无源机械装置，一般安装在机器人的末端执行器上。图 5-16 所示为用弹簧和缓冲器支撑的手爪，该手爪为有 3 个移动自由度和 3 个旋转自由度的柔顺机构，用于解决机器人在抓取物体时与环境可能产生的碰撞问题。

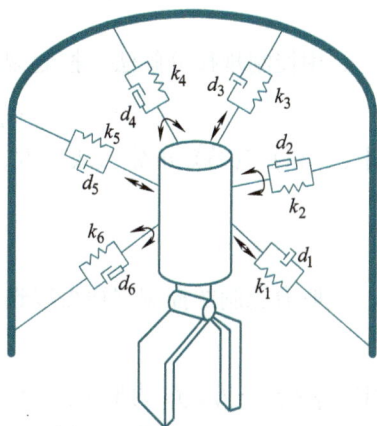

被动柔顺的方法不需要昂贵的力传感器，实用性强，但缺乏通用性，需要根据特定的使用场合，将柔顺构件按照几何学的特征进行配置。

图 5-16　用弹簧和缓冲器支撑的手爪

2. 主动柔顺控制

机器人利用力的反馈信息采用一定的控制策略主动控制作用力的性质，称为主动柔顺性。主动柔顺控制通过关节或末端执行器的力传感器，与关节电机组成伺服系统，利用伺服系统实现主动柔顺控制，这种方式一般也称为力控制。力控制算法往往嵌入在机器人控制器软件的内部，可以编程，具有通用性。

主动柔顺控制又可以分为两种：阻抗控制和位置/力混合控制。

5.4.1　力控制基本原理

力控制的基本原理

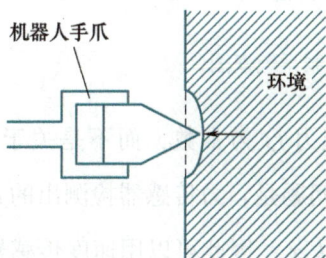

当机器人的末端执行器（如手爪等）与环境相互接触时，会产生相互作用的力，如图 5-17 所示。为简化分析，用图 5-18 所示的质量-弹簧系统来表示物体与环境的相互接触。其中，假设系统的质量为 m，环境刚度为 k_e。

图 5-17　机器人手爪与环境相互接触　　图 5-18　质量-弹簧系统

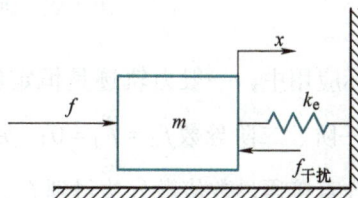

在图 5-18 中，将整个环境等效为刚度为 k_e 的弹簧，用 f_e 来表示末端执行器与环境之间的作用力，则

$$f_e = k_e x \tag{5-48}$$

用 $f_{干扰}$ 表示摩擦力或机械传动的未知干扰力，则整个系统的运动方程可以表示为

$$f = m\ddot{x} + k_e x + f_{干扰} \tag{5-49}$$

在力控制中，系统反馈的是力/力矩信号，因此用作用在环境上的控制变量 f_e 表示，则有

$$f = mk_e^{-1}\ddot{f}_e + f_e + f_{干扰} \tag{5-50}$$

利用控制规律分解法，控制规律为

$$mk_e^{-1}\ddot{f}_e + f_e + f_{干扰} = \alpha f' + \beta \tag{5-51}$$

式中，α 和 β 为待定的常数或函数，选定为

$$\begin{cases} \alpha = mk_e^{-1} \\ \beta = f_e + f_{干扰} \end{cases} \tag{5-52}$$

一般力控制的控制规律可以选定为

$$f' = \ddot{f}_d + k_{vf}\dot{e}_f + k_{pf}e_f \tag{5-53}$$

式中，$e_f = f_d - f_e$，f_d 为期望力，f_e 为力传感器反馈的力；k_{vf} 和 k_{pf} 为力控制系统的增益系数。

联立式（5-51）~式（5-53），可得到质量-弹簧力控制系统误差方程和伺服规律为

$$\ddot{e}_f + k_{vf}\dot{e}_f + k_{pf}e_f = 0 \tag{5-54}$$

$$f = mk_e^{-1}(\ddot{f}_d + k_{vf}\dot{e}_f + k_{pf}e_f) + f_e + f_{干扰} \tag{5-55}$$

但是，影响 $f_{干扰}$ 的因素有很多，难以得到。因此在实际工作中，一般会忽略 $f_{干扰}$ 的影响。同时，当环境刚度很大时，可以直接用 f_d 代替 f_e。图 5-19 所示为利用该伺服规律得到的质量-弹簧力控制系统框图。

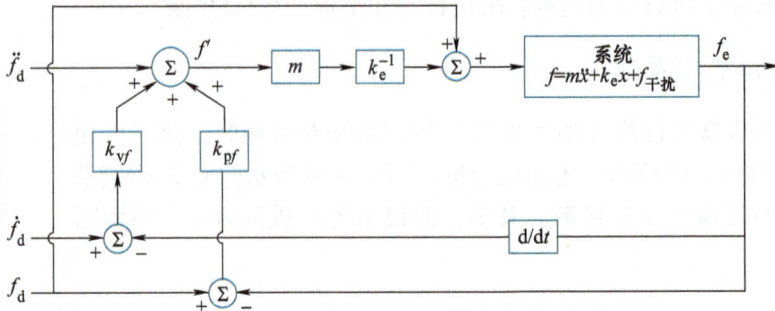

图 5-19　质量-弹簧力控制系统框图

在实际应用中，一般力轨迹是恒定的，即期望力 f_d 为常数，而不是关于时间的函数。因此 f_d 的一阶、二阶导数 $\dot{f}_d = \ddot{f}_d = 0$；另一个实际问题是，力传感器检测出的 f_e 由于存在噪声，不适合直接通过数值微分法得到 $\dot{f}_e$。由于 $f_e = k_e x$，因此可以用速度传感器测得的 $\dot{x}$ 来计算环境作用力的导数 $\dot{f}_e$。

考虑这两个实际情况，可以把式（5-55）表示的伺服规律简化为

$$f = m(k_e^{-1}k_{pf}e_f - k_{vf}\dot{x}) + f_d \tag{5-56}$$

式（5-56）对应的力控制系统框图如图 5-20 所示。

5.4.2　稳态误差分析

下面来讨论质量-弹簧力控制系统的稳态误差。在进行稳态误差分析时，可认为各项为常数，其导数恒为零，令式（5-50）与式（5-55）相等，并忽略 f_e 的影响，则得到该系统

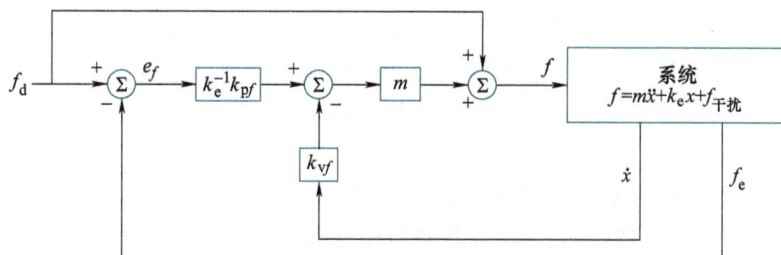

图 5-20　实际的质量-弹簧力控制系统框图

的稳态误差为

$$e_{f1} = \frac{f_{干扰}}{\lambda} \tag{5-57}$$

式中，λ 为有效的力反馈增益，$\lambda = k_e^{-1} k_{pf}$。

当环境刚度很大时，用 f_d 代替 $f_e + f_{干扰}$ 时的系统的稳态误差为

$$e_{f2} = \frac{f_{干扰}}{1 + \lambda} \tag{5-58}$$

通常情况下环境的刚度较大，λ 为较小的正数。比较 e_{f1} 和 e_{f2}，可知 $e_{f1} > e_{f2}$，由式（5-55）表示的伺服规律产生的稳态误差要小些。

5.4.3　机器人位置/力混合控制

（1）机器人的末端执行器和外部环境接触时有两种极端状态

1）末端执行器可以在空间中自由运动，不受力/力矩和约束的作用，这属于单纯的位置控制问题，如图 5-21a 所示。

2）末端执行器与环境固接在一起，不能自由移动，但可以在任意方向施加力/力矩，这种情况属于力控制问题，如图 5-21b 所示。

在实际情况中，大多数都是介于上述两种控制之间，即部分自由度受位置约束，部分自由度受力约束，因此需要进行位置/力混合控制。

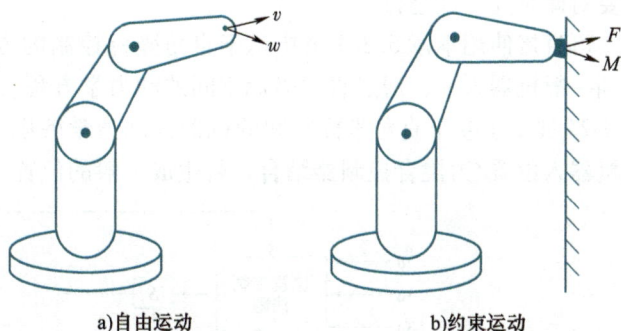

a)自由运动　　　　b)约束运动

图 5-21　机器人末端执行器与外部环境接触的两种极端状态

（2）机器人位置/力混合控制应遵循的原则　在同一自由度上，不能同时施加力控制和位置控制。同时还需解决以下三个问题：

1）沿着力自然约束方向，实现机器人的位置控制。

2）沿着位置自然约束方向，实现机器人的力控制。

3）在任意约束自然坐标系 {C} 的正交自由度上，实现位置/力混合控制。

（3）举例　现以图 5-22 所示的三自由度直角坐标机器人为例，说明机器人位置/力混合控制的方案。图中机器人的每个关节均为移动关节，并且关节的轴线均与固定坐标系 {C} 的各坐标轴的方向一致。设每个连杆的质量都为 m，环境刚度为 k_e，并要求在 Y 方向上实现

力控制，在 X 和 Y 方向上实现位置控制。因此，对关节 1、3 采用位置控制器，对关节 2 则采用力控制器，于是在 X_c 和 Y_c 方向设定位置轨迹，而在 Z_c 方向独立地设计力轨迹。

如果外界环境发生变化，或控制任务发生改变，则可以根据实际的条件，将位置控制和力控制相互转换。此时，要求直角坐标机器人既能完成对机器人某个自由度的位置控制，也能完成力控制，可在控制中设置相应的工作模式。

图 5-23 所示为三自由度直角坐标机器人的位置/力混合控制器框图，三个关节既有位置控制器又有力控制器。为了能让控制器可以设置相应的控制模式，引入 3×3 的选择矩阵 S 和 S'，分别代表位置控制器和力控制器，实际上是两组互锁开关，用来根据条件设置各个自由度所要求的控制模式。如果要求对第 i 个关节进行位置控制（或力控制），则矩阵 S（或 S'）对角线上第 i 个元素为 1，否则为 0。例如，图 5-23 中的 S 和 S' 应为

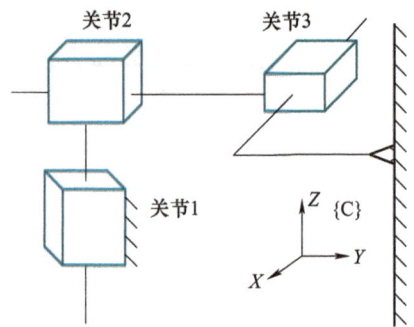

图 5-22 三自由度直角坐标
机器人与平面作用

$$S = \begin{bmatrix} 1 & 0 & 0 \\ 0 & 0 & 0 \\ 0 & 0 & 1 \end{bmatrix}, \quad S' = \begin{bmatrix} 0 & 0 & 0 \\ 0 & 1 & 0 \\ 0 & 0 & 0 \end{bmatrix}$$

上述提到的位置/力混合控制器是针对直角坐标机器人的，要求机器人的关节轴线与约束坐标系轴向完全一致。为了让位置/力混合控制器适用于任意约束坐标系和一般机器人，需要对此研究方法进行推广。

可直接使用本章 5.3.1 节中基于直角坐标控制的方法，将图 5-23 所示的混合控制器推广到一般机器人上，通过直角坐标空间的动力学方程，能实现机器人解耦的直角坐标控制。图 5-24 展示了基于直角坐标空间的机器人动力学解耦步骤，将其与前面设计的直角坐标工业机器人位置/力混合控制器结合，可生成一般的位置/力混合控制器，如图 5-25 所示。

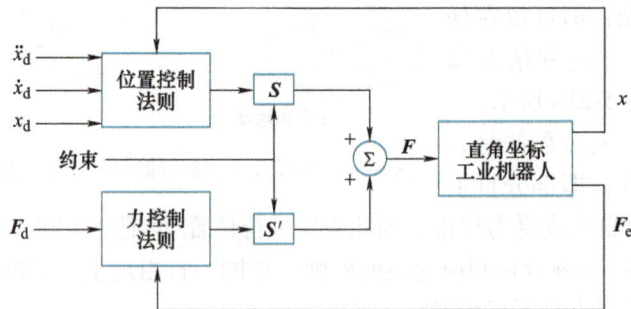

图 5-23 三自由度直角坐标机器人的位置/力混合控制器框图

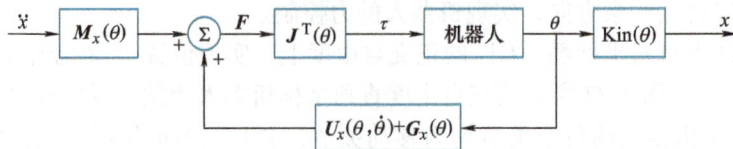

图 5-24 直角坐标解耦形式

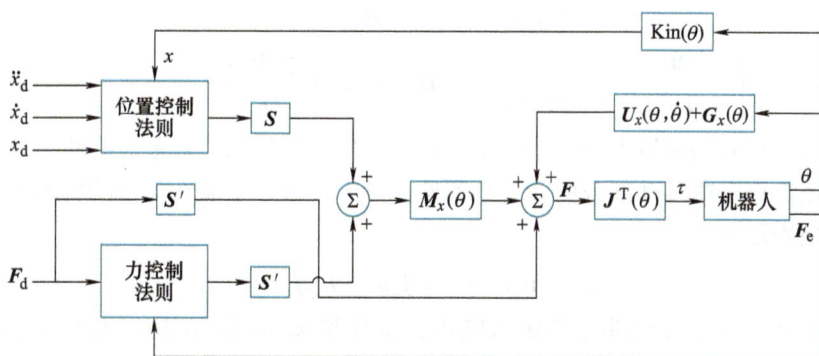

图 5-25　一般机器人的位置/力混合控制器

5.5　机器人智能控制

本节将介绍一些比较先进的智能控制方法，包括自适应控制（adaptive control）、滑膜控制和学习控制。

5.5.1　自适应控制

机器人能模仿和再现人的动作，还能按预先编好的固定程序自动执行各种循环操作。开环控制、伺服控制等均可用来控制编程机器人。设计这类控制器的提前是需要知道受控对象的特性及其随环境等因素变化的规律。如果不能预先掌握这些信息，或者掌握的信息有较大的误差，就无法设计好控制器。

在操作机器人的过程中，工作环境和工况的属性和特征会随时间变化，这时控制系统的特性具有未知和不确定的性质，会导致系统的性能变差。当一般的反馈技术和补偿方法不能解决这一问题时，就需要采用自适应控制，让控制器能在运行过程中不断地监测系统特性的变化，并根据这些信息自动调整控制策略，实现最优控制。

自适应控制器能在无法完全确定或局部变化的环境中，通过感觉装置和内置的算法，保持与环境的自动适应。一般机器人的动力学模型中存在一些非线性和不确定的因素，其中包括摩擦力、负载扰动、增益的非线性等，采用自适应控制器能够自动补偿上述干扰，显著改善机器人的性能。

自适应控制与机器人的动力学模型紧密相关，具有 n 个独立关节的刚性机械手状态方程可表示为

$$F = D(q)\ddot{q} + C(q,\dot{q}) + G(q) \tag{5-59}$$

将式（5-59）重新定义为

$$F = D(q)\ddot{q} + C^1(q,\dot{q})\dot{q} + G^1(q)q \tag{5-60}$$

式中，$C^1(q,\dot{q})\dot{q} = C(q,\dot{q})$，$G^1(q)q = G(q)$，这是拟线性系统表达方式。

定义系统的状态 x 为

$$x = [q,\dot{q}]^T \tag{5-61}$$

则式（5-60）可表示为下列状态方程

$$\dot{x} = A_\mathrm{p}(x,t)x + B_\mathrm{p}(x,t)F \tag{5-62}$$

式中，$A_\mathrm{p}(x,\ t) = \begin{bmatrix} \mathbf{0} & I \\ -D^{-1}G^1 & -D^{-1}C^1 \end{bmatrix}$，$B_\mathrm{p}(x,\ t) = \begin{bmatrix} \mathbf{0} \\ D^{-1} \end{bmatrix}$。

　　式（5-62）形式的机器人动力学模型为自适应控制器的调节对象，除此之外，完整的控制系统模型还需要考虑传动部分的动力学模型。对于具有 n 个驱动关节的机器人，可把其传动部分的模型表示为

$$M_\mathrm{a}u - \tau = J_\mathrm{a}\ddot{q} + B_\mathrm{a}q \tag{5-63}$$

式中，u，q 和 τ 分别是传动部分的输入电压、位移和扰动力矩；M_a，J_a 和 B_a 为系统参数，由传动装置参数决定。其中，τ 由两部分组成

$$\tau = F(q,\dot{q},\ddot{q}) + \tau_\mathrm{d} \tag{5-64}$$

式中，F 由式（5-60）决定，τ_d 为非线性的摩擦力矩。

　　联立式（5-60）、式（5-63）和式（5-64），并定义：

$$\begin{cases} J(q) = D(q) + J_\mathrm{a} \\ E(q) = C^1(q) + B_\mathrm{a} \\ H(q)q = G^1(q)q + \tau_\mathrm{d} \end{cases} \tag{5-65}$$

可得到机器人传动系统的时变非线性状态方程

$$\dot{x} = A_\mathrm{p}(x,t)x + B_\mathrm{p}(x,t)u \tag{5-66}$$

式中，

$$\begin{cases} A_\mathrm{p}(x,t) = \begin{bmatrix} \mathbf{0} & I \\ -J^{-1}H & -J^{-1}E \end{bmatrix}_{2n \times 2n} \\ B_\mathrm{p}(x,t) = \begin{bmatrix} \mathbf{0} \\ J^{-1}M_\mathrm{a} \end{bmatrix}_{2n \times n} \end{cases} \tag{5-67}$$

　　状态方程［式（5-62）和式（5-66）］具有相似的形式，均可用于自适应控制器的设计。

　　模型参考自适应控制器（MRAC）和自校正自适应控制器（STAC）是自适应控制器的两种主要结构，如图 5-26 所示。现有的机器人自适应控制系统基本是应用上述两种方法设计的。

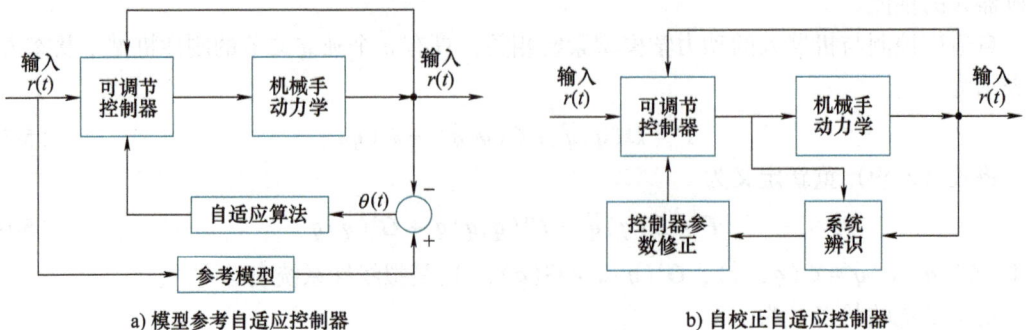

a) 模型参考自适应控制器　　　　　　b) 自校正自适应控制器

图 5-26　机器人自适应控制器的结构

　　下面以 MRAC 为例说明自适应控制技术的设计思路。MRAC 的基本思路是为机器人的状态方程［式（5-66）］综合一个控制信号 u，或为状态方程［式（5-62）］综合一个输入 F。这种控制信号的作用是按照参考模型所设定的期望方式，引导系统表现出需要的特性。以式（5-67）表示的结构为基础，可使选择的参考模型为一稳定的线性定常系统，即

$$\dot{y} = A_M y + B_M r \qquad (5-68)$$

式中，y 为参考模型状态矢量；r 为参考模型输入矢量；

$$A_M = \begin{bmatrix} \mathbf{0} & \mathbf{I} \\ -\angle_1 & -\angle_2 \end{bmatrix}, \quad B_M = \begin{bmatrix} \mathbf{0} \\ \angle_1 \end{bmatrix} \qquad (5-69)$$

其中，$\angle_1$ 为含有 ω_i 项的 $n \times n$ 对角矩阵，$\angle_2$ 为含有 $2\xi_i\omega_i$ 的 $n \times n$ 对角矩阵。

　　式（5-68）又可表示为 n 个含有指定参数 ξ_i 和 ω_i 的去耦二阶微分方程：

$$\ddot{y}_i + 2\xi_i\omega_i\dot{y}_i + \omega_i^2 y_i = \omega_i^2 r \qquad (5-70)$$

式中，r 为输入量，表示机器人理想的运动轨迹。

　　机器人的状态方程可通过反馈增益来调节，把系统的状态变量 x 与参考模型状态 y 比较，所得状态误差 e 用于驱动自适应算法，如图 5-26a 所示，以维持状态误差接近于 0。

5.5.2　滑膜控制

　　近年来，随着计算机技术的发展，滑膜控制不断完善和发展，成为一种有效且简单的非线性控制方法。在动态控制过程中，滑膜控制系统的结构根据系统的状态偏差和各阶导数的变化，以跃变的方式按设定的规律做相应的改变。滑膜控制就是其中一种。该类控制系统在状态空间设置一个特殊的超越曲面，通过不连续的控制规律，不断变换控制系统的结构，使其沿着这个特殊的曲面平滑运动，最后稳定至平衡点。

　　滑膜控制系统具有如下的优点：

　　1）如果系统中的参数是时变和非线性的，一般难以建立其准确的数学模型。但只要知道参数变化的范围，滑膜控制系统就能对这个系统进行精确的轨迹跟踪控制。

　　2）滑膜控制系统具有很强的鲁棒性，对外界扰动和系统参数变化反应迟钝，始终沿着设定的轨迹运动。

　　3）滑膜控制系统具有实时性强、无超调、快速性好等优点，适合机器人控制。

　　滑膜控制中的变结构有两层含义：①系统各部分间的连接关系发生变化；②系统的参数发生变化。

　　滑膜控制与自适应控制的区别为：前者系统结构的改变是根据误差和其导数的变化情况来确定的，参数的改变是个突变的过程；而后者虽然也是根据误差来改变系统参数，但这种改变是个渐变的过程。若被控对象稳定，自适应控制会逐渐退化为定常控制，而变结构控制则会始终保持在变结构状态。

　　下面以一般非线性动态系统为例，说明滑模控制。

$$y^{(n)}(t) = f(x) + b(x)u(t) + d(t) \qquad (5-71)$$

式中，$u(t)$ 为控制量；$y(t)$ 为输出量；x 为状态向量，$x = \begin{bmatrix} y & \dot{y} & \cdots & y^{n-1} \end{bmatrix}^T$；$f(x)$、$b(x)$ 为状态的非线性函数；$d(t)$ 为不确定的干扰项。

　　在系统的模型参数 $f(x)$、$b(x)$ 和 $d(t)$ 均不准确的情形下，设计有效的控制 $u(t)$ 以使

系统的状态 $\boldsymbol{x}$ 跟踪给定状态 $\boldsymbol{x}_\mathrm{d} = \begin{bmatrix} y_\mathrm{d} & \dot{y}_\mathrm{d} & \cdots & y_\mathrm{d}^{n-1} \end{bmatrix}^\mathrm{T}$。

取状态跟踪误差向量为

$$\tilde{\boldsymbol{x}} = \boldsymbol{x}_\mathrm{d} - \boldsymbol{x} = \begin{bmatrix} \tilde{y} & \dot{\tilde{y}} & \cdots & \tilde{y}^{n-1} \end{bmatrix}^\mathrm{T} \tag{5-72}$$

可取开关超平面方程为

$$s = \tilde{y}^{n-1} + c_1 \tilde{y}^{n-2} + \cdots + c_{n-2}\, \dot{\tilde{y}} + c_{n-1}\tilde{y} = 0 \tag{5-73}$$

式中，c_1，c_2，$\cdots$，c_{n-1} 为设计参数，可用开关面方程来确定，即

$$s = \left(\frac{\mathrm{d}}{\mathrm{d}t} + \lambda \right)^{n-1} \tilde{y} = 0 \tag{5-74}$$

式中，$\lambda > 0$。

这里只有 λ 是要选择的设计参数，可根据系统的频带要求给定。当 $n=2$ 或 $n=3$ 时，开关面方程可表示为

$$\begin{cases} s = \dfrac{\mathrm{d}\tilde{y}}{\mathrm{d}t} + \lambda \tilde{y} = 0 \\[2mm] s = \dfrac{\mathrm{d}^2 \tilde{y}}{\mathrm{d}t^2} + 2\lambda + \dfrac{\mathrm{d}\tilde{y}}{\mathrm{d}t} + \lambda^2 \tilde{y} = 0 \end{cases} \tag{5-75}$$

为实现滑膜控制，并使得开关面在整个空间具有"吸引力"，要求适当地设计控制规律 $u(t)$，使得

$$s\dot{s} \leqslant -\eta |s|, (\eta > 0) \tag{5-76}$$

若式（5-76）成立，无论初始相点在何处，系统的运动相点都将被"吸引"到 $s=0$ 的开关面上，然后沿着开关面运动到原点。这说明该系统是大范围内渐进稳定的，可通过李雅普诺夫定理做简单的证明。设 $V = s^2$ 为李雅普诺夫函数，显然它是正定的，而式（5-76）保证了 $\dfrac{\mathrm{d}V}{\mathrm{d}t} = \dfrac{\mathrm{d}s^2}{\mathrm{d}t} = 2s\dot{s} < 0$，从而说明该系统是大范围逐渐稳定的。

总的来说，系统的动态过程分为两段：第一段（$0 \sim t_1$），运动相点从初态开始运动到开关面上；第二段（t_1 以后），运动相点沿开关面继续运动到稳态值。

以下为这两段时间的运动过程分析。

第一段：设 $t = t_1$ 时运动到开关面上，即 $s(t_1) = 0$。设 $s(0) > 0$，即 t 在 $(0, t_1)$ 期间 $s > 0$，所以式（5-76）变为 $\dot{s} \leqslant -\eta$，将两边积分可得

$$t_1 \leqslant \frac{s(0)}{\eta} \tag{5-77}$$

当 $s(0) < 0$ 时，同理可得

$$t_1 \leqslant \frac{-s(0)}{\eta} \tag{5-78}$$

联合求解式（5-77）和式（5-78），可得

$$t_1 \leqslant \frac{|s(0)|}{\eta} \tag{5-79}$$

可见，第一段的过渡时间不仅取决于初态 $s(0)$，也取决于设计参数 η。

第二段：运动相点沿开关面运动到原点。它满足开关面方程，即

$$\left(\frac{\mathrm{d}}{\mathrm{d}t} + \lambda\right)^{n-1} \tilde{y} = 0 \tag{5-80}$$

式（5-80）的特征方程为 $(p + \lambda)^{n-1} = 0$，其相当于 $n-1$ 个时间常数相同的惯性环节串联，每个环节的时间常数均为 $1/\lambda$，总的等效时间常数为 $(n-1)/\lambda$。因此当相点运动到开关面后，系统误差将以指数形式衰减到 0。

基于滑膜控制的原理，可制成机器人的滑膜控制器，如图 5-27 所示。

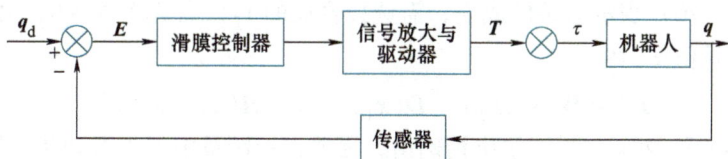

图 5-27　机器人的滑膜控制器

基于机器人的动力学分析，可得含有 n 个关节的机器人动力学方程

$$D(q)\ddot{q} + C(q,\dot{q}) + G(q) = T \tag{5-81}$$

令 $W(q, \dot{q}) = C(q, \dot{q}) + G(q)$，则式（5-81）变为

$$D(q)\ddot{q} + W(q,\dot{q}) = T \tag{5-82}$$

惯性力矩阵 $D(q)$ 为非奇异矩阵，将式（5-82）左右两边同乘 $D^{-1}(q)$，整理得

$$\ddot{q} = -D^{-1}(q)W(q,\dot{q}) + D^{-1}(q)T \tag{5-83}$$

令 $B(q) = D^{-1}(q)$，则式（5-83）变为

$$\ddot{q} = -B(q)W(q,\dot{q}) + B(q)T \tag{5-84}$$

设状态变量 $x_1 = q$，$x_2 = \dot{q}$，则可将式（5-84）改写为状态方程的形式

$$\begin{cases} \dot{x}_1 = x_2 \\ \dot{x}_2 = -B(x_1)W(x_1,x_2) + B(x_1)T \end{cases} \tag{5-85}$$

设期望的轨迹为 $q_d = x_{1d}$，$\dot{q}_d = \dot{x}_{1d} = x_{2d}$，则轨迹误差为

$$E = x_1 - x_{1d} \tag{5-86}$$

进而可得

$$\begin{cases} \dot{E} = \dot{x}_1 - \dot{x}_{1d} = x_2 - x_{2d} \\ \ddot{E} = \ddot{x}_1 - \ddot{x}_{1d} = \dot{x}_2 - \dot{x}_{2d} \end{cases} \tag{5-87}$$

选择开关的超平面函数为

$$S = \dot{E} + H\dot{E} \tag{5-88}$$

式中，$S = [s_1 \ s_2 \ \cdots \ s_n]^T$；$\dot{E} = [e_1 \ e_2 \ \cdots \ e_n]^T$；$H = \mathrm{diag}[h_1 \ h_2 \ \ldots \ h_n]$，$h_i = \mathrm{const} > 0$。

假定系统状态被约束在开关面上，则产生滑动运动的相应控制量 T 可由 $\dot{S} = 0$ 求得。

对式（5-88）两边求导，可得

$$\dot{S} = \ddot{E} + H\dot{E} \tag{5-89}$$

综合式（5-85）、式（5-87）和式（5-88），可得

$$\dot{S} = -B(x_1)W(x_1,x_2) + B(x_1)T - \dot{x}_{2d} - H(x_2 - x_{2d}) \tag{5-90}$$

将式（5-90）展开，整理得

$$\dot{s}_i = -\sum_{j=1}^{n} b_{ij}w_j + \sum_{j=1}^{n} b_{ij}\tau_j - \dot{x}_{(n+i)d} + h_i(x_{(n+i)} - x_{(n+i)d}) \tag{5-91}$$

为使得式（5-76）表示的条件成立，需选择合适的 τ_j。首先令 $\dot{S} = 0$，由式（5-90）可得出控制量的估计值 T^* 为

$$T^* = W(x_1,x_2) + D(x_1)[\dot{x}_{2d} - H(x_2 - x_{2d})] \tag{5-92}$$

式中，$W(x_1, x_2)$ 和 $D(x_1)$ 无法给出精确值，需要在控制量中加入滑动状态修正量 T_g，即

$$T = T^* + T_g \tag{5-93}$$

将式（5-92）、式（5-93）代入式（5-90），可得

$$\dot{S} = B(x_1)T_g \tag{5-94}$$

将式（5-94）展开，整理得

$$\dot{s}_i = \sum_{j=1}^{n} b_{ij}\tau_{gj} \tag{5-95}$$

根据变结构控制理论，使系统向滑动面运动，并确保产生滑动运动的条件是 $\dot{s}_i s_i < 0 (i = 1, 2, \cdots, n)$。由式（5-95）得

$$\dot{s}_i = \sum_{j=1}^{n} b_{ij}\tau_{gj} = -c_i \mathrm{sgn}(s_i) \tag{5-96}$$

式中，$\mathrm{sgn}(s_i)$ 为 s_i 的符号函数；$c_i > 0$，为常数。此时，$\dot{s}_i s_i = -c_i|s_i| < 0$。

将式（5-96）写成矩阵形式

$$\dot{S} = B(x_1)T_g = -C\mathrm{sgn}(S) \tag{5-97}$$

式中，$C = \mathrm{diag}[c_1 \quad c_2 \quad \cdots \quad c_n]$；$S = \mathrm{diag}[s_1 \quad s_2 \quad \cdots \quad s_n]$。

由式（5-97），可得滑动状态修正量为

$$T_g = -B^{-1}(x_1)C\mathrm{sgn}(S) = -D(x_1)C\mathrm{sgn}(S) \tag{5-98}$$

其对应元素可表示为

$$\tau_{gi} = -\sum_{j=1}^{n} m_{ij}(x_1)c_i\mathrm{sgn}(s_i) \tag{5-99}$$

因此总的控制向量可表示为

$$T = W(x_1,x_2) + D(x_1)[\dot{x}_{2d} - H(x_2 - x_{2d})] + D(x_1)C\mathrm{sgn}(S) \tag{5-100}$$

5.5.3 学习控制

人工智能的产生与发展为自动控制系统的智能化提供了新的研究思路，其中学习控制系统是智能控制最早的研究方向之一。近年来，学习控制被广泛用于动态系统（如机器人操作控制和飞行器制导等）的研究。本节不再详细展开，只做简单的介绍，有兴趣的读者可

以参考智能控制方面的相关书籍。目前效果较好的学习控制方法包括：①状态学习控制；②拟人自学习控制；③基于规则的学习控制，包括模糊学习控制；④连接主义学习控制，包括强化学习控制；⑤重复学习控制；⑥反复学习控制；⑦基于模式识别的学习控制。

学习控制具有 4 个主要功能：搜索、识别、记忆和推理。在学习控制系统研究的初期，以搜索和识别为主；后期以记忆和推理为主。学习控制系统又可分为两类：在线学习控制和离线学习控制，如图 5-28 所示。图中，R 为参考输入，Y 为输出响应，u 为控制作用，s 为转换开关。当 s 接通时，系统处于离线学习状态。

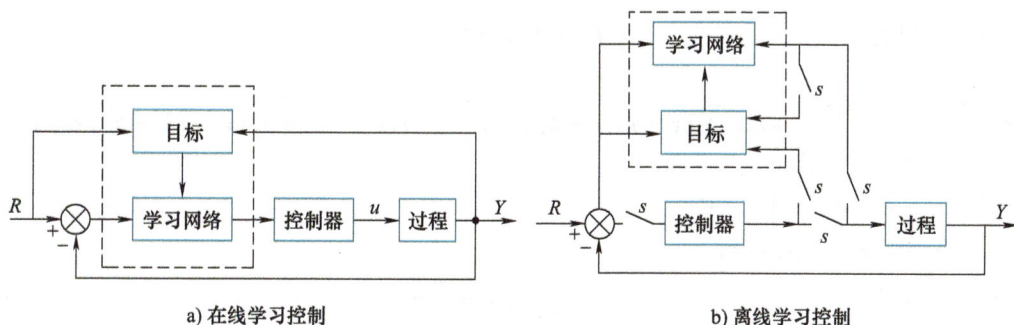

a) 在线学习控制　　　　b) 离线学习控制

图 5-28　学习控制系统框图

在线学习控制主要用于复杂的随机环境，需要高速、大容量的计算机，处理信号花费较长的时间。因此，相较于在线学习控制，离线学习控制的应用更加广泛。在许多情况下，两种方法结合使用，即先通过离线方法获取经验模型，再在运行中进行在线学习控制。

阅读材料

自主机器人
轨迹定位系统

机器人力控制中
的阻抗与导纳控制

本章小结与重点

1. 本章小结

本章首先讨论了机器人控制系统的特点及分类，然后讨论了机器人位置控制器模型、单关节位置控制以及多关节位置控制；接着讨论了机器人力控制的基本原理、稳态误差分析以及机器人位置/力混合控制；最后讨论了机器人的自适应控制、滑模控制和学习控制。

机器人控制总结

2. 本章重点

（1）机器人控制的分类　按运动控制方式分为位置控制方式（点位控制、连续轨迹控制）、速度控制方式和力（力矩）控制方式。

（2）质量-弹簧-阻尼（MCK）系统（见图5-29）

（3）典型控制方法

1）定点位置控制。

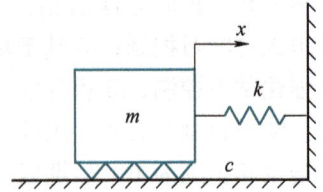

控制规律为
$$f = - k_{\mathrm{p}} x - k_{\mathrm{v}} \dot{x}$$

$$\begin{cases} f = - k_{\mathrm{p}} x - k_{\mathrm{v}} \dot{x} \\ m\ddot{x} + c\dot{x} + kx = f \end{cases} \rightarrow m\ddot{x} + c\dot{x} + kx = - k_{\mathrm{p}} x - k_{\mathrm{v}} \dot{x} \rightarrow m\ddot{x} + (c + k_{\mathrm{v}}) \dot{x} + (k + k_{\mathrm{p}}) x = 0$$

简化为 $m\ddot{x} + c'\dot{x} + k'x = 0$

2）轨迹跟踪的位置控制。

控制规律为
$$f = \ddot{x}_{\mathrm{d}} + k_{\mathrm{v}} \dot{e} + k_{\mathrm{p}} e$$

$$\begin{cases} f = \ddot{x}_{\mathrm{d}} + k_{\mathrm{v}} \dot{e} + k_{\mathrm{p}} e \\ f = m\ddot{x} = \ddot{x} \end{cases} \rightarrow \ddot{x}_{\mathrm{d}} - \ddot{x} + k_{\mathrm{v}} \dot{e} + k_{\mathrm{p}} e = 0 \rightarrow \ddot{e} + k_{\mathrm{v}} \dot{e} + k_{\mathrm{p}} e = 0$$

3）控制规律的分解

分解形式为
$$\begin{cases} f = \alpha f' + \beta \\ \alpha = m \\ \beta = c\dot{x} + kx \end{cases}$$

$$\begin{cases} f = \alpha f' + \beta \\ m\ddot{x} + c\dot{x} + kx = f \end{cases} \rightarrow \left. \begin{matrix} m\ddot{x} + c\dot{x} + kx = \alpha f' + \beta \\ \begin{cases} \alpha = m \\ \beta = c\dot{x} + kx \end{cases} \end{matrix} \right\} \rightarrow \ddot{x} = f'$$

4）基于直角坐标的控制（见图5-30）

$$\begin{cases} \boldsymbol{F} = \boldsymbol{M}_x(\theta)\ddot{\boldsymbol{x}} + \boldsymbol{U}_x(\theta, \dot{\theta}) + \boldsymbol{G}_x(\theta) \\ \boldsymbol{F} = \boldsymbol{\alpha} \boldsymbol{F}' + \boldsymbol{\beta} \end{cases} \rightarrow \boldsymbol{F}' = \ddot{\boldsymbol{x}}_{\mathrm{d}} + \boldsymbol{k}_{\mathrm{v}} \dot{e} + \boldsymbol{k}_{\mathrm{p}} e$$

图 5-29　质量-弹簧-阻尼系统

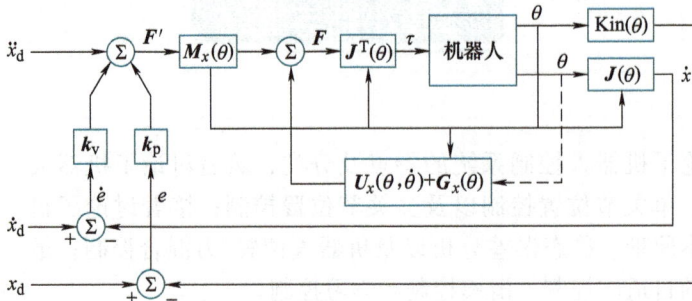

图 5-30　基于直角坐标的控制框图

（4）力控制基本原理

$$\begin{cases} f = m\ddot{x} + k_{\mathrm{e}}\dot{x} + f_{\text{干扰}} \\ f = \alpha f' + \beta \end{cases} \rightarrow m\ddot{x} + k_{\mathrm{e}}\dot{x} + f_{\text{干扰}} = \alpha f' + \beta \quad \begin{cases} \alpha = mk_{\mathrm{e}}^{-1} \\ \beta = f_e + f_{\text{干扰}} \end{cases} \rightarrow f' = \ddot{f}_{\mathrm{d}} + k_{\mathrm{vf}}\dot{e}_f + k_{\mathrm{pf}}e_f$$

一般力控制的控制规律可以选定为 $f' = \ddot{f}_{\mathrm{d}} + k_{\mathrm{vf}}\dot{e}_f + k_{\mathrm{pf}}e_f$

（5）机器人的现代与智能控制举例　自适应控制、滑膜控制、学习控制。

习　题

1. 请简述机器人控制系统的组成，它包含哪几个部分？

2. 请列举三个以上机器人的控制方式，并举例说明它们的应用场合。

3. 请说明什么是点位控制和连续轨迹控制，并举例说明它们的应用场合。

4. 求如图 5-31 所示的由永磁式直流力矩电机驱动的单关节机械传动系统电枢电压输入和关节角位移输出之间的传递函数。

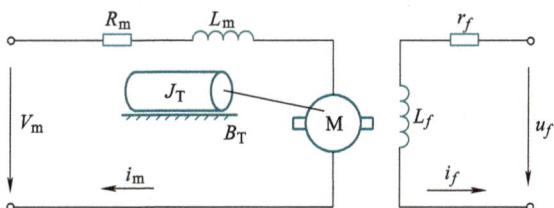

图 5-31　习题 4 图

5. 请描述单关节的位置偏差增益系数 K_p 和速度反馈增益系数 K_vp 的确定过程。

6. 请为系统 $f = 5x\dot{x} + 2\ddot{x} - 12$ 设计一个控制系统。选择合适的增益，使得此系统总是以 20 的闭环稳定度处于临界阻尼状态。

7. 请简述单关节控制器的稳态误差。

8. 对于图 5-32 所示的 MCK 系统，已知参数：$m = 1$，$k = 1$，$c = 1$。请按定点位置控制规律，选择控制增益系数 K_p 和 K_vp，使系统成为临界阻尼系统，并使 MCK 系统的刚度 $k' = 16$。

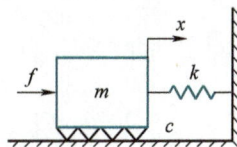

图 5-32　习题 8 图

本章重点专业英语词汇

中文词语	英文词汇
机器人控制	robot control
可编程逻辑控制器	programmable logic controller, PLC
伺服控制	servo control

（续）

中文词语	英文词汇
反馈	feedback
位置控制	position control
力控制	force control
非线性模型	nonlinear model
多输入多输出	multiple-input multiple-output，MIMO
非线性模型	non-linear model
点位控制	point-to-point control
连续轨迹控制	continuous path control
自适应控制	adaptive control

机器人轨迹规划

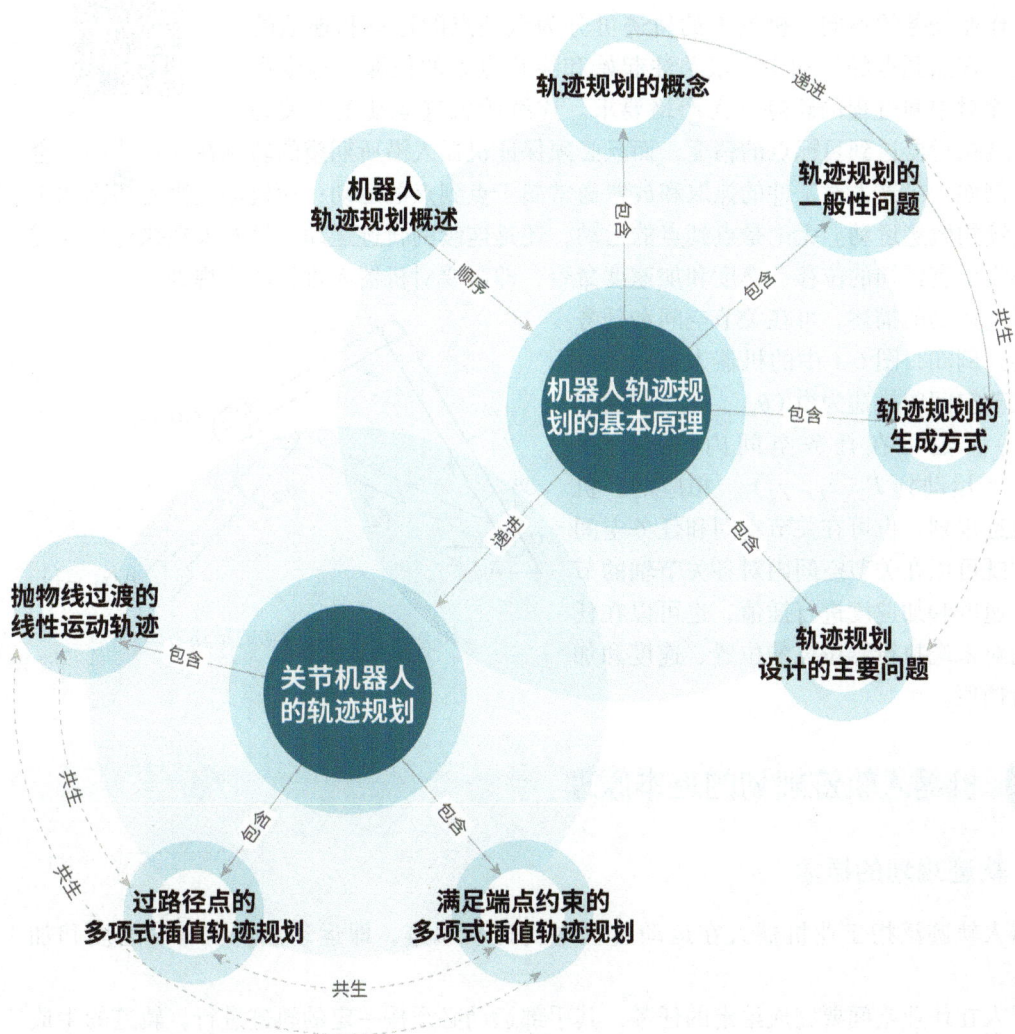

第6章

轨迹规划的概念

机器人轨迹规划概述

轨迹规划的一般性问题

机器人轨迹规划的基本原理

轨迹规划的生成方式

轨迹规划设计的主要问题

抛物线过渡的线性运动轨迹

关节机器人的轨迹规划

过路径点的多项式插值轨迹规划

满足端点约束的多项式插值轨迹规划

6.1 机器人轨迹规划概述

机器人的轨迹（Trajectory）是由各运动时刻机器人位移、速度和加速度所构成的，而机器人的轨迹规划则是在指定的约束条件下规划各运动时刻的机器人的位移、速度和加速度命令。

按照作业任务的不同，机器人的轨迹可分为点到点的运动和连续的轨迹运动。在点到点的运动中，仅关注起始和终止点处的位移、速度和加速度，而对中间过程的轨迹并无严格要求。连续的轨迹运动不仅关心机器人末端执行器达到目标点的精度，而且必须保证机器人沿所期望的轨迹在一定范围内重复运动。例如，机器人对工件的抓取和放置通常属于点到点的运动；而机器人激光切割加工则属于连续的轨迹运动。无论是点到点的运动，还是连续的轨迹运动，机器人在执行命令过程中，都需要有已知的位移、速度和加速度命令，即需要对机器人进行轨迹规划。

机器人运动的描述，可在关节空间和任务空间描述。例如，图 6-1 中的机器人运动，既可以在关节空间中描述为由 $(\theta_{a1}, \theta_{b1})$ 运动到 $(\theta_{a2}, \theta_{b2})$，也可在任务空间内描述为由 $P_1(x_1, y_1)$ 运动到 $P_2(x_2, y_2)$。相应的，机器人的轨迹规划，也可在关节空间和任务空间描述，即既可以在关节空间内对各关节轴的节点位置、速度和加速度进行插值，也可以在任务空间内对末端执行器位姿的位置、速度和加速度进行插值。

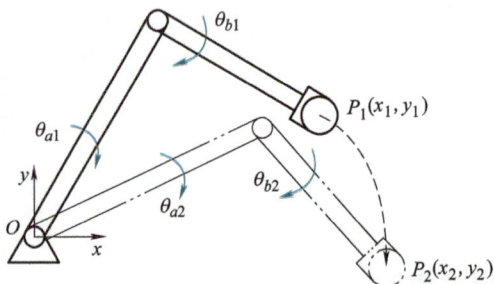

图 6-1 机器人运动的描述方式

6.2 机器人轨迹规划的基本原理

6.2.1 轨迹规划的概念

机器人轨迹泛指工业机器人在运动过程中的运动轨迹，即运动点的位移、速度和加速度。

机器人在作业空间要完成给定的任务，其手部运动必须按一定的轨迹进行。轨迹的生成一般是先给定轨迹上的若干点，将其经运动学反解映射到关节空间，对关节空间中相应点建立运动方程，然后按这些运动方程对关节进行插值，从而实现作业空间的运动要求，这一过程通常称为轨迹规划。工业机器人轨迹规划属于机器人底层规划，基本上不涉及人工智能的问题，本章仅讨论在关节空间或笛卡儿任务空间中工业机器人运动的轨迹规划和轨迹生成方法。

机器人运动轨迹的描述一般是对其手部位姿的描述，此位姿值可与关节变量相互转换。控制轨迹也就是按时间控制手部或工具中心走过的空间路径。

6.2.2　轨迹规划的一般性问题

通常将机器人手臂的运动看作是工具坐标系 {T} 相对于工件坐标系 {S} 的一系列运动。这种描述方法既适用于各种机器人手臂，也适用于同一机器人手臂上装夹的各种工具。对于移动工作台（例如传送带），这种方法同样适用。这时，工件坐标位姿随时间而变化。

例如，图 6-2 所示的搬运机器人将板件放入冲压机中，其作业可以借助工具坐标系的一系列位姿 $P_i(i = 1, 2, \cdots, n)$ 来描述。这种描述方法不仅符合机器人用户考虑问题的思路，而且有利于描述和生成机器人的运动轨迹。

用工具坐标系相对于工件坐标系的运动来描述作业路径是一种通用的作业描述方法。它把作业路径描述与具体的机器人、手爪或工具分离开来，形成了模型化的作业描述方法，从

图 6-2　搬运机器人将板件放入冲压机中

而使这种描述既适用于不同的机器人，也适用于在同一机器人上装夹不同规格的工具。在轨迹规划中，为叙述方便，也常用点来表示机器人的状态，或用它来表示工具坐标系的位姿。例如，起始点、终止点就分别表示工具坐标系的起始位姿及终止位姿。

对点位作业（Pick and Place Operation）的机器人（如用于上、下料机器人），需要描述它的起始状态和目标姿态，即工具坐标系的起始值 {T_0} 和目标值 {T_f}。在此，用"点"这个词表示工具坐标系的位姿。

对于一些作业，如弧焊和曲面加工等，不仅要规定机器人手臂的起始点和终止点，而且要指明两点之间的若干中间点（路径点），沿特定的路径运动（路径约束）。这类作业称为连续轨迹运动（Continuous-path Motion）或轮廓运动（Contour Motion）。

在规划机器人的运动时，还需要弄清楚在其路径上是否存在障碍物（障碍约束）。路径约束和障碍约束的组合将机器人的规划与控制方式划分为四类，见表 6-1。

表 6-1　机器人的规划与控制方式

路径约束	障碍约束	
	有	无
有	离线无碰撞路径规划+在线路径跟踪	离线路径规划+在线路径跟踪
无	位置控制+在线障碍探测和避障	位置控制

本章主要讨论连续轨迹的无障碍轨迹规划方法。轨迹规划器可形象地看成一个黑箱，其输入包括路径的"设定"和"约束"，输出的是机器人手臂末端手部的"位姿序列"，表示手部在各离散时刻的中间形位，如图 6-3 所示。机器人手臂最常用的轨迹规划方法有两种。

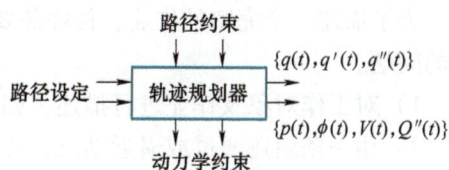

图 6-3　机器人运动规划方法描述

第一种方法：要求用户对于选定的轨迹结点（插值点）上的位姿、速度和加速度给出一组显式约束（如连续性和光滑程度等），轨迹规划器从一类函数（如 n 次多项式）中选取

参数化轨迹,对结点进行插值,并满足约束条件。

第二种方法:要求用户给出运动路径的解析式;轨迹规划器在关节空间或直角坐标空间中确定一条轨迹来逼近预定的路径。

在第一种方法中,约束的设定和轨迹规划均在关节空间进行。由于对机器人手臂的手部(直角坐标形位)没有施加任何约束,用户很难弄清手部的实际路径,因此可能会发生与障碍物相碰。第二种方法的路径约束是在直角坐标空间中给定的,而关节驱动器是在关节空间中受控的。因此,为了得到与给定路径十分接近的轨迹,首先必须采用某种函数逼近的方法将直角坐标路径约束转化为关节坐标路径约束,然后确定满足关节路径约束的参数化路径。

轨迹规划既可在关节空间进行,也可在直角空间进行,但是所规划的轨迹函数都必须连续和平滑,以使机器人手臂的运动平稳。在关节空间进行规划时,是将关节变量表示成时间的函数,并规划它的一阶和二阶时间导数;在直角空间进行规划时,是将手部位姿、速度和加速度表示为时间的函数。而相应的关节位移、速度和加速度由手部的信息导出,通常通过运动学反解得出关节位移,用逆雅可比求出关节速度,用逆雅可比及其导数求解关节加速度。

用户根据作业给出各个路径结点后,规划器要完成解变换方程、进行运动学反解和插值运算等。在关节空间进行规划时,大量工作是对关节变量的插值运算。下面讨论关节轨迹的插值计算。

6.2.3　轨迹规划的生成方式

运动轨迹的描述或生成有以下几种方式。

1)示教-再现运动。这种运动由人手把手示教机器人,定时记录各关节变量,得到沿路径运动时各关节的位移时间函数 $q(t)$;再现时,按内存中记录的各点的值产生序列动作。

2)关节空间运动。这种运动直接在关节空间里进行。由于动力学参数及其极限值直接在关节空间里描述,所以用这种方式求最短时间运动很方便。

3)空间直线运动。这是一种在直角空间里进行的运动,它便于描述空间操作,计算量小,适宜简单的作业。

4)空间曲线运动。这是一种在描述空间中用明确的函数表达的运动,如圆周运动、螺旋运动等。

6.2.4　轨迹规划涉及的主要问题

为了描述一个完整的作业,往往需要将上述运动进行组合。通常这种规划涉及以下几方面的问题。

1)对工作对象及作业进行描述,如何用示教方法给出轨迹上的若干个结点(knot)。

2)用一条轨迹通过或逼近结点,此轨迹可按一定的原则优化,如加速度平滑得到直角空间的位移时间函数 $X(t)$ 或关节空间的位移时间函数 $q(t)$;在结点之间如何进行插补,即根据轨迹表达式在每一个采样周期实时计算轨迹上点的位姿和各关节变量值。

3)以上生成的轨迹是机器人位置控制的给定值,如何据此并根据机器人的动态参数设计一定的控制规律。

4）规划机器人的运动轨迹时，还需明确其路径上是否存在障碍约束的组合。

6.3　关节机器人的轨迹规划

在关节空间中进行轨迹规划，需要给定机器人在起始点、终止点手臂的形位。对关节进行插值时，应满足一系列约束条件。例如：抓取物体时，手部运动方向（初始点），提升物体离开的方向（提升点），放下物体（下放点）和停止点等节点上的位姿、速度和加速度的要求；与此相应的各个关节位移、速度、加速度在整个时间间隔内的连续性要求；其极值必须在各个关节变量的容许范围之内等。在满足所要求的约束条件下，可以选取不同类型的关节插值函数生成不同的轨迹。

关节空间轨迹规划
的定义、特点

6.3.1　多项式插值轨迹规划

1. 三次多项式插值（Cubic Polynomial Interpolation）

在机器人手臂运动的过程中，由于相对于起始点的关节角度 θ_0 是已知的，而终止点的关节角 θ_f 可以通过运动学反解得到，因此，运动轨迹的描述可用起始点关节角度与终止点关节角度的一个平滑插值函数 $\theta(t)$ 来表示。$\theta(t)$ 在时刻 $t_0 = 0$ 的值是起始关节角度 θ_0，在终端时刻 t_f 的值是终止关节角度 θ_f。显然，有许多平滑函数可作为关节插值函数，如图 6-4 所示。

过路径点的三次
多项式插值

为了实现单个关节的平稳运动，轨迹函数 $\theta(t)$ 至少需要满足四个约束条件。其中两个约束条件是起始点和终止点对应的关节角度

$$\begin{cases} \theta(0) = \theta_0 \\ \theta(t_f) = \theta_f \end{cases} \tag{6-1}$$

为了满足关节运动速度的连续性要求，另外两个约束条件是在起始点和终止点的关节速度要求。在当前的情况下，规定

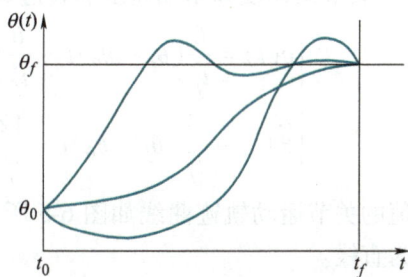

图 6-4　不同的三次多项式函数

满足端点约束的
三次多项式插值

$$\begin{cases} \dot{\theta}(0) = 0 \\ \dot{\theta}(t_f) = 0 \end{cases} \tag{6-2}$$

上述四个边界约束条件式（6-1）和式（6-2）唯一地确定了一个三次多项式

$$\theta(t) = a_0 + a_1 t + a_2 t^2 + a_3 t^3 \tag{6-3}$$

运动轨迹上的关节速度和加速度则为

$$\begin{cases} \dot{\theta}(t) = a_1 + 2a_2 t + 3a_3 t^2 \\ \ddot{\theta}(t) = 2a_2 + 6a_3 t \end{cases} \tag{6-4}$$

式（6-3）和式（6-4）代入相应的约束条件，得到有关系数 a_0，a_1，a_2 和 a_3 的四个线性方程

$$\begin{cases} \theta_0 = a_0 \\ \theta_f = a_0 + a_1 t_f + a_2 t_f^2 + a_3 t_f^3 \\ 0 = a_1 \\ 0 = a_1 + 2a_2 t_f + 3a_3 t_f^2 \end{cases} \tag{6-5}$$

求解式（6-5）可得

$$\begin{cases} a_0 = \theta_0 \\ a_1 = 0 \\ a_2 = \dfrac{3}{t_f^2}(\theta_f - \theta_0) \\ a_3 = -\dfrac{2}{t_f^3}(\theta_f - \theta_0) \end{cases} \tag{6-6}$$

这组解只适用于关节起始、终止速度为零的运动情况。对于其他情况，后面另行讨论。

对于起始速度及终止速度为零的关节运动，满足连续平稳运动要求的三次多项式插值函数为

$$\theta(t) = \theta_0 + \frac{3}{t_f^2}(\theta_f - \theta_0)t^2 - \frac{2}{t_f^3}(\theta_f - \theta_0)t^3 \tag{6-7}$$

由式（6-7）可得关节角速度和角加速度的表达式为

$$\begin{cases} \dot{\theta}(t) = \dfrac{6}{t_f^2}(\theta_f - \theta_0)t - \dfrac{6}{t_f^3}(\theta_f - \theta_0)t^2 \\ \ddot{\theta}(t) = \dfrac{6}{t_f^2}(\theta_f - \theta_0)t - \dfrac{12}{t_f^3}(\theta_f - \theta_0)t \end{cases} \tag{6-8}$$

三次多项式插值的关节运动轨迹曲线如图 6-5 所示。由图可知，其速度曲线为抛物线，相应的加速度曲线为直线。

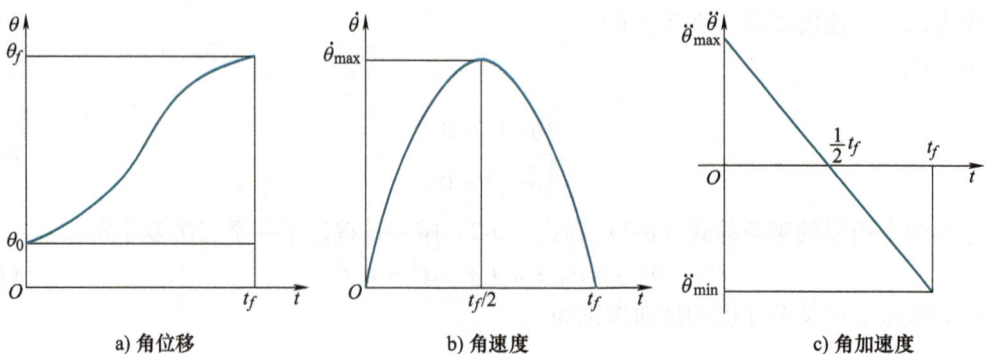

a) 角位移　　　　　　　　b) 角速度　　　　　　　　c) 角加速度

图 6-5　三次多项式插值的关节运动轨迹曲线

例 6-1　一台具有转动关节的机器人，它在执行一项作业时关节运动历时 2s。根据需

要，该机器人上某一关节必须运动平稳，并具有如下作业状态：初始时，关节静止不动，位置 $\theta_0 = 0°$；运动结束时 $\theta_f = 90°$，此时关节速度为 0。试根据上述要求规划该关节的运动。

　　解　根据要求，可以对该关节采用三次多项式插值函数来规划其运动。已知 $\theta_0 = 0°$，$\theta_f = 90°$，$t_f = 2\mathrm{s}$，代入式（6-6）可得三次多项式的系数 $a_0 = 0.0$，$a_1 = 0.0$，$a_2 = 67.5$，$a_3 = -22.5$。

　　由式（6-3）和式（6-4）可确定该关节的运动轨迹，即

$$\theta(t) = 67.5t^2 - 22.5t^3$$

$$\dot{\theta}(t) = 135t - 67.5t^2$$

$$\ddot{\theta}(t) = 135 - 135t$$

2. 过路径点的三次多项式插值

一般情况下，要求规划过路径点的轨迹。如果操作臂在路径点停留，则可直接使用前面三次多项式插值的方法；如果只是"经过"路径点，并不停留，则需要推广上述方法。

实际上，可以把所有路径点也看作是"起始点"或"终止点"，求解逆运动学，得到相应的关节矢量值。然后确定所要求的三次多项式插值函数，把路径点平滑地连接起来。但是，在这些"起始点"和"终止点"的关节运动速度不再是零。

路径点上的关节速度可以根据需要设定，这样一来，确定三次多项式的方法与前面所述的完全相同，只是速度约束条件变为

$$\begin{cases} \dot{\theta}(0) = \dot{\theta}_0 \\ \dot{\theta}(t_f) = \dot{\theta}_f \end{cases} \tag{6-9}$$

确定三次多项式的四个方程为

$$\begin{cases} \theta_0 = a_0 \\ \theta_f = a_0 + a_1 t_f + a_2 t_f^2 + a_3 t_f^3 \\ \dot{\theta}_0 = a_1 \\ \dot{\theta}_f = a_1 + 2a_2 t_f + 3a_3 t_f^2 \end{cases} \tag{6-10}$$

求解以上方程组，即可求得三次多项式的系数

$$\begin{cases} a_0 = \theta_0 \\ a_1 = \dot{\theta}_0 \\ a_2 = \dfrac{3}{t_f^2}(\theta_f - \theta_0) - \dfrac{2}{t_f}\dot{\theta}_0 - \dfrac{1}{t_f}\dot{\theta}_f \\ a_3 = -\dfrac{2}{t_f^3}(\theta_f - \theta_0) + \dfrac{1}{t_f^2}(\dot{\theta}_0 - \dot{\theta}_f) \end{cases} \tag{6-11}$$

实际上，由式（6-11）确定的三次多项式描述了起始点和终止点具有任意给定位置和速度的运动轨迹，是式（6-2）的推广。当路径点上的关节速度为 0，即 $\dot{\theta}_0 = \dot{\theta}_f = 0$ 时，式（6-11）与式（6-6）完全相同，说明了式（6-11）确定的三次多项式描述了起始点和终止点具有任意给定位置和速度约束条件的运动轨迹。

剩下的问题就是如何确定路径点上的关节速度。可由以下三种方法确定：

1）方法一：根据工具坐标系在直角坐标空间中的瞬时线速度和角速度来确定每个路径点的关节速度。

对于方法一，利用机器人手臂在此路径点上的逆雅可比，把该点的直角坐标速度"映射"为所要求的关节速度。当然，如果机器人手臂的某个路径点是奇异点，这时就不能任意设置速度值。按照方法一生成的轨迹虽然能满足用户设置速度的需要，但是逐点设置速度毕竟要耗费很大的工作量。因此，机器人的控制系统最好具有方法二或方法三的功能，或者两者兼而有之。

2）方法二：在直角坐标空间或关节空间中采用适当的启发式方法，由控制系统自动选择路径点的速度。

对于方法二，系统采用某种启发式方法自动选取合适的路径点速度。图 6-6 所示为启发式选择路径点速度的方式。图中，θ_0 和 θ_D 分别为起始点和终点；θ_A、θ_B 和 θ_C 是路径点，用细实线表示过路径点时的关节运动速度。这里所用的启发式信息从概念到计算方法都很简单，即假设用虚线段把这些路径点依次连接起来，如果相邻线段的斜率在路径点处改变符号，则把速度选定为零；如果相

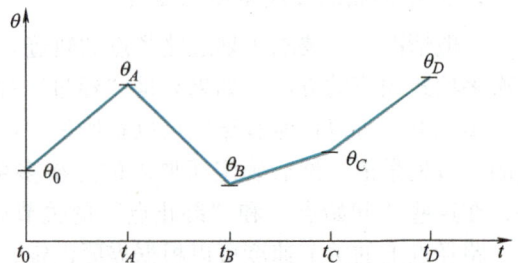

图 6-6　启发式选择路径点速度的方式

邻线段不改变符号，则选取路径点两侧的线段斜率的平均值作为该点的速度。因此，根据规定的路径点，系统就能够按此规则自动生成相应的路径点速度。

3）方法三：为了保证每个路径点上的加速度连续，由控制系统按此要求自动选择路径点的速度。

对于方法三，为了保证路径点处的加速度连续，可以设法用两条三次曲线在路径点处按一定规则连接起来，拼凑成所要求的轨迹。其约束条件是：连接处不仅速度连续，而且加速度也连续。下面具体地说明这种方法。

设所经过的路径点处的关节角度为 θ_v，与该点相邻的前后两点的关节角分别为 θ_0 和 θ_g，设其路径点处的关节加速度连续。如果路径点用三次多项式连接，试确定多项式的所有系数。

该机器人路径可分为 $\theta_0 \sim \theta_v$ 段及 $\theta_v \sim \theta_g$ 段两段，可通过由两个三次多项式组成的样条函数连接。设 $\theta_0 \sim \theta_v$ 的三次多项式插值函数为

$$\theta_1(t) = a_{10} + a_{11}t + a_{12}t^2 + a_{13}t^3$$

从 $\theta_v \sim \theta_g$ 的三次多项式插值函数为

$$\theta_2(t) = a_{20} + a_{21}t + a_{22}t^2 + a_{23}t^3$$

两个三次多项式的时间区间分别为 $[0, t_{f1}]$ 和 $[0, t_{f2}]$，若要保证路径点处的速度及加速度均连续，即存在下列约束条件

$$\begin{cases} \dot\theta_1(t_{f1}) = \dot\theta_2(0) \\ \dot\theta_1(t_{f1}) = \theta_2(0) \end{cases}$$

根据约束条件建立的方程组为

$$\begin{cases} \theta_0 = a_{10} \\ \theta_v = a_{10} + a_{11}t_{f1} + a_{12}t_{f1}^2 + a_{13}t_{f1}^3 \\ \theta_v = a_{20} \\ \theta_g = a_{20} + a_{21}t_{f2} + a_{22}t_{f2}^2 + a_{23}t_{f2}^3 \\ 0 = a_{11} \\ 0 = a_{21} + 2a_{22}t_{f2} + 3a_{23}t_{f2}^2 \\ a_{11} + 2a_{12}t_{f1} + 3a_{13}t_{f1}^2 = a_{21} \\ 2a_{12} + 6a_{13}t_{f1} = 2a_{22} \end{cases}$$

上述约束条件组成含有 8 个未知数的 8 个线性方程。对于 $t_{f1} = t_{f2} = t_f$ 的情况，这个方程组的解为

$$\begin{cases} a_{10} = \theta_0 \\ a_{11} = 0 \\ a_{12} = \dfrac{12\theta_v - 3\theta_g - 9\theta_0}{4} \\ a_{13} = \dfrac{-8\theta_v + 3\theta_g + 5\theta_0}{4t_f^3} \\ a_{20} = \theta_v \\ a_{21} = \dfrac{3\theta_g - 3\theta_0}{4t_f} \\ a_{22} = \dfrac{-6\theta_v + 3\theta_g + 3\theta_0}{2t_f^2} \\ a_{23} = \dfrac{8\theta_v - 5\theta_g - 3\theta_0}{4t_f^3} \end{cases}$$

在更一般的情况下，包含许多路径点的机器人轨迹可用多个三次多项式表示。包括各路径点处加速度连续的约束条件构成的方程组能表示成矩阵的形式，由于系数矩阵是三角阵，路径点的速度易于求出。

3. 高阶多项式插值

如果对于运动轨迹的要求更为严格，约束条件增多，那么三次多项式就不能满足需要，必须用更高阶的多项式对运动轨迹的路径段进行插值。例如，对某段路径的起始点和终止点都规定了关节的位置、速度和加速度，则要用一个五次多项式进行插值，即

$$\theta(t) = a_0 + a_1t + a_2t^2 + a_3t^3 + a_4t^4 + a_5t^5 \tag{6-12}$$

多项式的系数 a_0，a_1，$\cdots$，a_5 必须满足 6 个约束条件：

$$\begin{cases} \theta_0 = a_0 \\ \dot{\theta}_0 = a_1 \\ \ddot{\theta}_0 = 2a_2 \\ \theta_f = a_0 + a_1 t_f + a_2 t_f^2 + a_3 t_f^3 + a_4 t_f^4 + a_5 t_f^5 \\ \dot{\theta}_f = a_1 + 2a_2 t_f + 3a_3 t_f^2 + 4a_4 t_f^3 + 5a_5 t_f^4 \\ \ddot{\theta}_f = 2a_2 + 6a_3 t_f + 12a_4 t_f^2 + 20a_5 t_f^3 \end{cases} \qquad (6\text{-}13)$$

这个线性方程组含有 6 个未知数和 6 个方程，其解为

$$\begin{cases} a_0 = \theta_0 \\ a_1 = \dot{\theta}_0 \\ a_2 = \dfrac{\ddot{\theta}_0}{2} \\ a_3 = \dfrac{20\theta_f - 20\theta_0 - (8\dot{\theta}_f + 12\dot{\theta}_0)t_f - (3\ddot{\theta}_0 - \ddot{\theta}_f)t_f^2}{2t_f^3} \\ a_4 = \dfrac{30\theta_0 - 30\theta_f + (14\dot{\theta}_f + 16\dot{\theta}_0)t_f + (3\ddot{\theta}_0 - 2\ddot{\theta}_f)t_f^2}{2t_f^4} \\ a_5 = \dfrac{12\theta_f - 12\theta_0 - (6\dot{\theta}_f + 6\dot{\theta}_0)t_f - (\ddot{\theta}_0 - \ddot{\theta}_f)t_f^2}{2t_f^5} \end{cases} \qquad (6\text{-}14)$$

6.3.2　抛物线过渡的线性运动轨迹

在关节空间轨迹规划中，对于给定起始点和终止点的情况选择线性函数插值较为简单，如图 6-7 所示。然而，单纯线性插值会导致起始点和终止点的关节运动速度不连续，且加速度无穷大。显然，在两端点会造成刚性冲击。

为此，应对线性函数插值方案进行修正，在线性插值两端点的邻域内设置一段

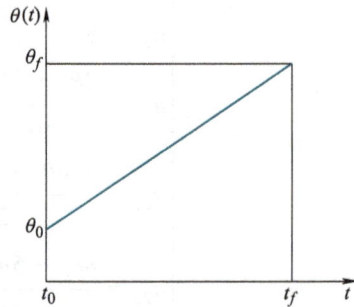

图 6-7　两点间的线性插值轨迹

抛物线形缓冲区段。由于抛物线函数（Parabolic Function）对于时间的二阶导数为常数，即相应区段内的加速度恒定，这样可保证起始点和终止点的速度平滑过渡，从而使整个轨迹上的位置和速度连续。线性函数与两段抛物线函数平滑地衔接在一起形成的轨迹，称为带有抛物线过渡域的线性轨迹，如图 6-8 所示。

为了构造这段运动轨迹，假设两端的抛物线轨迹具有相同的持续时间 t_a，具有大小相同而符号相反的恒加速度 $\ddot{\theta}$。这种路径规划存在多个解，其轨迹不唯一，如图 6-9 所示。但是，每条路径都关于时间中点 t_h 和位置中点 θ_h 对称。

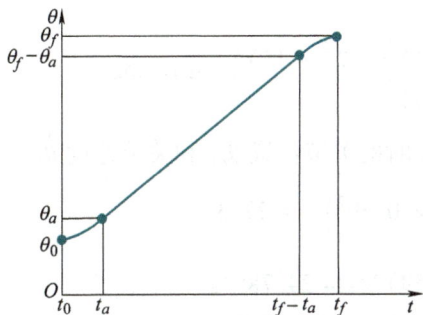

图 6-8　带有抛物线过渡域的线性轨迹

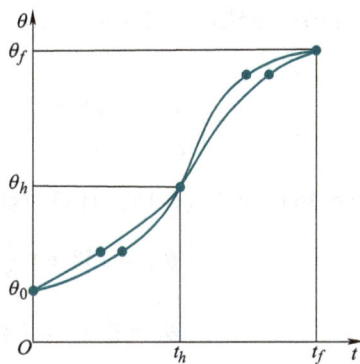

图 6-9　轨迹的多解性与对称性

要保证路径轨迹的连续、光滑，即要求抛物线轨迹的终点速度必须等于线性段的速度，必须有

$$\ddot{\theta} t_a = \frac{\theta_h - \theta_a}{t_h - t_a} \tag{6-15}$$

式中，θ_a 对应于抛物线持续时间 t_a 的关节角度。θ_a 的计算公式为

$$\theta_a = \theta_0 + \frac{1}{2}\ddot{\theta} t_a^2 \tag{6-16}$$

设关节从起始点到终止点的总运动时间为 t_f，则 $t_f = 2t_h$，且

$$\theta_h = \frac{1}{2}(\theta_0 + \theta_f) \tag{6-17}$$

则由式（6-15）和（6-17）得

$$\ddot{\theta} t_a^2 - \ddot{\theta} t_f t_a + (\theta_f - \theta_0) = 0 \tag{6-18}$$

通常情况下，θ_0、θ_f、t_f 是已知条件，这样，据式（6-15）可以选择相应的 $\ddot{\theta}$ 和 t_a，得到相应的轨迹。通常的做法是先选定加速度 $\ddot{\theta}$ 的值，然后按式（6-18）求出相应的 t_a，即

$$t_a = \frac{t_f}{2} - \frac{\sqrt{\ddot{\theta}^2 t_f^2 - 4\ddot{\theta}(\theta_f - \theta_0)}}{2\ddot{\theta}} \tag{6-19}$$

由式（6-19）可知，为保证 t_a 有解，加速度值 $\ddot{\theta}$ 必须选得足够大，即

$$\ddot{\theta} \geqslant \frac{4(\theta_f - \theta_0)}{t_f^2} \tag{6-20}$$

当式（6-20）中的等号成立时，轨迹线性段的长度缩减为零，整个轨迹由两个过渡域组成，这两个过渡域在衔接处的斜率（关节速度）相等；加速度 $\ddot{\theta}$ 的取值越大，过渡域的长度越短。若加速度趋于无穷大，轨迹又复归到简单的线性插值情况。

例 6-2　θ_0、θ_f 和 t_f 的定义同例 6-1，若将已知条件改为 $\theta_0 = 15°$，$\theta_f = 75°$，$t_f = 3\text{s}$，试设计两条带有抛物线过渡的线性轨迹。

解　根据题意，按式（6-20）定出加速度的取值范围。将已知条件代入式（6-20）中，得 $\ddot{\theta} \geqslant 26.67(°)/\text{s}^2$。

1）设计第一条轨迹。对于第一条轨迹，如果选 $\ddot{\theta} = 42°/s^2$，由式（6-16）算出过渡时间 t_{a1}，则

$$t_{a1} = \left(\frac{3}{2} - \frac{\sqrt{42^2 \times 3^2 - 4 \times 42 \times (75 - 15)}}{2 \times 42} \right) s = 0.59s$$

用式（6-16）和式（6-15）计算过渡域终了时的关节位置 θ_{a1} 和关节速度 $\dot{\theta}_1$，得

$$\theta_{a1} = 15° + \left(\frac{1}{2} \times 42 \times 0.59^2 \right)° = 22.3°$$

$$\dot{\theta}_1 = \ddot{\theta}_1 t_{a1} = (42 \times 0.59)°/s = 24.78°/s$$

据上面计算得出的数值可以绘出如图 6-10a 所示的轨迹曲线。

2）设计第二条轨迹。对于第二条轨迹，若选择 $\ddot{\theta}_2 = 27°/s^2$，可求出

$$t_{a2} = \left(\frac{3}{2} - \frac{\sqrt{27^2 \times 3^2 - 4 \times 42 \times (75 - 15)}}{2 \times 27} \right) s = 1.33s$$

$$\theta_{a2} = 15° + \left(\frac{1}{2} \times 27 \times 1.33^2 \right)° = 38.88°$$

$$\dot{\theta}_2 = \ddot{\theta}_2 t_{a2} = (27 \times 1.33)°/s = 35.91°/s$$

相应的轨迹曲线如图 6-10b 所示。

用抛物线过渡的线性函数插值进行轨迹规划的物理概念非常清楚，即如果机器人每一关节电动机采用等加速、等速和等减速运动规律，则关节的位移、速度、加速度随时间变化的曲线如图 6-10 所示。

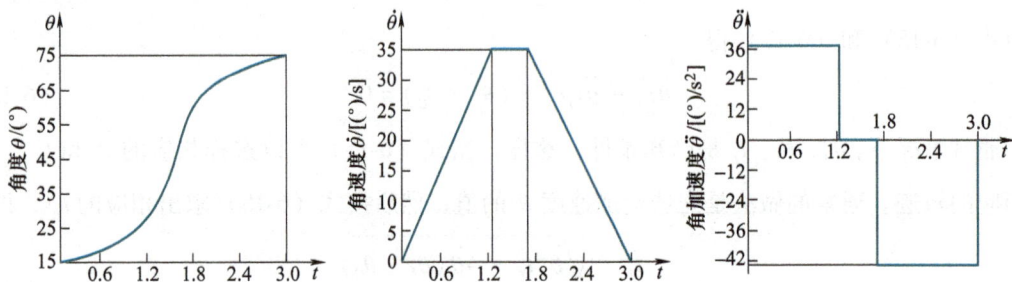

a) 加速度较小时的位移、速度、加速度曲线

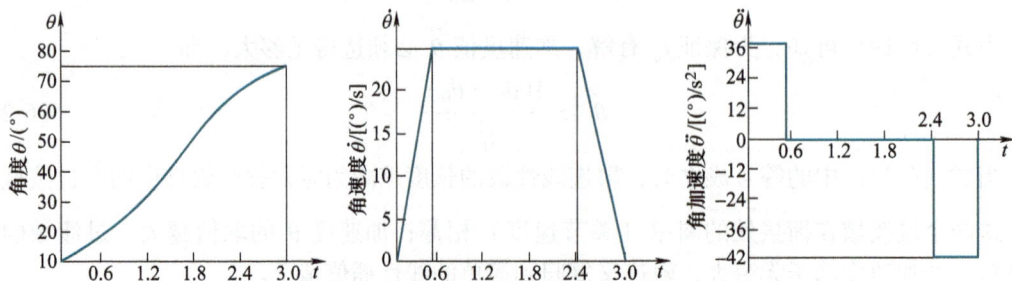

b) 加速度较大时的位移、速度、加速度曲线

图 6-10　带有抛物线过渡的线性插值

若某个关节的运动要经过一个路径点，则可采用带抛物线过渡域的线性路径方案。如

图 6-11 所示，关节的运动要经过一组路径点，用关节角度 θ_j、θ_k、θ_l 表示其中三个相邻的路径点，以线性函数连接每两个相邻路径点，而所有路径点附近都采用抛物线过渡。

应该注意到：各路径段采用抛物线过渡域线性函数所进行的规划，机器人的运动关节并不能真正到达那些路径点。即使选取的加速度充分大，实际路径也只是十分接近理想路径点，如图 6-11 所示。

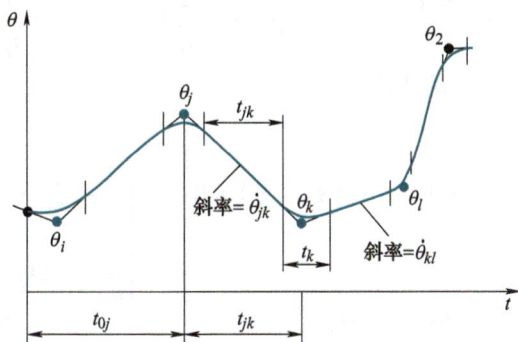

图 6-11　多段带有抛物线过渡域的线性轨迹

阅读材料

B 样条曲线

贝塞尔（bezier）曲线

本章小结与重点

1. 本章小结

轨迹规划总结

本章讨论了在关节空间和直角空间中工业机器人运动的轨迹规划和轨迹生成方法。首先描述了轨迹规划一般性问题、轨迹规划生成方式和轨迹规划涉及的主要问题；然后，详细介绍了关节机器人多项式插值轨迹规划算法与抛物线过渡的线性插值方法。通过实时计算工业机器人运动的位移、速度和加速度，生成运动轨迹，每一轨迹点的计算时间要与轨迹更新速率合拍。

2. 本章重点

（1）三次多项式插值方法　给定三次多项式插值：$\theta(t) = a_0 + a_1 t + a_2 t^2 + a_3 t^3$，求解约束方程得到系数：

$$
\begin{cases}
\theta_0 = a_0 \\
\theta_f = a_0 + a_1 t_f + a_2 t_f^2 + a_3 t_f^3 \\
\dot{\theta}_0 = a_1 \\
\dot{\theta}_f = a_1 + 2a_2 t_f + 3a_3 t_f^2
\end{cases}
\rightarrow
\begin{cases}
a_0 = \theta_0 \\
a_1 = \dot{\theta}_0 \\
a_2 = \dfrac{3}{t_f^2}(\theta_f - \theta_0) - \dfrac{2}{t_f}\dot{\theta}_0 - \dfrac{1}{t_f}\dot{\theta}_f \\
a_3 = -\dfrac{2}{t_f^3}(\theta_f - \theta_0) + \dfrac{1}{t_f^2}(\dot{\theta}_0 - \dot{\theta}_f)
\end{cases}
$$

（2）抛物线过渡的线性运动轨迹

$$
\left.\begin{array}{l}
\ddot{\theta} t_a = \dfrac{\theta_h - \theta_a}{t_h - t_a} \\
\theta_h = \dfrac{1}{2}(\theta_0 + \theta_f)
\end{array}\right\}
\rightarrow
\left.\begin{array}{l}
\ddot{\theta} t_a^2 - \ddot{\theta} t_f t_a + (\theta_f - \theta_0) = 0 \\
\\
\theta_a = \theta_0 + \dfrac{1}{2}\ddot{\theta} t_a^2
\end{array}\right\}
\rightarrow
\begin{cases}
t_a = \dfrac{t_f}{2} - \dfrac{\sqrt{\ddot{\theta}^2 t_f^2 - 4\ddot{\theta}(\theta_f - \theta_0)}}{2\ddot{\theta}} \\
\ddot{\theta} \geqslant \dfrac{4(\theta_f - \theta_0)}{t_f^2}
\end{cases}
$$

习　题

1. 轨迹规划的定义是什么？简述轨迹规划的方法。

2. 设只有一个自由度的旋转关节机械手处于静止状态时，$\theta = 150°$，要在 3s 内平稳运动到达终止位置，$\theta = 750°$，并且在终止点的速度为零，试求三次多项式插补公式。

3. 单连杆机器人的转动关节，从 $\theta = -5°$ 静止状态开始运动，要想在 4s 内使该关节平滑地运动到 $\theta = 80°$ 的位置停止。试按下述要求确定运动轨迹：

1）关节运动按三次多项式插值方式规划。

2）关节运动按抛物线过渡的线性插值方式规划。

本章重点专业英语词汇

中文词语	英文词汇
轨迹	trajectory
点位作业	pick and place operation
连续路径运动	continuous-path motion
轮廓运动	contour motion
插值	interpolation
结点	knot
三次多项式插值	cubic polynomial interpolation
抛物线函数	parabolic function

机器人传感

第7章

机器人传感

7.1　机器人传感概述

简单的机械抓手只能按预先给定的顺序重复地进行动作，由于这种机器人缺乏感知能力，导致其不能准确地定位，因此无法胜任比较复杂的工作任务。要使机器人和人一样有效地完成各种工作，就需要应用传感器（Sensor）对外界复杂的环境进行判别，从而根据处理对象的变化变更动作和指令。

工业机器人的感知系统

机器人的传感以视觉（Vision）、力觉（Force Sense）和触觉（Tactile Sense）最为重要，它们的研究在近几年来取得了重大突破，早已被广泛应用于实际机器人中。视觉多数靠摄像机或 CCD 和信号处理装置组合实现，通过计算机视觉技术，发现图像中的对象并区分识别。力觉和触觉是与机器人控制最紧密相关的，第 5 章提到的力控制就需要依靠力传感器而实现，而触觉能够检测出对象更细微的状态，可用于重复实时检测和修正精确控制。

总而言之，在机器人上使用传感器非常有必要，它对自动加工以至整个自动化生产具有十分重要的意义。

7.2　机器人传感器分类与性能指标

7.2.1　机器人传感器的定义

传感器是一种以一定精度将被测量（如温度、位移、速度、加速度等）转化为与之有确定对应关系、易于准确处理和测量的某种物理量（如电信号）的测量器件或装置。一般传感器可由三部分组成：敏感元件、转换元件和基本转换电路，如图 7-1 所示。

被测量 → 敏感元件 → 转换元件 → 基本转换电路 → 电信号

图 7-1　传感器组成框图

敏感元件能直接感受到被测量（如温度、力等）的变化，并将变化量以确定的关系输出为某一物理量；转换元件可以将输出的非电物理量转化为电量；基本转换电路可将电量转换为便于测量的电信号（如电压、电量等）。

7.2.2　机器人传感器的分类

外部传感器的分类

机器人传感器有多种分类方法：内部传感器（Internal Sensor）或外部传感器（External Sensor），接触式触感器或非接触式触感器、无扰动传感器或扰动触感器等。本节将重点按内部传感器和外部传感器的分类来介绍。

内部传感器用于检测与机器人自身运动学及动力学相关的内部信息（如位置、速度、加速度等），一般安装在机器人的本体中，以调整并控制机器人的行为。它主要包含位置、速度、加速度及力传感器等。

外部传感器用于检测与机器人相关的环境参数（如对象物的位置、形状、距离等），一般用于规划决策层，使机器人对环境有自校正和自适应能力。它主要包括视觉、触觉、接近觉等传感器。表 7-1 所列为机器人传感器的类别及应用。

表 7-1　机器人传感器的类别及应用

分类	类别		功能	应用
机器人外部传感器	视觉	立体视觉、平面视觉、线阵视觉、单点视觉等	检测外部状况（如工作中对象或障碍物的状态，机器人与环境的相互作用信息等）	抓取物体、产品质量检测、目标分类与识别、对象物定位与定向
	非视觉	接近觉、触觉、听觉等	测量与机器人作业有关的其他外部环境信息	修正握力、防止打滑，人机交互，保证人身安全、检测异常停止
机器人内部传感器	位置、速度、加速度、力等		检测与机器人自身运动学及动力学相关的内部信息（如位置、速度、加速度等）	控制机器人按规定的位置、轨迹、速度和加速度和受力工作

7.2.3　机器人传感器的性能指标

机器人系统的控制性能（Performance）主要取决于传感器的基本特性。传感器的基本特性反映了传感器的输入和输出之间的关系特性。输出量对输入量的真实表达程度越接近真实，则传感器的性能越佳。根据输入信号变化的快慢，传感器的基本特性可分为静态特性和动态特性。

1. 反映传感器静态特性的性能指标

传感器的静态特性是指对于静态输入信号（常量或随时间变化缓慢的信号），输出量与输入量之间的相互关系。由于静态的输入信号受时间影响很小，这种相互关系可用不含时间变量的代数方程来表示。传感器静态特性的参数主要有线性度（Linearity）、灵敏度（Sensitivity）、重复性、测量范围、迟滞（Lag）、分辨率（Resolution）等。

（1）线性度　线性度又称非线性误差，是指传感器的输出量和输入量之间的实际关系曲线偏离拟合直线的程度。其定义为

$$r_{\mathrm{L}} = \pm \frac{\Delta L_{\max}}{y_{\mathrm{FS}}} \times 100\% \tag{7-1}$$

式中，$\Delta L_{\max}$ 为量程范围内输入与输出量实际曲线与拟合曲线之间的最大偏差；y_{FS} 为理论满程输出。

拟合直线的方法有直线拟合法、最小二乘法等。机器人控制系统应采用线性拟合度较高的传感器。

（2）灵敏度　灵敏度又称灵敏系数，是指传感器的输出信号达到稳态时，输出量的变化值与引起该变化的相应输入量的变化值之比，如图 7-2 所示。灵敏度反映了传感器对一定大小的输入量响应的能力。

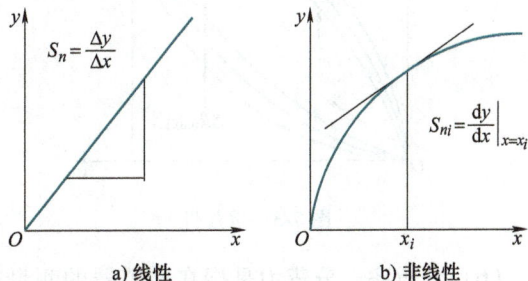

$$S_n = \frac{\Delta y}{\Delta x}$$

$$S_{ni} = \frac{\mathrm{d}y}{\mathrm{d}x}\bigg|_{x=x_i}$$

a）线性　　　　b）非线性

图 7-2　灵敏度

其定义为

$$S = \frac{输出量的变化值}{输入量的变化值} = \frac{\Delta y}{\Delta x} \qquad (7\text{-}2)$$

式中，S 为传感器灵敏度；Δy 为传感器输出量的增量；Δx 为传感器输入量的增量。

当传感器的输出和输入量分别为线性和非线性关系时，灵敏度可分别表示为

$$S_n = \frac{\Delta y}{\Delta x} = k = \text{const} \qquad (7\text{-}3)$$

$$S_{ni} = \left.\frac{\mathrm{d}y}{\mathrm{d}x}\right|_{x=x_i} \qquad (7\text{-}4)$$

式中，k 为传递系数；S_{ni} 为某一工作点 x_i 处的灵敏度，它随输入量的变化而变化。

传感器的输出量与输入量的量纲不一定相同，当输入量与输出量的量纲相同时，灵敏度又可称为放大系数。灵敏度越高的传感器，输出信号精度越高，线性度也越好。但传感器的灵敏度不是越高越好，过高的灵敏度会导致传感器输出稳定性下降，因此需要根据机器人的特点选择合适的传感器。

（3）重复性　重复性是指传感器在同一工作条件下，输入按同一方向发生全量程连续多次变化时，所得特性曲线不一致的程度，如图 7-3 所示。正行程的最大重复性误差为 $\Delta R_{\max 1}$，反行程的最大重复性误差为 $\Delta R_{\max 2}$。重复性误差取两者间较大者，并记为 $\Delta R_{\max}$。其定义为

$$r_R = \frac{\Delta R_{\max}}{y_{FS}} \times 100\% \qquad (7\text{-}5)$$

（4）测量范围　测量范围是指传感器允许测量的最大值减去允许测量的最小值。传感器的测量范围需覆盖被测量的工作范围，否则传感器的测量精度将受到一定影响。

（5）迟滞　迟滞是指传感器在输入量由小到大（正行程）及输入量由大到小（反行程）变化期间其输入输出特性不重合的现象，如图 7-4 所示，一般由实验测得。其定义为

$$r_H = \pm \frac{1}{2} \frac{\Delta H_{\max}}{y_{FS}} \times 100\% \qquad (7\text{-}6)$$

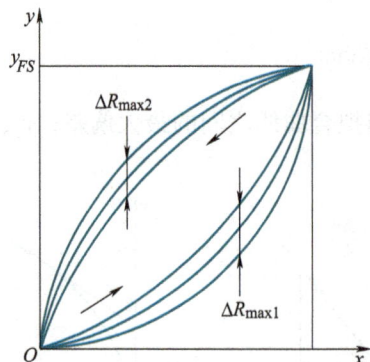

图 7-3　重复性

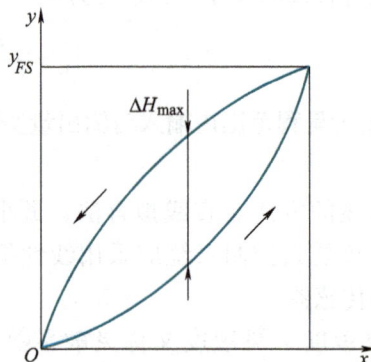

图 7-4　迟滞

（6）分辨率　分辨力是指在传感器的测量范围内，可准确检测到的最小输入增量。当分辨力用于满量程输出的百分数表示时称为分辨率。在传感器输入零点附近的分辨力称为

阈值。

（7）静态误差　静态误差是指传感器在满量程内，任一点输出值相对于理论值的偏离程度。

（8）稳定性　稳定性是指在保持环境不变化的条件下，经过规定时间间隔后，传感器输出量与起始标定的输出量之间的差异，前后两次输出值之差即为稳定性误差。

（9）漂移　传感器的漂移是指规定的时间间隔内，传感器输出量随时间发生与输入量无关的、不需要的变化。传感器自身结构参数与周围环境（如温度、湿度等）均会产生漂移现象。漂移又可分为零点漂移、灵敏度漂移、时间漂移和温度漂移。时间漂移是指零点和灵敏度漂移会随时间缓慢变化。温度漂移是指漂移由环境温度变化引起。

（10）抗干扰稳定性　抗干扰稳定性是指传感器对外界干扰的抵抗能力，如振动和冲击、电磁干扰等。

2. 反映传感器动态特性的性能指标

传感器的动态特性是指输入为动态信号时，输出对输入的响应特性。由于输入的信号是随时间动态变化的，要求传感器的输出不仅要能精确给出被测量的大小，还要给出被测量时间变换的规律，即被测量的波形。传感器的动态特性常用它对某些标准输入信号（阶跃信号、正弦信号等）的响应来表示。本章对此不再展开叙述，需要了解的读者可阅读与传感器测试技术相关的书籍。

7.2.4　机器人传感器的要求与选择

机器人传感器的选择取决于机器人的工作需要和应用场合。机器人和人的肢体一样，首先需要搜集自身和周围环境的大量信息，然后才能根据收集到的信息进行决策。例如，当机械臂在空间运动时，必须避开各种障碍物，并能以一定的速度靠近对象。机器人需要对工作对象的特性（如质量大、容易破碎、温度高等）和自身的特性（如速度、加速度等）进行识别，才能更好地完成任务。

（1）一般性能要求　机器人对传感器的一般性能要求：

1）精度高、重复性好。机器人传感器的精度会直接影响机器人的精度和性能。要想使机器人能准确无误地按照指令工作，往往要求所用的传感器具备很高的测量精度，否则会存在较大的误差。

2）稳定性和可靠性好。机器人传感器的稳定性和可靠性是保证机器人能够可靠、稳定、长期地工作的必要条件。机器人经常在无人的条件下代替人工进行高强度的工作，一旦发生故障，会影响正常生产，还可能造成严重的事故。

3）抗干扰能力强。机器人的工作环境一般都比较恶劣，因此它所用的传感器需要有比较强的抗干扰能力，能承受一定的振动、冲击和电磁干扰等，并能在高温、高压和高污染的环境中工作。

4）质量小、体积小、成本低、安装方便。质量过大的传感器安装在机器人部件上会加大运动惯性，影响机器人的运动性能。工作空间受限的机器人，对传感器的体积和安装方式也会有一定要求。

（2）其他特定要求　除此之外，由于机器人工作环境和加工任务的不同，还有一些其他特定要求：

1）适应加工任务的要求。一些特殊机器人的传感器有自身独特的要求。例如，对于点焊和弧焊机器人，需要配备视觉传感器。

2）满足机器人控制的要求。目前多数机器人都采用闭环控制，使用传感器检测机器人运动位置、速度、加速度等，是反馈中不可缺少的环节。例如，根据位置传感器反馈的位置信息，对机器人的运动误差进行补偿；根据速度传感器反馈的速度，计算和控制由离心力引起的变形误差；根据加速度传感器反馈的惯性力，补偿由惯性力引起的变形误差。

3）满足机器人的安全性要求及其他辅助工作的要求。为使机器人安全工作，需要采用各种力传感器，通过力监测控制的方法，可以改善机器人的工作能力和运动性能。另外，为防止机器人和周围环境发生碰撞，可采用触觉传感器；对于零件分类、缺陷识别的机器人，还需配备视觉传感器。

7.3　机器人内部传感器

机器人内部传感器一般安装在机器人内部，而不是安装在周围环境中。它可分为位移传感器、速度传感器、加速度传感器和倾斜角传感器等。

位移传感器

7.3.1　位移传感器

位移传感器可分为直线位移传感器和角位移传感器，如图 7-5 所示，这里将介绍其中一些常用的位移传感器。

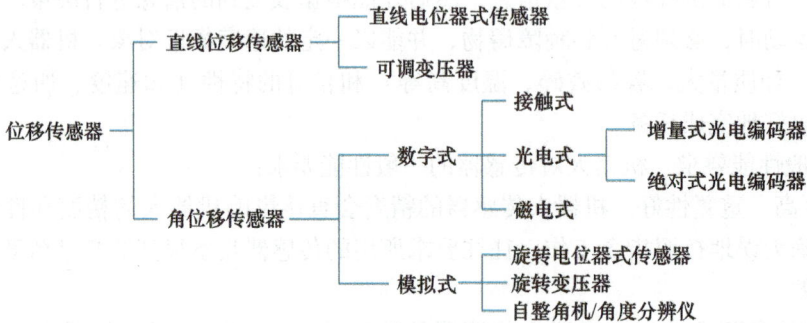

图 7-5　位移传感器的类型

1. 直线位移传感器

（1）直线电位器式传感器　电位器式传感器是电阻传感器的一种，主要由一个电位器和一个滑动触点组成，目前常用的以单线圈电位器居多。图 7-6 所示为直线电位器式传感器原理图，将可动电刷与被测对象相连，当被检测的位移量发生变化时，被测对象会带动滑动触点发生位移，从而改变滑动触点与电位器各端之间的电阻值和输

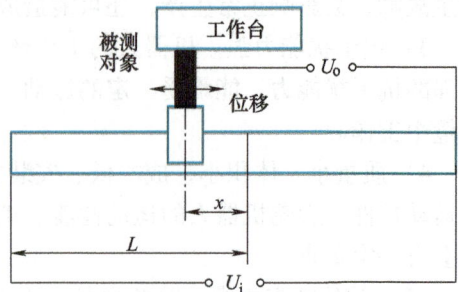

图 7-6　直线电位器式传感器原理

出电压值。根据输出电压值的变化，即可判断出机器人的位移量。直线电位器式传感器位移和电压关系为

$$x = \frac{L(2U_o - U_i)}{U_i} \tag{7-7}$$

式中，U_i 为输入电压；L 为触点最大移动距离；x 为滑动触点向左移动的位移；U_o 为电阻右侧的输出电压。

（2）可调变压器　可调变压器由一个活动铁心和两个固定线圈组成。被测物体与铁心轴连接，并将它们置于线圈内。当被测物体移动时，铁心会随着移动，导致两线圈间的耦合情况发生变化。如果一次线圈由交流电源供电，那么二次线圈两端将检测出同频率交流电压，其幅值由活动铁心位置决定。以上过程可称为调制，使用这种可调变压器时，还需通过电子装置反调制。该电子装置一般安装在传感器内。

2. 角位移传感器

（1）旋转电位器式传感器　旋转电位器式传感器的原理与直线式相似，其原理图如 7-7 所示。被测角度的转轴与传感器的转轴直接相连。当被测物体转过一定角度时，电刷在电位器上也会转过相应的角度 θ，在输出端产生与转角成比例的电压信号 U_o，它们之间的关系可表示为

$$U_o = \frac{R(\theta)}{R_o}U_i = \frac{\theta}{360}U_i \tag{7-8}$$

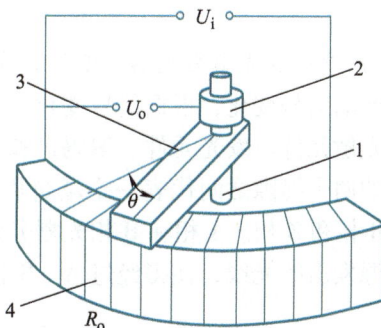

图 7-7　旋转电位器式传感器原理

1—旋转轴；2—导电环；3—电刷；4—电位器

式中，$R(\theta)$ 为传感器接入电路的电阻长度；R_o 为传感器电阻的长度。

由于单线圈电位器的工作范围小于 360°，其分辨率会受到一定限制。但对于大多数应用场合，这并不妨碍使用。如果需要更高的分辨率和更大的工作范围，可选择多线圈电位器。

旋转电位器式位移传感器具有精度高、结构简单、性能稳定可靠等优点，能比较容易地调节测量范围，且当测量过程中断电或出现故障时，输出信号能保持不丢失。其缺点就是滑动触点易磨损，要求输入能量大，电位器的可靠性和寿命不足。因此，旋转电位器式位移传感器在机器人上的应用受到了很大的限制，近年来被逐渐淘汰。

（2）旋转变压器　旋转变压器的原理与可调变压器相似，其原理图如 7-8 所示，由铁心、定子和转子组成。定子绕组产生励磁电压，转子绕组在定子励磁后，由于磁通链的变化产生感应电动势。感应电动势和励磁电压之间的电磁耦合系数与转子的转角密切相关，根据测得

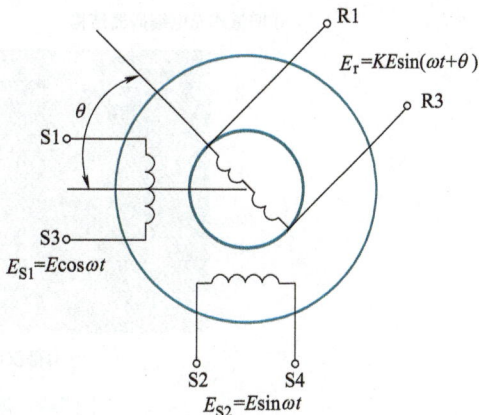

图 7-8　旋转变压器工作原理

的输出电压，就可知道转子转角的大小。

图 7-8 中，定子有两个绕组，分别加上频率 ω、幅值 E 相等，相位差 $90°$ 的交流励磁电压 $E_{S1} = E\cos\omega t$ 和 $E_{S2} = E\sin\omega t$，则转子绕组的输出感应电动势 E_r 仅与转角 θ 有关，它们之间的关系式可表达为

$$E_r = KE\sin(\omega t + \theta) \tag{7-9}$$

式中，K 为转子、定子间的匝数比。

由此可见，转子绕组输出感应电动势幅值与励磁电压幅值成正比，励磁电压的相位移等于转子转过的角度 θ，检测出相位移即可得到角位移。旋转变压器检测精度高、应用范围广，适用于高温、严寒、潮湿等恶劣的工作环境中，而且磨损也比较小。当旋转变压器应用于机器人上时，常将机器人关节与转子连接，用于检测关节的转角。

（3）光电编码器　光电编码器能够采用 TTL（晶体管-晶体管逻辑电平）二进制码提供轴的角度位置，两种常见的光电编码器（Encoder）是增量式光电编码器和绝对式光电编码器。

1）增量式光电编码器。增量式光电编码器是用一个光敏元件或光电池来检测编码盘转动引起的信号变化，根据信号变化来确定编码盘转过的角度，其结构如图 7-9a 所示。它主要由光敏元件、发光元件、编码盘和转换电路等组成。编码盘上刻有间距相等的透光缝隙，相邻的两个缝隙之间代表一个增量周期。这些缝隙可分为三个同心的检测光栅，分别为 A 相、B 相和 Z 相。A 相和 B 相光栅分别刻有间距相等的透光和不透光区域，用于阻挡或通过由光源发出的光线，使得经过 A、B 相光栅后的光敏元件输出信号在相位上相差 $90°$。当编

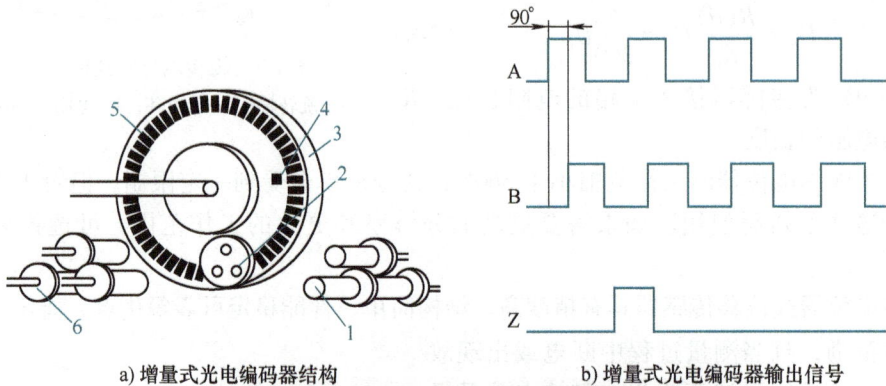

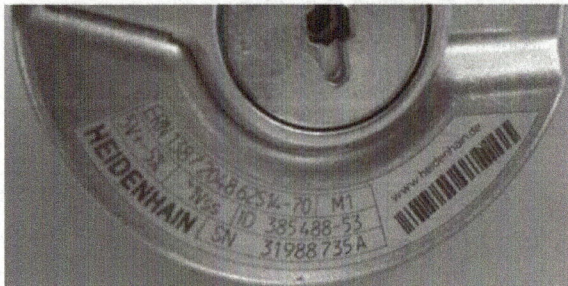

a) 增量式光电编码器结构

b) 增量式光电编码器输出信号

c) 海德汉ERN1387光电编码器实物图

图 7-9　增量式光电编码器

1—光源　2—指示度盘　3—编码盘　4—Z 相信号缝隙　5—A 相、B 相缝隙　6—光敏元件

码盘随着被测对象转动时，会输出两组相位相差 90°的正弦波信号。这些信号经过转换电路的处理，最终输出 A、B 两相互差 90°的脉冲信号，如图 7-9b 所示。根据脉冲信号，可判断旋转的方向，通过 A、B 相任何一光栅输出的脉冲数大小，可得被测对象的转轴或转速。Z 相位标志脉冲信号，用来记录编码盘转过的圈数，每转一周，标志信号就会发生一个脉冲信号。图 7-9c 所示为海德汉 ERN1387 光电编码器实物图。

增量式光电编码器的优点有稳定性高，寿命长；结构简单，易于实现；分辨率高；响应速度快；抗干扰能力强等。因此，相比电位器式传感器，它的应用更加广泛。但增量式光电编码器的缺点是在断电后会丢失轴的位置。

2）绝对式光电编码器。绝对式光电编码器也是圆盘式的，但其编码盘上的线条图形与增量式光电编码器不同，它可以直接输出数字量。图 7-10a 所示为标准二进制的码盘，这种编码盘存在一个比较大的问题：由于码盘制作或安装过程中存在误差会导致计数误差，产生非单值性误差。例如，在位置"0111"与位置"1000"的交界处，可能会出现 0101、1011、1110、1111 等数据。为了消除这种误差，实际上更多采用格雷码盘，如图 7-10b 所示。

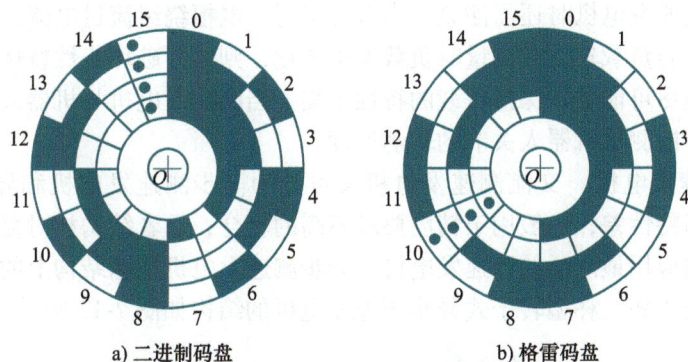

a) 二进制码盘　　　　　　　　　　b) 格雷码盘

图 7-10　绝对式光电编码器的盘面图形举例

格雷码盘的特点是相邻的数码之间仅改变一位二进制数。这样即使存在制造和安装误差，产生的误差仍可以控制在一个数码之间，误差最多不超过一个数码。但在使用格雷码盘时，每位码不再具有固定的权值，本质上是对二进制信息加密处理后的编码，还需要解码才能得到位置信息。解码可通过硬件或软件来实现。

绝对式光电编码器可得到编码器初始锁定位置的角度值，当设备受压和有断电风险时，以及需要断电保持或在高精度场合下使用时，应优先考虑选择绝对式光电编码器。只要读出每个关节编码器的读数，就能对伺服控制系统中给定的信号进行调整，从而能让机器人平滑的起动。

7.3.2　速度传感器

速度传感器

速度传感器是机器人常用的内部传感器之一，常用的速度传感器有：测速发电机和增量式光电编码器。

1. 测速发电机

测速发电机（Tachometer Generator）是常用的一种模拟式速度传感器，能把输入的机械信号转化为输出的电压信号，输出的电压与输入的转速成正比。常用的测速发电机可分为直流测速发电机和交流测速发电机。

（1）直流测速发电机 直流测速发电机的原理与直流发电机的原理相似，它可分为永磁式和电磁式两种。

1）永磁式测速发电机的工作原理如图 7-11a 所示，它采用高性能永久磁钢励磁，受温度影响小，具有线性误差小、输出变化小等优点。当励磁磁通恒定时，线圈两端的输出电压和线圈的转速成正比，即

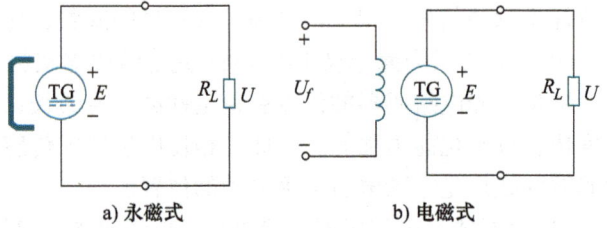
a) 永磁式   b) 电磁式

图 7-11 直流测速发电机的工作原理

$$U = Kn \qquad (7-10)$$

式中，U 为测速发电机的输出电压（V）；n 为测速发电机的转速（r/min）；K 为比例系数。

2）电磁式测速发电机采用他励式，其工作原理如图 7-11b 所示。由于他励式的结构复杂且励磁受环境影响大，导致输出变化大，故在实践中使用较少。

在使用直流测速发电机时还需注意：当有负载时，电枢绕组流过电流，由于电枢反应会使输出电压降低。若负载较大或测量时负载发生变化，则会因破坏线性特性而产生误差，故在使用时应使负载尽可能小并保持负载的特性不变。当测速发电机与机器人关节伺服驱动电机同轴连接时，就能测出机器人关节的转动速度。

（2）交流测速发电机 交流测速发电机又可分为同步测速发电机和异步测速发电机。前者结构简单，但特性差，一般用于精度要求不高的场合；后者结构相对复杂、精度高、转子惯量小，是目前应用最广泛的测速发电机。异步测速发电机根据结构上的差异，可分为笼型转子式和杯型转子式。杯型转子式异步测速发电机的结构如图 7-12 所示。

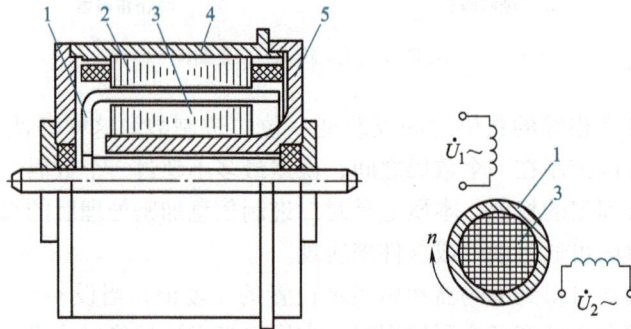

图 7-12 杯型转子式异步测速发电机的结构
1—杯型结构 2—外定子 3—内定子 4—机壳 5—端盖

2. 增量式光电编码器

增量式光电编码器既可用作位置传感器，也可用作速度传感器。当用作速度传感器时，可用模拟式方法或数字式方法。

当用模拟式方法时，通过频/压转换器，把编码盘的脉冲频率转化为与速度成正比的模拟电压。当用数字式方法时，可将编码盘当作一个数字式元件，用脉冲的个数表示位置，一个单位时间内的脉冲个数表示这段时间的平均速度。当单位时间足够小时，便可代表某个时间的瞬时速度。

7.3.3　加速度传感器

加速度传感器常用于检测机器人的动态控制信号。因加速度难以直接检测，所以一般都根据牛顿第二运动定律，利用加速度引起的力或某种介质的变形，通过测量其力或变形量并利用相关电路转化为电压输出。下面介绍三种常见的加速度传感器。

1. 应变片加速度传感器

应变片加速度传感器是一个由板簧支撑重锤所组成的振动系统，如图 7-13a 所示。在板簧的上下位置分别贴着应变片，应变片受到振动会产生应变，其电阻值变化可通过如图 7-13b 所示桥式电路的输出电压被检测出来。应变片加速度传感器主要用于低频振动系统中。

2. 压电加速度传感器

压电加速度传感器利用压电敏感元件的压电效应制成，如图 7-14 所示，能得到与振动或加速度成正比的输出电压。当传感器受被测对象机械运动的振动加速度作用时，压电敏感元件因受到惯性力会产生电荷。电荷由引出电极引出，将振动加速度转换成电量。压电加速度传感器主要适用于高频动态振动信号环境，可用于机器人的质心位置估计。

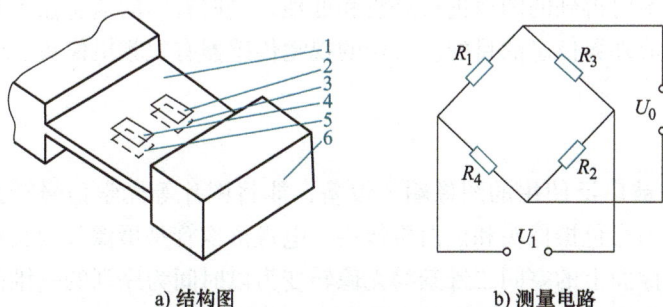

图 7-13　应变片加速度传感器
1—板簧　2、3、4、5—应变片　6—重锤

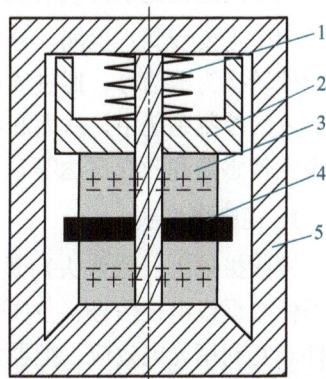

图 7-14　压电加速度传感器
1—弹簧　2—质量块　3—压电敏感元件
4—引出电极　5—壳体

a) 结构图　　　　b) 测量电路

3. 伺服加速度传感器

伺服加速度传感器为一个闭环的振动系统，由重锤-弹簧系统组成。在重锤上有电磁线圈，当有加速度时，重锤会偏离平衡位置。位置检测器能检测出偏离位移并经转换电路以电流的形式输出。电流反馈到电磁线圈，在磁场中产生电磁恢复力使重锤返回到原来的零位移状态。根据右手定则，得

$$F = ma = Ki \tag{7-11}$$

式中，F 为电磁恢复力；m 为重锤的质量；a 为加速度；K 为比例系数；i 为检测电流。

可根据检测出的电流 i 得到加速度 a。

7.3.4　倾斜角传感器

倾斜角传感器根据钟摆的工作原理制成。当传感器产生倾角时，由于重力的作用，摆锤

仍会保持在垂直的位置，它相对于壳体会摆动一个角度。可利用某种传感元件检测出这个角度，或利用敏感元件检测由摆锤引起的应变量并转换成电量输出，即可实现倾斜角的电测量。根据测量原理的不同，倾斜角传感器分为液体式、电解液式等，常用于机器人末端执行器的姿态控制。

7.4　机器人外部传感器

新一代的机器人要求具有自校正和适应环境变化能力，因此越来越多的机器人需具备各种外部感觉能力。与内部传感器不同，外部传感器安装在机器人外部，用于监测周围环境。本节主要介绍几种常见的外部传感器，如视觉传感器、力觉传感器、距离传感器等。

7.4.1　视觉传感器

视觉传感器

眼睛对人类来说是最重要的器官之一，人的大部分信息都是通过视觉获得的。对于机器人来说，视觉传感器也是获取外界信息的最重要传感器之一。

机器人的视觉系统包含视觉传感器和图像处理技术，其工作过程可分为四个主要步骤：检测、分析、描绘和识别。视觉传感器的基本原理是将光电信号通过光电元件转换为电信号，通过成像技术对得到的图像进行分析和处理，提取有用的信息输入到机器人的控制系统中，从而起到反馈外界信息的目的。常用的视觉传感器有视频摄像头、固体视觉传感器和激光雷达等。

1. 视频摄像头

视频摄像头（摄像头）是一种被广泛使用的图像输入设备，能将图片等光学信号转换为图像数据或电视信号，主要可分为彩色摄像头和黑白摄像头。电视摄像管是摄像头的关键部件。它利用光电效应，把器件成像面上的空间二维景物光像转变为以时间为序列的一维图像，具有光电转换功能和将空间信息转变为时间信息的功能。

目前视频摄像头已经被普遍用于机器人视觉系统中，其具有成本低、处理数据量小、处理速度快等优点。在工业机器人的视觉系统中常选用黑白摄像机，主要原因是系统只需要具有一定灰度的图像，经过处理后变成二值图像，再进行匹配和识别。

2. 固体视觉传感器

固体视觉传感器主要由电荷耦合器件（Charge Coupled Device，CCD）和互补性金属氧化物半导体（Complementary Metal Oxide Semiconductor，CMOS）等组成。这种传感器主要可分为一维线阵传感器和二维面阵传感器，其中二维面阵传感器在机器人中用得更多。

CCD 图像传感器由大量 CCD 单元组成一个间隙很小的光敏电极阵列，这些单元也可称为像素点。像素数越多，CCD 的图像分辨率也就越高。CCD 图像传感器可把获得的电信号经过 A/D 转换成数字信号，即数字图像。一幅由 512×512 个像素组成的数字图像，需要处理至少 256KB（灰度图像）或者 768KB（彩色图像）个数据，因此这对图像处理的要求也比较高，一般需要采用专门的视觉处理机。CCD 图像传感器具有分辨率高、寿命长、灵敏度高、动态范围大、信噪比大等优点。图 7-15a 所示为 CCD 图像传感器的实物图。

CMOS 面阵图像传感器是按一定规律排列的二维像素阵列，由光敏二极管和放大器组成，分别设有水平与垂直选址扫描电路。通过选择水平与垂直扫描线确定像素位置，使各像素的放大器处于导通状态，然后从相应的光电二极管输出像素点信息。相较于 CCD 图像传感器，CMOS 图像传感器分辨率较低，成像质量较差，易出现杂点，但是它更省电，且价格低。图 7-15b 所示为 CMOS 图像传感器的实物图。

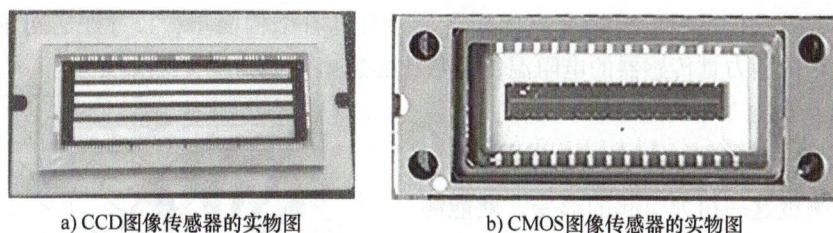

a) CCD图像传感器的实物图　　　　　　b) CMOS图像传感器的实物图

图 7-15　图像传感器

3. 激光雷达

激光雷达是指工作在红外和可见光段的雷达，它的基本工作原理是：激光发射器将激光束作为探测信号向目标发射，打在物体上后反射回来，激光接收器将接收到的反射激光束与发射信号进行比较，经过适当的处理，就可以获得目标的有关信息，如目标姿态、速度、高度、方位、距离和形状等参数，从而对目标进行探测和识别。图 7-16 所示为 Velodyne Lidar HDL-64E 激光雷达。

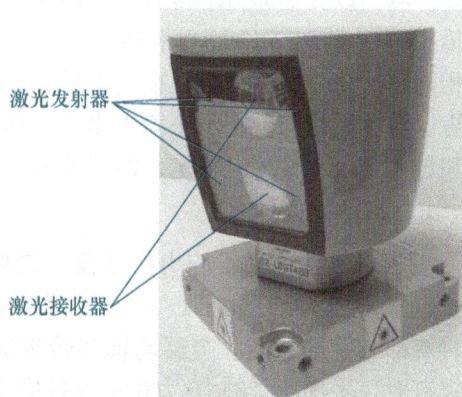

图 7-16　Velodyne Lidar HDL-64E 激光雷达

激光雷达具有分辨率高、隐蔽性好、低空探测性能好、体积小、质量轻、成本低等优点，普遍应用在移动机器人定位导航等场合。然而，激光雷达工作时受环境因素的影响比较大，在大雨、浓烟、浓雾等恶劣天气，其性能和精度会明显下降。

7.4.2　力觉传感器

力觉是指对机器人关节、肢和指等运动中所受力的感知。力觉传感器是用来检测机器人手腕和手臂与环境之间相互作用而产生的力/力矩，是机器人感知系统中比较重要的传感器。它的基本工作原理是：通过检测弹性体的变形程度，以间接测量或直接运算来获取多维力/力矩，再根据这些力/力矩，决定机器人该如何运动并推测对象物体的重量。常用的力觉传感器有金属电阻型力觉传感器、半导体型力觉传感器、转矩传感器和腕力传感器等。

1. 金属电阻型力觉传感器

将金属电阻丝固定在被测对象表面上，当被测对象受力发生形变时，该电阻丝也会相应地产生伸缩现象。因此，通过测量电阻丝阻值的变化，可知道物体的形变程度，进而求出外作用力。但电阻丝能测量的范围非常有限，一般都将电阻丝做成薄膜型，并贴在绝缘膜上使用。这种传感器能测得较大的力/力矩，允许较大的测量电流通过，产生的热量更容易发散，寿命更长。

2. 半导体型力觉传感器

半导体型力觉传感器的原理与压电加速度传感器一样，都基于压电效应。在半导体上施加压力，半导体管的对称性发生变化，从而使电阻值发生变化，其应变系数可达 $100 \sim 200$，因此半导体型力觉传感器的灵敏度也比较高，并且具有结构简单、尺寸小、可靠性好等优点。但是半导体型力觉传感器的电阻温度系数比金属电阻型力觉传感器要大。

3. 转矩传感器

在转轴上加负载，不仅会产生扭力，还会产生转矩。测量这一扭力引起的形变，就能测出转矩。轴的转矩应力以最大 $45°$ 角的方式在轴表面呈螺旋状分布，在其最大方向上安装应变计，测出该变形即可求得转矩。用光电式转矩传感器（见图 7-17）测量转矩时，将两个有相同扇形缝隙的圆片安装在转矩杆上，轴的扭矩以两个圆片间的相位差表现出来。测量经缝隙进入光电元件的光通量，即可求出扭矩大小。

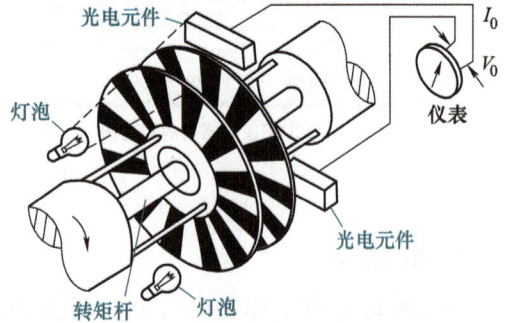

图 7-17　光电式转矩传感器

4. 腕力传感器

图 7-18 所示为单维腕力传感器，其基本原理与光电式转矩传感器相似。将应变片贴在腕部，并将腕部与手部相连。当驱动轴回转带动手部拧紧螺钉时，手部所受的力/力矩可通过应变片电压的输出测得。

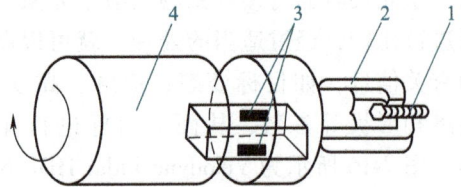

图 7-18　单维腕力传感器
1—螺钉　2—手部　3—应变片　4—驱动轴

图 7-19 所示为筒式腕力传感器，能测量作用于腕部的三个平动轴方向的力/力矩。将力觉传感器装在圆筒臂上，圆筒的外侧由 8 根梁支撑，手指尖与腕部连接。当指尖受力时，从梁两侧的 8 组应力计测得的信息，就能算出 3 个平动轴的分力以及各轴的分转矩。

7.4.3　距离传感器

距离传感器又称接近觉传感器，是能感知相距一定范围内（几毫米到几十厘米）对象或障碍物的距离及性质的传感器。它能提早感知障碍，并将检测信息发送给机器人，以做适当的轨迹规划，让机器人尽早改变方向或停止运动，避免意外的发生。其原理如图 7-20 所示。距离传感器可分为接触式和非接触式，其中非接触式的应用更加广泛。本节将介绍几种常用的非接触式距离传感器。

接近觉传感器

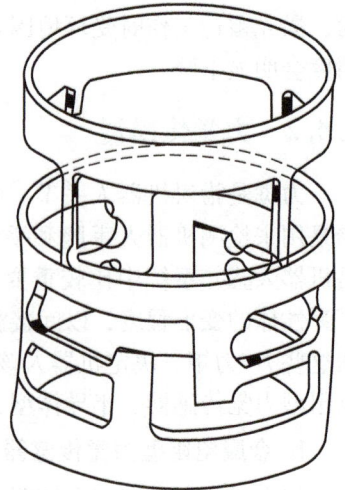

图 7-19　筒式腕力传感器

1. 超声波距离传感器

超声波的频率在 20kHz 以上，超出了人耳能听到的正常范围。它能实现定向传播，频率越高，方向性越好。利用超声波的这种特性，可制成超声波距离传感器，如图 7-21 所示。超声波距离传感器主要由一个超声波发生器、一个超声波接收器和控制电路等组成。超声波发射器向某一方向发射

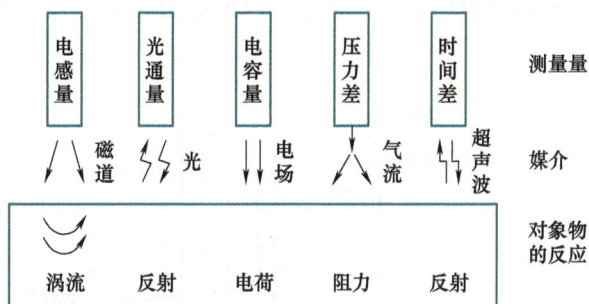

图 7-20　距离传感器的原理

脉冲超声波，同时计时器开始计时，途中遇到被测物体的表面就会反射回来，超声波接收器一旦收到反射回的超声波就停止计时。根据超声波的传播时间和速度即可计算发射点距离被测物体的距离 $S(t)$。

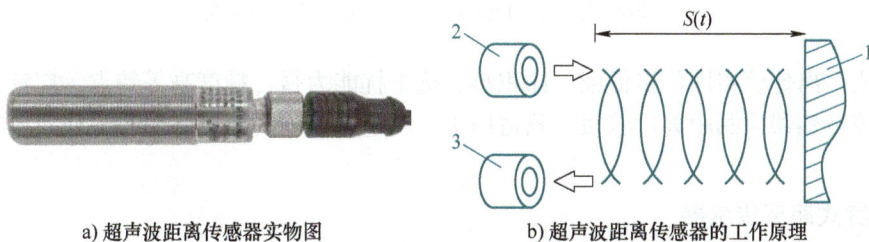

a) 超声波距离传感器实物图　　　　　　b) 超声波距离传感器的工作原理

图 7-21　超声波距离传感器

1—被测物体　2—超声波发生器　3—超声波接收器

2. 光学距离传感器

光学距离传感器由光纤发射器和光纤接收器组成，如图 7-22 所示。发射器发出的光只有在接近物体时才能被接收器吸收。反射光的强弱表示了某一距离点的峰值特性。利用这种特性，测出峰值点就可确定物体的位置。

3. 涡流式距离传感器

导体置于一个变化的磁场或在一个固定磁场运动时，导体表面就会产生闭合的感应电流，称

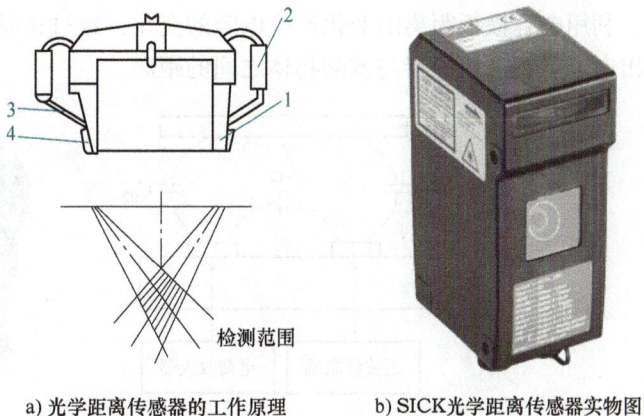

a) 光学距离传感器的工作原理　　　　b) SICK光学距离传感器实物图

图 7-22　光学距离传感器

1—光纤发射器　2—连接器　3—光纤　4—光纤接收器

为电涡流。涡流式距离传感器是根据电涡流效应制成的，是一种非接触式传感器，如图 7-23 所示。给励磁线圈通入高频电流 $\dot{I}_1$ 后，会向外发射高频变化的交变磁场 $\dot{H}_1$。当有被测导体靠近时，被测导体表面会产生电涡流 $\dot{I}_2$。由电磁理论可知，电涡流 $\dot{I}_2$ 将产生一个新的磁场 $\dot{H}_2$，与传感器的磁场 $\dot{H}_1$ 相反，相反的磁场会削弱线圈的等效阻抗。用测量转换电路把等效

阻抗转换为检出电压，就能计算出被测对象与传感器之间的距离 x。

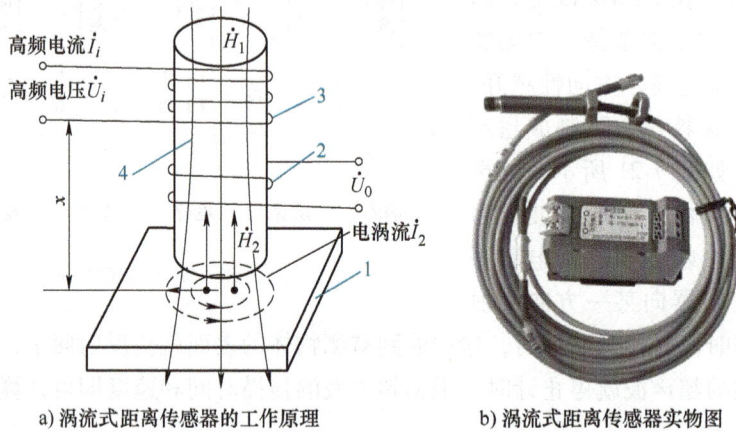

a) 涡流式距离传感器的工作原理　　　　b) 涡流式距离传感器实物图

图 7-23　涡流式距离传感器

1—被测导体　2—检测线圈　3—励磁线圈　4—磁束

涡流式距离传感器因价格低廉、体积小、抗干扰能力强、精度高等特点，广泛用于各种场合。但该传感器检测距离比较短，只适用于十几毫米以内的范围，而且只能对固态的导体进行测量。

4. 电容式距离传感器

电容式距离传感器通过电容量的变化来检测被测物与传感器之间的距离，如图 7-24 所示。将测量头作为电容器的一个极板，被测物体作为另一个极板。将该电容器接入电桥，当被测物体向测量头移动时，物体和测量头的介电常数发生变化，从而使电路状态也随之改变。利用电容极板距离的变化产生电容的变化，通过正弦波激励和电荷放大器检测电路可检测出电容式距离传感器与被测物体之间的距离。

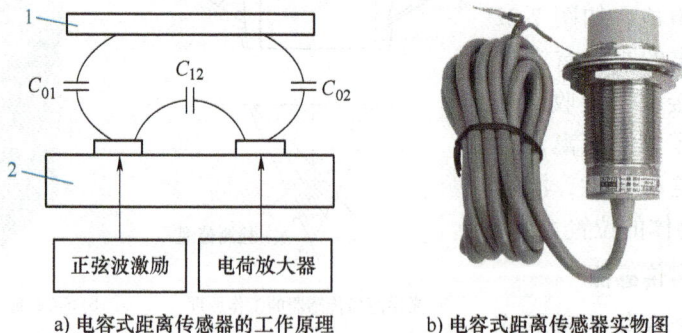

a) 电容式距离传感器的工作原理　　　　b) 电容式距离传感器实物图

图 7-24　电容式距离传感器

1—被测物体　2—测量头

5. 霍尔式距离传感器

将金属或半导体薄片置于磁场中，当有电流通过时，在垂直于电流和磁场的方向会产生电动势，这种现象被称为霍尔效应。霍尔式距离传感器是基于霍尔效应制成的传感器，如

图 7-25 所示。当磁性物体接近霍尔距离传感器时，传感器中的霍尔元件因产生霍尔效应而使电路内部状态改变，由此可识别附近是否有磁性物体。

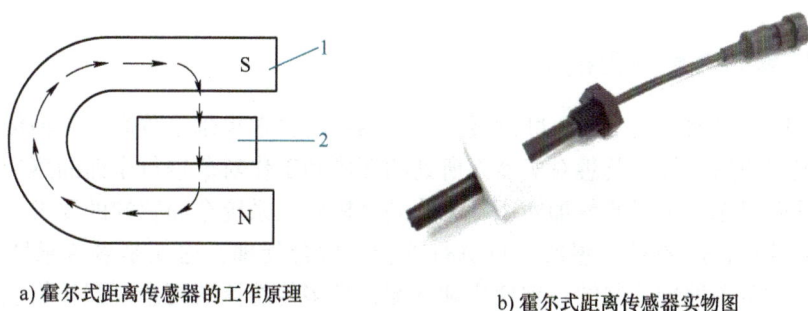

a) 霍尔式距离传感器的工作原理　　　　　　　　　b) 霍尔式距离传感器实物图

图 7-25　霍尔式距离传感器
1—磁性物体　2—霍尔距离传感器

7.4.4　其他传感器

1. 声觉传感器

声觉传感器用于感受和分析固体、液体或气体中的声音。声觉传感器最早只能检测简单的声波，随着传感器

接触觉传感器　　压觉传感器：阵列式　　滑觉传感器

技术的发展，现在的声觉传感器不仅可分析复杂的声波频率，还能辨识出连续自然语言中的语音和词汇。目前，声音识别系统已广泛应用于危险检测（如爆炸声等）、语音识别、语音命令等场合。

2. 味觉传感器

味觉传感器用于对液体的化学成分进行分析，通过其中的成分来判断液体的"酸、甜、苦、辣"。常用的味觉检测方法有 pH 计法、化学分析器法。

3. 嗅觉传感器

嗅觉传感器通过气敏效应来实现对气味的分辨。某些半导体材料的电导率会随着水蒸气等气体的吸附而改变，这种现象被称为气敏效应。嗅觉传感器通过气敏效应检测气体的化学成分、浓度等，再配置相应的处理电路来实现嗅觉功能。

4. 温度传感器

机器人有时需要检测环境或工作对象的温度信号，就要用到温度传感器。热敏电阻和热电偶是两种常用的接触式温度传感器。热敏电阻中敏感元件的阻值与温度成正比，而热电偶能产生与温度成正比的小电压。

5. 滑觉传感器

滑觉传感器用于检测物体的滑动。当机械手臂抓取一个特性未知的物体时，需要确定适当的握力，而滑觉传感器能检测出握力不够时物体产生的滑动信号，将这个值反馈给控制系统，以便更好地确定握力的大小。常用的滑觉传感器有两种：基于光学的滑觉传感器和利用晶体接收器的滑觉传感器。前者检测的灵敏度随滑动方向变化，后者检测的灵敏度与滑动方向无关。

7.5　机器人多传感器信息融合

7.5.1　多传感器信息融合技术

近年来，随着机器人技术的不断发展，对传感器的要求也越来越高。每种传感器都有特定的感知范围和使用条件，要想对机器人所处的环境和工作对象进行全面的感知，需用到多种传感器。然而仅靠传感器的叠加使用，无法满足机器人系统全面感知的要求。为有效利用各种传感器的信息，需要对传感器信息进行综合、融合处理，这就是多传感器信息融合技术。该技术通过对各种传感器的合理使用和支配，将多传感器的冗余或互补信息依据某种准则进行组合，从而获取被测对象最真实和有效的描述。传感器信息融合技术涉及检测、控制、信息等领域的新理论和新方法，它的类型有多种，如竞争性传感器融合、互补性传感器融合等。

1. 竞争性传感器融合

在检测同一状态的对象时，多个传感器提供的信息可能不一致。若数据出现矛盾，则需要系统进行裁决。常用的决策方法有加权平均法、决策法等。例如，在导航系统中，车辆的位置可通过算法定位系统（利用速度传感器等记录的数据进行分析），或者通过路标（利用视觉传感器、雷达等检测路标信息）来确定。若路标观测成功，则利用路标结果，并对计算法结果进行修正；否则利用计算法得到的结果。

2. 互补性传感器融合

不同的传感器能得到被测对象不同性质的数据。例如，视觉传感器能确定被测对象的形状、大小和颜色等信息，而距离传感器能提供距离信息，两者融合即可获得被测对象的三维信息。

目前多传感器信息融合技术仍不是非常成熟，缺乏理论依据。多传感器融合的最终目标是使机器人的感知能和人的一样，可处理各种复杂情况。相信随着机器人智能化水平的不断提高，多传感器信息融合技术将不断完善和系统化。

7.5.2　多传感器信息融合应用实例

下面以自动化生产线为例说明多传感器信息融合技术的实际应用。在自动化生产线上，工件随着传送带不断运动，具有不确定因素。机器手臂在抓取时，一般需要融合位置、力和视觉等多种传感信息来进行操作。

机械手臂的末端执行器搭载了 CCD 视觉传感器、超声波传感器、柔性腕力传感器及相应的信号处理器，其系统结构如图 7-26 所示。CCD 视觉传感器获取工件图像后，可经图像处理技术，获取工件的关键特征（如形状、面积等），根据这些特性信息，可得到关于工件的基本描述。但由于 CCD 视觉传感器仅能获取工件的二维信息，不能反映深度信息，仅靠视觉信息不能正确识别。因此在图像处理的基础上，还需使用超声波传感器，对工件上测点的深度进行测量，获取工件深度信息；或沿工件的待测面移动，不断采集距离信息，扫描得到距离曲线，根据曲线分析工件边缘或外形。计算机将视觉信息和深度信息融合分析后，控制机械手臂以合适的姿态抓取物体。同时柔性腕力传感器会测试末端执行器所受力/力矩大小和方向，从而确定末端执行器最合适的抓取力度和运动方向。

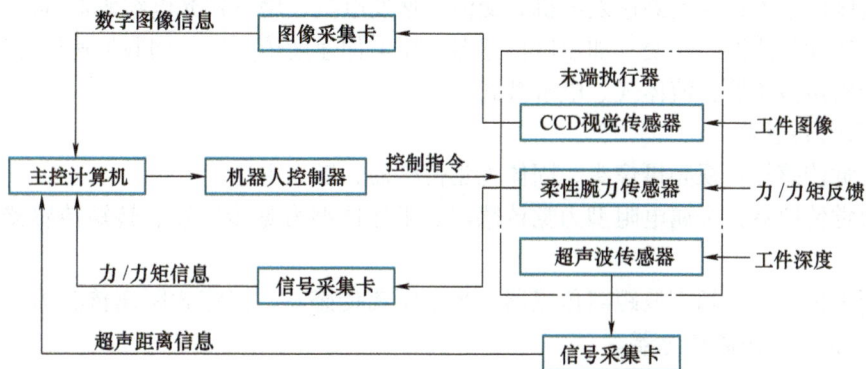

图 7-26　多传感器信息融合装配系统结构

智能驾驶及
其传感器简介

陀螺仪

本章小结与重点

1. 本章小结

本章主要讨论了机器人传感器的分类、工作原理及技术。首先，介绍了传感器的定义、分类、性能指标及要求。然后，分别讨论了机器人内部传感器和外部传感器。内部传感器包括位移传感器、速度传感器、加速度传感器、倾斜角传感器等，用于感知机器人自身状态的内部信息，如关节运动的位移、手臂间角度、速度、加速度、力和力矩等；外部传感器包括视觉传感器、力觉传感器、距离传感器等，用于感知机器人本体以外的外界物理信息，如外界环境、对象物的位置、形状、距离、接触力等，使机器人与环境发生交互作用，从而使机器人对环境有自校正和自适应能力。最后，讨论了机器人多传感器信息融合技术及应用实例。

2. 本章重点

（1）机器人传感器性能指标　线性度、灵敏度、重复性、测量范围、迟滞、分辨率、静态误差、稳定性、漂移、抗干扰稳定性。

（2）内部传感器

1）位移传感器：直线位移传感器（直线电位器式传感器、可调变压器）、角位移传感器（旋转电位器式传感器、旋转变压器、光电编码器）等。

2）速度传感器：直流测速发电机、交流测速发电机、增量式光电编码器等。

3）加速度传感器：应变片加速度传感器、压电加速度传感器、伺服加速度传感器等。

4）倾斜角传感器：液体式、电解液式等。

（3）外部传感器

1）视觉传感器：视频摄像头、固体视觉传感器、激光雷达。

2）力觉传感器：金属电阻型力觉传感器、半导体型力觉传感器、转矩传感器、腕力传感器。

3）距离传感器：超声波距离传感器、光学距离传感器、涡流式距离传感器、电容式距离传感器、霍尔式距离传感器。

4）其他传感器：声觉传感器、味觉传感器、嗅觉传感器、温度传感器、滑觉传感器。

习　题

1. 请简述机器人传感器是如何分类的。

2. 机器人的内部传感器和外部传感器的主要作用是什么？试分别举例 2~3 种并说明其用途。

3. 应用机器人传感器时应考虑哪些问题？

4. 测量机器人的速度和加速度常用哪些传感器？

5. 请简述常见的光电编码器种类及其特点。除了检测位置外，光电编码器还有什么用途？试举例说明。

6. 请简述常见的力觉传感器种类及其工作原理。

7. 在全反射码的情况下，要获得1°的分辨率，需要多少位二进制码？

本章重点专业英语词汇

中文词语	英文词汇
传感器	sensor
视觉	vision
力觉	force sense
触觉	tactile sense
内部传感器	internal sensor
外部传感器	external sensor
性能	performance
线性度	linearity
灵敏度	sensitivity
分辨率	resolution
迟滞	lag
编码器	encoder
测速发电机	tachometer generator

机器人仿真

第8章

机器人仿真

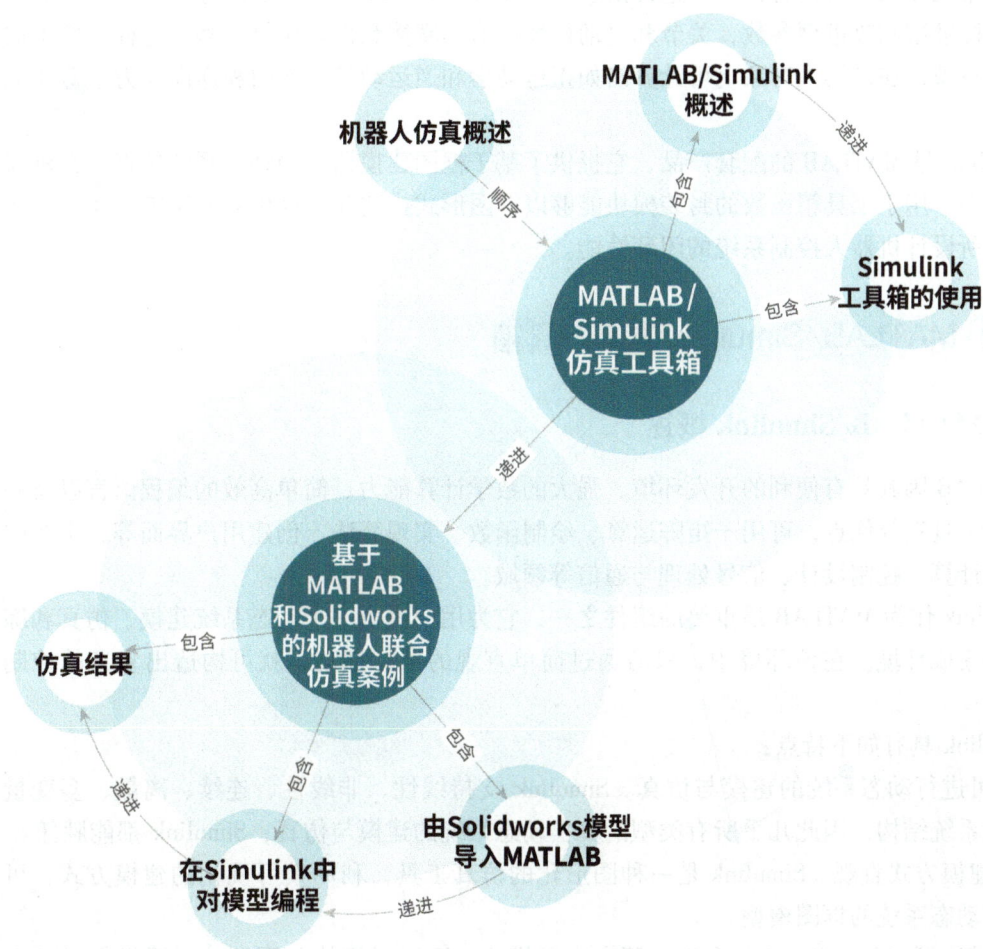

8.1　机器人仿真概述

美国 MathWorks 公司开发的 MATLAB 软件中的机器人工具箱主要用于关节式机器人与移动机器人的仿真（Simulation）与研究，并提供了支持机器人相关基本算法的功能集合，如三维坐标中的方向表示，运动学、动力学模型和轨迹生成。机器人工具箱与达索公司的 Solidworks 深度结合，用于多自由度机器人的分析和计算。

在使用机器人工具箱时，每个连杆由连杆对象（Link Object）表示，每个连杆对象的属性包括：标准型和改进型参数，关节和电动机惯性值，摩擦和齿轮比等。多个连杆对象组成了机器人对象，在机器人对象上可计算诸如正运动学和逆运动学、前向和逆向动力学等相关问题。

Simulink 是 MATLAB 的配套产品，它提供了基于框图建模语言的动态系统仿真。在机器人工具箱中，用于工具箱函数的封装模块能够以框图形式描述非线性机器人系统，让使用者能够研究所设计机器人控制系统的闭环性能。

8.2　MATLAB/Simulink 仿真工具箱

8.2.1　MATLAB/Simulink 概述

MATLAB 因其具有便利的开发环境、强大的数学计算能力、简单高效的编程语言以及一些强大的工具箱等优点，可用于矩阵运算、绘制函数、实现算法、创建用户界面等，主要应用于工程计算、控制设计、信号处理与通信等领域。

Simulink 作为 MATLAB 最重要的组件之一，它为用户提供一个动态系统建模、仿真和综合分析的集成环境。在该环境中，只需通过简单直观的鼠标拖动，就可构造出复杂的控制系统。

Simulink 具有如下特点：

1）可进行动态系统的建模与仿真。Simulink 支持线性、非线性、连续、离散、多变量和混合式系统结构，因此几乎所有类型的真实动态系统的建模与仿真，Simulink 都能胜任。

2）建模方式直观。Simulink 是一种图形化的仿真工具，利用其可视化的建模方式，可迅速建立动态系统的框图模型。

3）模块可定制。Simulink 允许使用自定义模块，可以对模块的图标、对话框等进行自定义编辑。Simulink 也允许将 C 语言、FORTRAN 语言、Ada 语言的代码直接移植到 Simulink 模型当中。

4）仿真模拟快速、精准。Simulink 先进的求解器为非线性系统仿真提高了精度，它能确保连续系统或离散系统的仿真速度和精准度。图形化调试工具让系统在开发设计过程产生的错误无处遁形。

5）复杂系统的层次性。Simulink 利用子系统模块，使得庞杂的系统模型构建变得简单易行。整个系统可以按照自上而下或自下而上的方式进行分层构建，子系统的嵌套使用不受限制。

6）仿真分析的交互性。Simulink 提供示波器等观察器，用于对动画或图形的显示。仿真过程中，利用这些观察器可以监视仿真结果。这种交互式特性能让开发者快速进行算法评估以及参数优化。

8.2.2　Simulink 工具箱的使用

Simulink 提供了一个图形化用户界面，更为直观地表达了动态系统的建模。打开 MATLAB 软件，在"主页"菜单栏中找到图 8-1 所示的 Simulink 图标，单击即可进入。

等待加载后单击图 8-2 所示的 Blank Model 图标，创建一个新的模型。

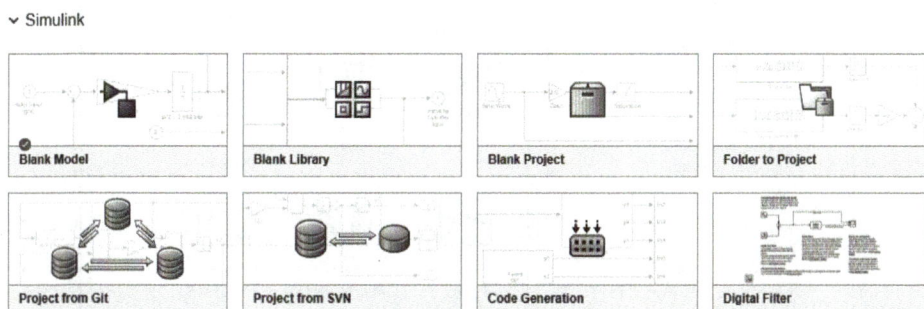

图 8-1　Simulink 图标

图 8-2　Blank Model 图标

进入图 8-3 所示的 Simulink 模型界面后，即可开始建立模型。

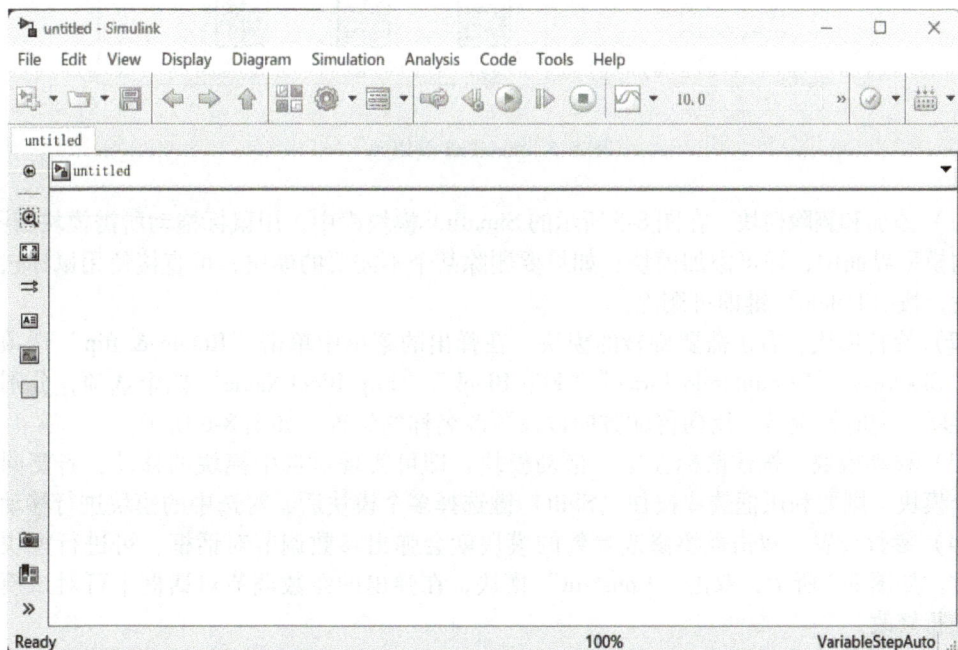

图 8-3　模型界面

单击图 8-4 所示 Library Browser 图标，打开图 8-5 所示的 Simulink 模块库。

图 8-4　Library Browser 图标

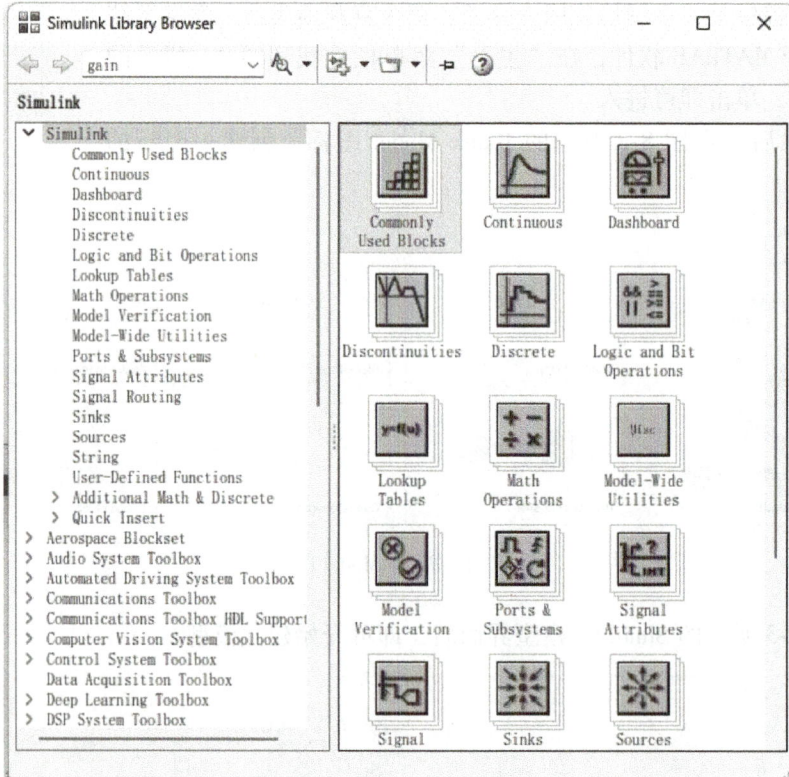

图 8-5　Simulink 模块库

（1）添加和删除模块　在图 8-5 所示的 Simulink 模块库中，用鼠标拖动所需模块到图 8-3 所示的模型界面中，即可添加模块；如果要删除某个不需要的模块，可直接使用鼠标选中该模块后，按〈Delete〉键即可删除。

（2）旋转模块　右击需要旋转的模块，在弹出的菜单中单击"Rotate & flip"选项，会弹出"Clockwise""Counterclockwise""Flip Block""Flip BlockName"四个选项，分别为顺时针旋转、逆时针旋转、反向传输方向以及更改名称的位置，如图 8-6 所示。

（3）移动模块　按住鼠标左键，拖动模块，即可实现对选中模块的移动；若要同时移动多个模块，则要利用框选或按住〈Shift〉键选择多个模块后，对选中的模块进行移动。

（4）参数设置　双击需要修改参数的模块就会弹出参数调节对话框，可进行模块参数的修改。如图 8-7 所示，双击"Constant"模块，在弹出的参数调节对话框中可对该模块的参数进行修改。

（5）模块连线　模块连线有两种方式：第一种是直接选中模块 1 的箭头，拖动到模块 2 所要连接的箭头位置，将两模块连接；第二种是按住〈Ctrl〉键，选中模块 1 后，然后单击模块 2 即可自动连接两个模块。

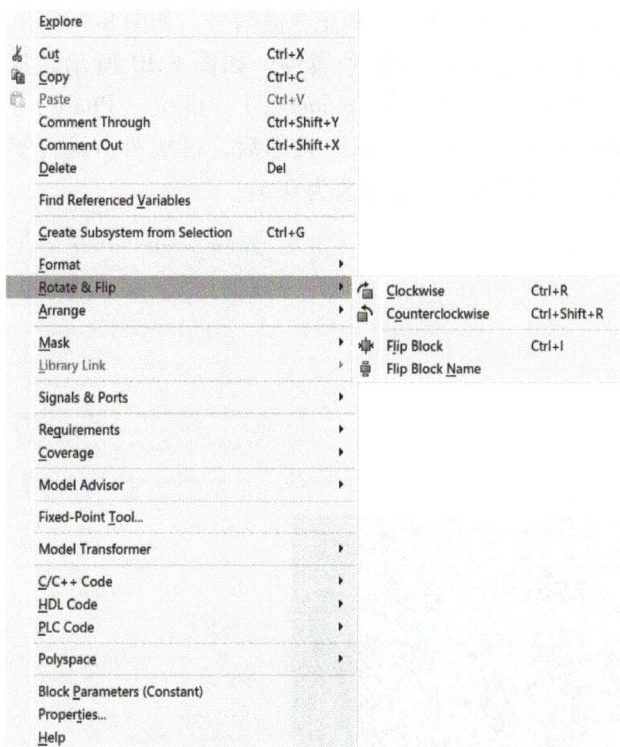

图 8-6　旋转模块

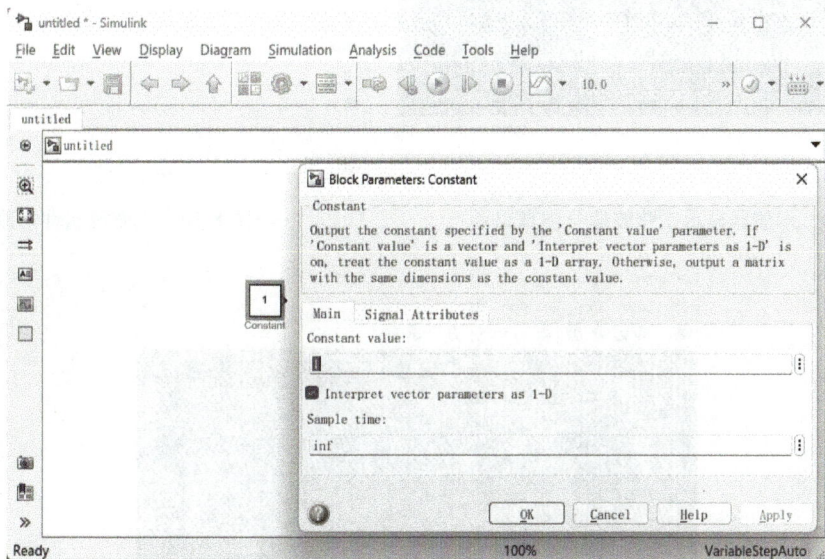

图 8-7　Constant 模块修改参数

下面使用 Simulink 建立一个简单的示波器显示正弦波信号源波形。在图 8-5 所示的 Simulink 模块库中选择 "Sources" → "Sine Wave"，将正弦波信号源拖动到图 8-3 所示的模型界面中。再选择 "Sinks" → "Scope"，将示波器模块拖动到模型界面中。按住〈Ctrl〉键，选中正弦波信号后，再单击示波器信号，将两个模块连接，如图 8-8 所示。

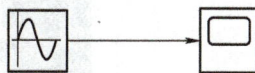

图 8-8　连接正弦波信号与示波器模块

单击运行键，再双击示波器，即可看到正弦波信号，如图 8-9 所示。

双击正弦波信号源，修改正弦波信号属性，如图 8-10 所示，从上至下分别为波幅
（Amplitude）、偏移量（Bias）、频率（Frequency）、相位（Phase）、采样时间（Sample
time）。将波幅调整调整为 0.5，单击"OK"按钮后，再次单击运行键，重新双击示波器，
新的波形如图 8-11 所示，可见波幅已经修改为 0.5。

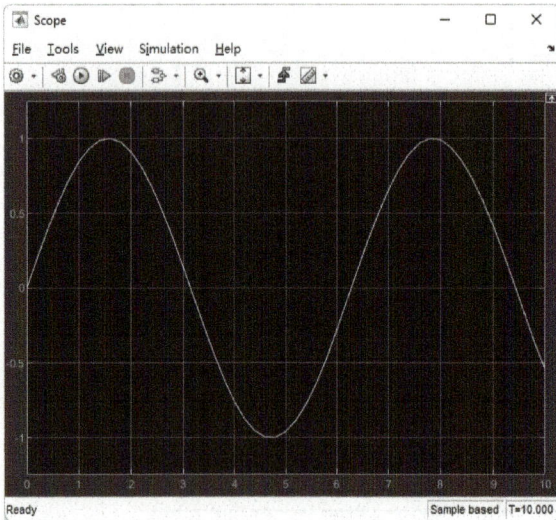

图 8-9　示波器显示正弦波信号仿真结果

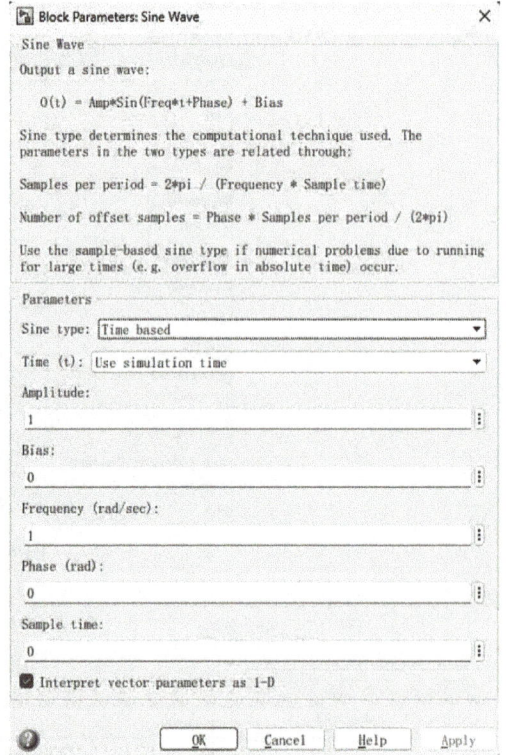

图 8-10　正弦波属性修改

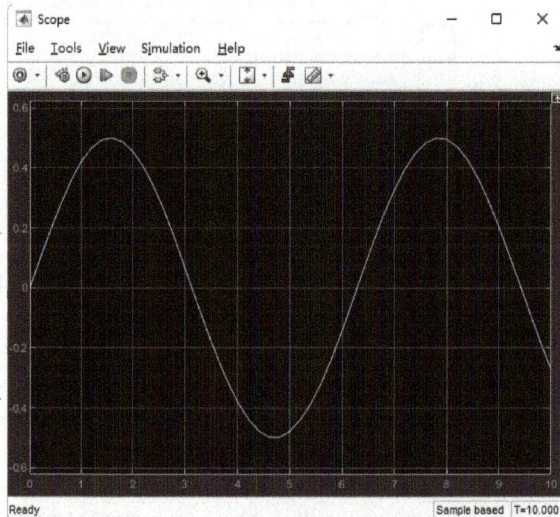

图 8-11　修改后的仿真结果

8.3　基于 MATLAB 和 Solidworks 的机器人联合仿真案例

8.3.1　由 Solidworks 模型导入 MATLAB

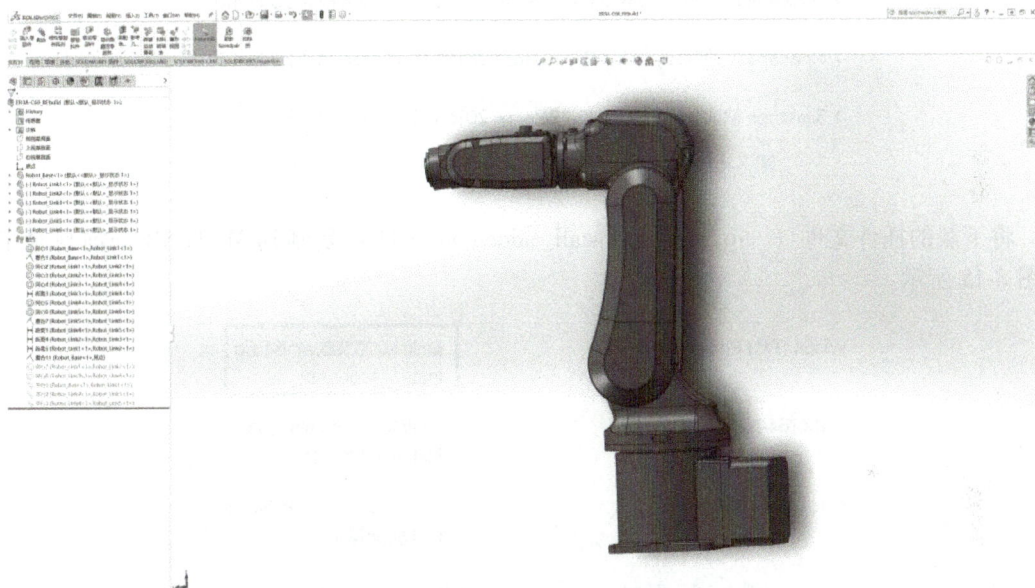

本节以 EFORT ER3A-C60 机器人为例，介绍 MATLAB 和 Solidworks 的机器人联合仿真过程。在 Solidworks 软件中打开六轴机器人的三维模型，并运用软件中的"配合"功能，将机器人关节进行装配。装配后的界面如图 8-12 所示。

由 Solidworks 模型
导入 MATLAB

图 8-12　Solidworks 软件中的机器人装配示意图

在 Solidworks 软件中安装 Simscape Multibody Link Plug-in 插件。进入 MathWorks 官网，在该网站的帮助中输入关键词"Solidworks"，可以获得相关操作的全部文档。本书在此直接给出插件的下载网址：https：//www. mathworks. com/help/physmod/smlink/ug/installing-and-linking-simmechanics-link-software. html。在浏览器中输入该网址，并单击图 8-13 中框线选中部分，即可进行插件的下载。要注意，计算机中的 Solidworks 与 MATLAB 必须保证同一框架（如都为 64 位操作系统）。在提供所需要的邮箱与单位名称后，选择图 8-14 所示与安装的 MATLAB 版本对应的插件，进行下载。

Step 1: Get the Installation Files

1. Go to the Simscape Multibody Link download page.

2. Follow the prompts on the download page.

3. Save the zip archive and MATLAB file in a convenient folder.

   Select the file versions matching your MATLAB release number and archive.

图 8-13　下载插件

> Simscape Multibody Link 7.1 – Release 2020a (Simscape Multibody 7.1)

> Simscape Multibody Link 7.0 – Release 2019b (Simscape Multibody 7.0)

> Simscape Multibody Link 6.1 – Release 2019a (Simscape Multibody 6.1)

> Simscape Multibody Link 6.0 – Release 2018b (Simscape Multibody 6.0)

> Simscape Multibody Link 5.2 – Release 2018a (Simscape Multibody 5.2)

> Simscape Multibody Link 5.1 – Release 2017b (Simscape Multibody 5.1)

> Simscape Multibody Link 5.0 – Release 2017a (Simscape Multibody 5.0)

> Simscape Multibody Link 4.9 – Release 2016b (Simscape Multibody 4.9)

> Simscape Multibody Link 4.8 – Release 2016a (Simscape Multibody 4.8)

图 8-14　选择与安装的 MATLAB 版本对应的插件

将下载的插件文件（.zip 文件和 install_addon.m 文件）复制到 MATLAB 当前目录下，如图 8-15 所示。

Win64 (PC) Platform	smlink.r2018b.win64.zip install_addon.m
UNIX (64-bit Linux)	smlink.r2018b.glnxa64.zip install_addon.m
Mac OS X (64-bit Intel)	smlink.r2018b.maci64.zip install_addon.m

图 8-15　复制 .zip 文件与 install_addon.m 文件

接下来，在 MATLAB 中安装插件。将下载后的"smlink.r2018b.win64.zip"文件与"install_addon.m"文件复制到 MATLAB 安装目录下，再用管理员身份打开 MATLAB。在 MATLAB 命令行窗口（Command Window）中输入："install_addon('smlink.r2018a.win64.zip')"，即可安装插件，如图 8-16 所示。

```
Command Window
>> install_addon('smlink.r2018a.win64.zip')
Installing smlink...
Extracting archive smlink.r2018a.win64.zip to C:\Program Files\MATLAB\R2018a...
Warning: Permission denied to create file "C:\Program
Files\MATLAB\R2018a\bin\win64\cl_sldwks2sm.dll".
> In extractArchive>extractArchiveEntry (line 109)
  In extractArchive (line 52)
```

图 8-16　安装插件

安装插件后，需要激活 MATLAB 与 Solidworks 软件之间的接口。在 MATLAB 的命令行窗口中输入："smlink_linksw"。当出现图 8-17 所示的窗口后，表示接口打开；在 Solidworks 中，打开装配图界面，单击菜单栏中的"Tools"选项，选择"插件"，弹出图 8-18 所示的对话框，在"其他插件"栏中勾选"Simscape Multibody Link"选项，单击"确定"按钮，插件安装成功。

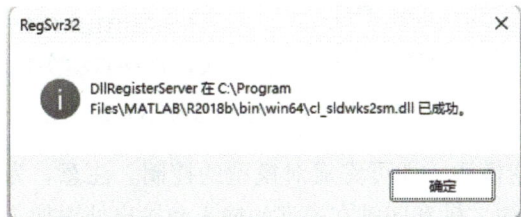

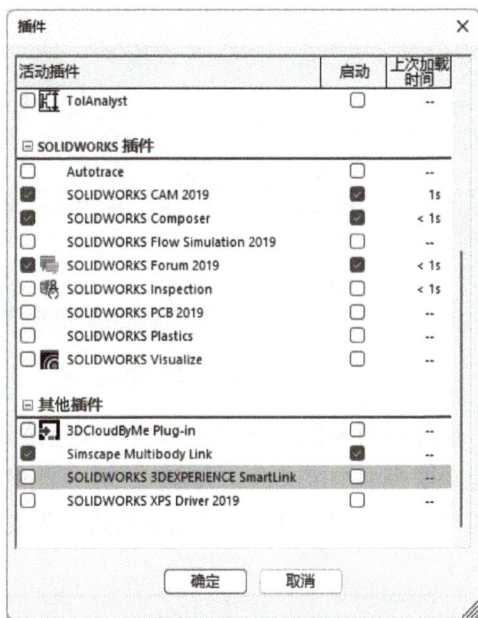

图 8-17 接口打开   图 8-18 "插件"对话框

在 Solidworks 中打开想要导入 MATLAB 的三维模型，将机械臂关节约束设为旋转约束，单击"Tools-Simscape Multibody Link-Export-Simscape Multibody"，选择一个文件位置，等待执行完成。回到 MATLAB 中，进入刚刚导出的机械模型，将存有 xml 文件的文件位置作为工作空间，将文件命名为"ER3A_C60_Rebuild"。

8.3.2 在 Simulink 中对模型编程

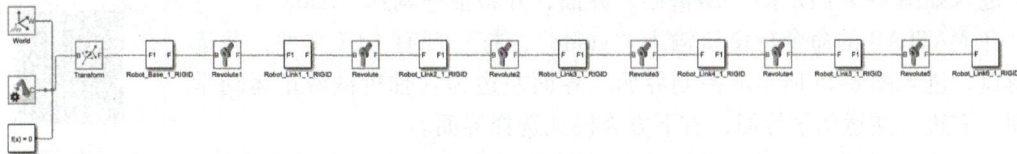

首先，在 MATLAB 中导入机器人模型。打开 MATLAB，在 MATLAB 的命令行窗口中输入"smimport('ER3A_C60_Rebuild')"，得到图 8-19 所示的 Simulink 模型。

图 8-19 Simulink 模型

双击图 8-20 所示的 Revolute 模块，在"Motion"中选择"Provided by Input"选项并勾选"Position"选项，如图 8-21 所示。

在机器人模型中添加图 8-22 所示的两个模块，用于物理信号和仿真信号的转换。S PS 模块的输入即为各个关节的输入信号（弧度单位），PS S 模块的输出即为各个关节的实际转角（弧

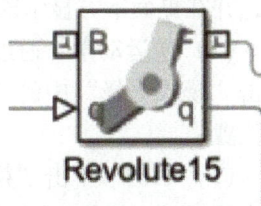

图 8-20 Revolute 模块

度单位）。

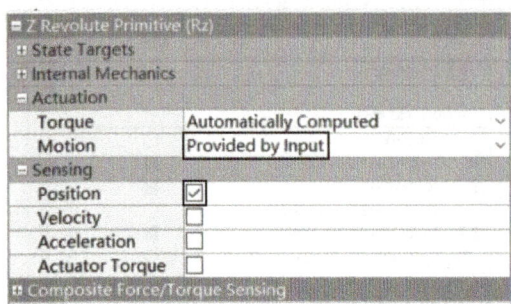

图 8-21 设置 "Motion" 与 "Position"

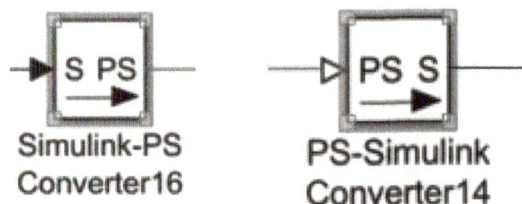

图 8-22 S PS 模块与 PS S 模块

添加如图 8-23 所示运动学模块和轨迹规划模块，即可完成对模型的控制。注意，为了和运动学模型中定义的正负方向一致，此模型中二轴和四轴在模型的输入和输出处添加了一个负号。本案例中机器人的运动轨迹为先直线运动再旋转一圈。

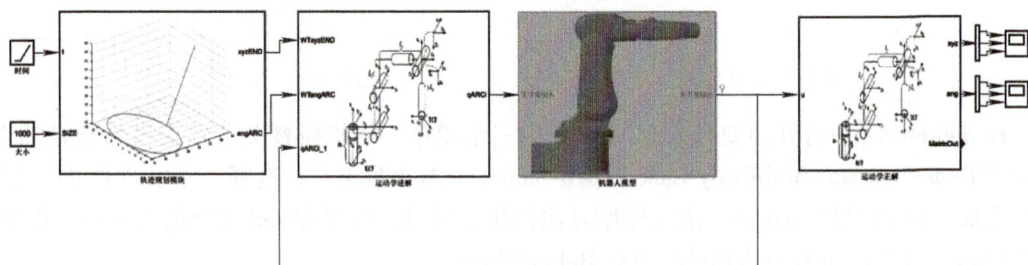

图 8-23 运动学模块和轨迹规划模块

8.3.3 仿真结果

双击文件夹中生成的 .slx 文件，打开 Simulink 模型界面，单击运行键，进入如图 8-24 所示的 "编辑器" 界面，并将倍率调到 "256×"。

在 MATLAB 的命令行窗口输入 "guide"，打开现有 GUI 文件，并运行窗口，进入图 8-25 所示的控制界面。界面左边为六轴机械臂正运动学界面，右边为逆运动学界面，右下方为模式选择界面。

仿真结果

（1）正运动学 通过调整 6 个关节的转动角度，单击 "模式选择" 中的 "运行" 按钮，图 8-24 所示的 "编辑器" 界面中的机械臂三维模型会运动到相应位置，并在界面下方显示末端执行器此时的位姿。

（2）逆运动学 通过调整 "逆运动学" 中的进度条，或者直接输入末端执行器的位姿，单击 "模式选择" 中的 "逆解" 按钮，机器人通过旋转各关节，以达到机械臂末端执行器的位置。

（3）示例 单击 "模式选择" 中的 "示例" 按钮，机械臂末端执行器完成先前设定的先直线运动再旋转一圈的运动轨迹。

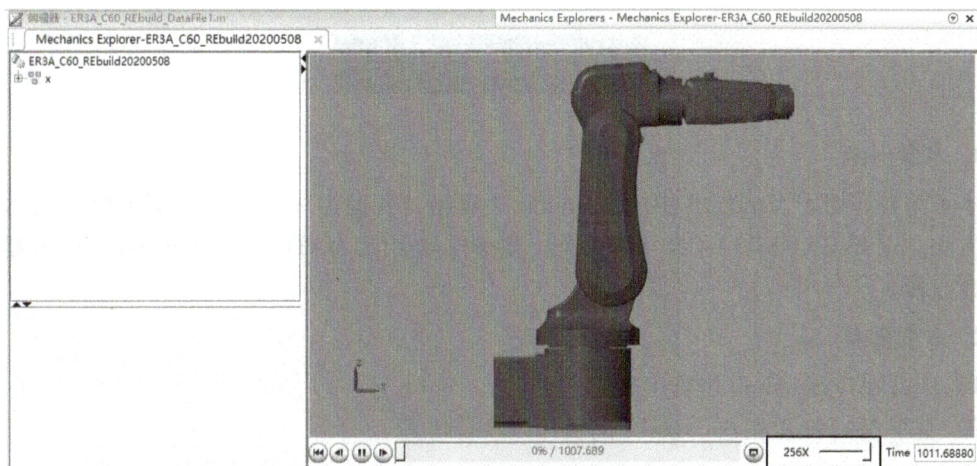

图 8-24　"编辑器"界面

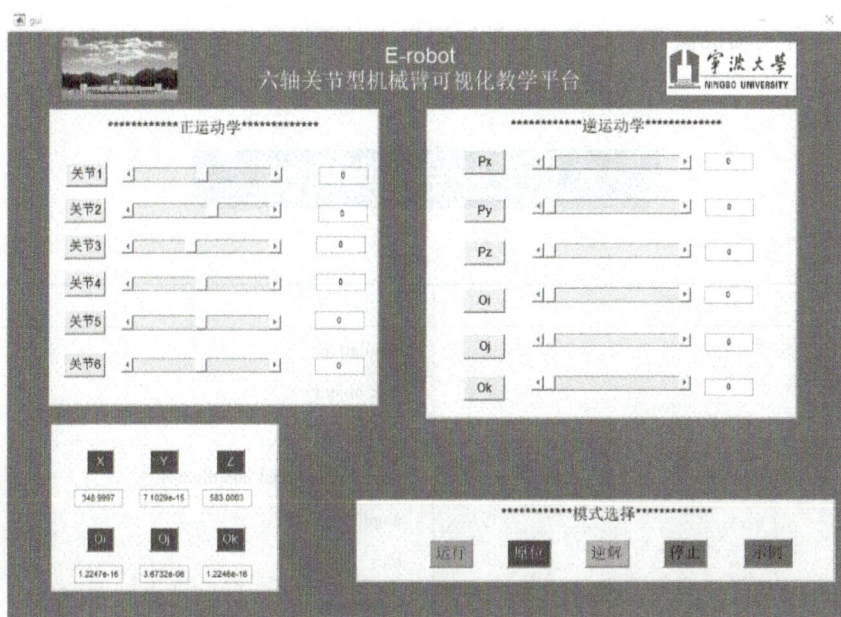

图 8-25　控制界面

阅读材料

Toolbox

Robot Studio

本章小结与重点

1. 本章小结

本章简要介绍了 MATLAB 中的 Simulink 工具箱，并通过一个实例详细讲解了工具箱的使用方法。以 EFORT ER3A-C60 六轴机器人为例，介绍了 MATLAB 和 Solidworks 的机器人联合仿真过程。

2. 本章重点

1）MATLAB/Simulink 仿真工具箱。

2）基于 MATLAB 和 Solidworks 的机器人联合仿真。

习　题

请设计一种三轴机械臂，并通过已学知识完成对所设计机械臂的 MATLAB 和 Solidworks 联合仿真。

本章重点专业英语词汇

中文词语	英文词汇
仿真	simulation
连杆对象	link object
工具箱	toolbox
三维坐标	three-dimensional coordinates
波幅	amplitude
偏移量	bias
频率	frequency
相位	phase
采样时间	sample time

机器人应用

第9章

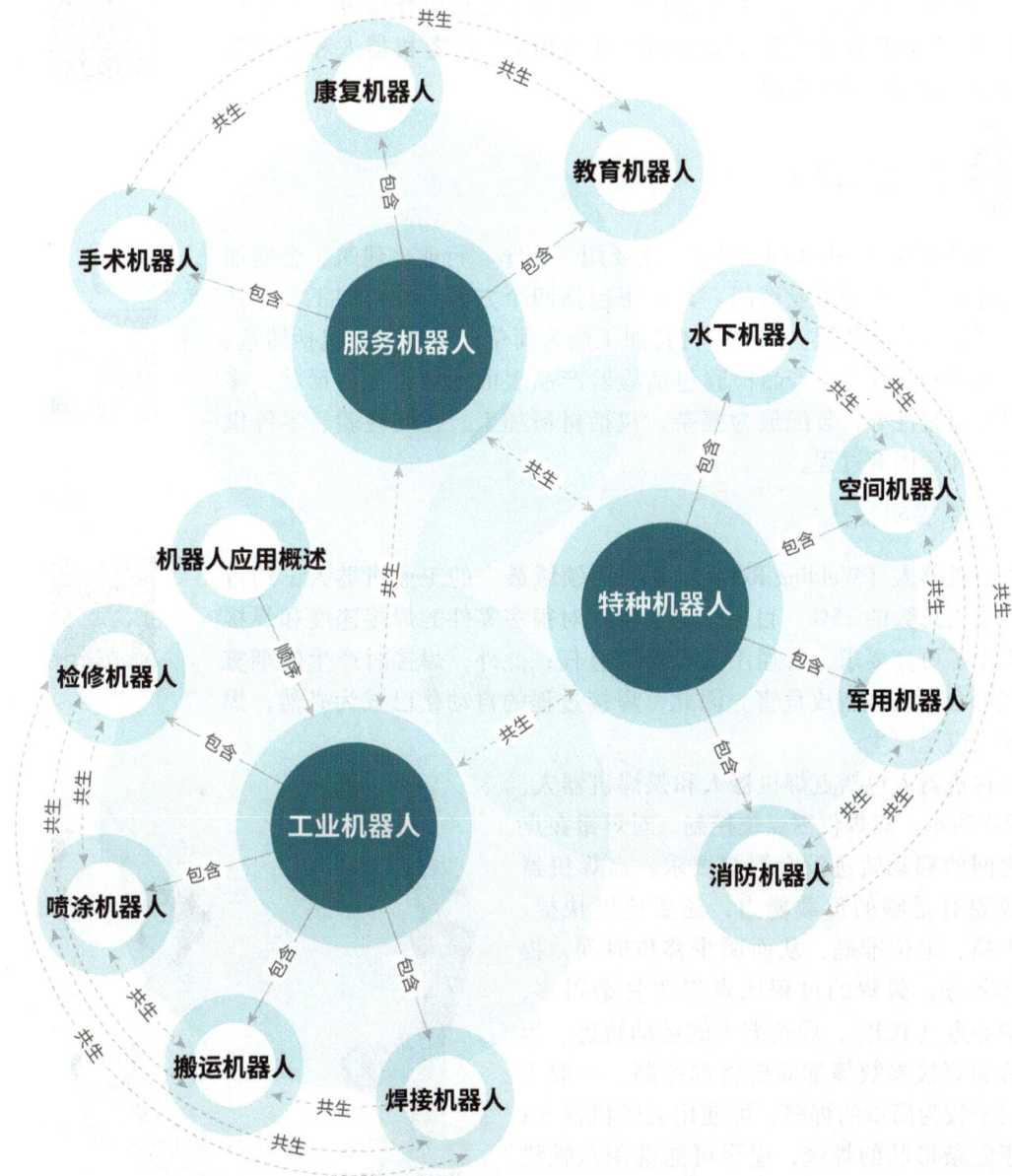

9.1　机器人应用概述

随着工业 4.0 的落地与智能制造的不断发展创新，工业机器人已在日常生产中得到广泛应用，并在确保安全、经济、有效的前提下，不断创造与总结经验。目前，除了工业领域外，机器人还在医疗康复、海空探索和军事等领域广泛应用。本章将以工业机器人、服务机器人和特种机器人为例，阐述机器人应用。

机器人应用概述

9.2　工业机器人

工业机器人（Industrial Robot）主要用于汽车、行业、建筑、金属加工、铸造等轻、重型工业部门。其应用包括四个方面：材料加工、零件制造、产品检验和装配。其中，材料加工最为简单；零件制造包括铸造、锻造、捣碎和点焊等；产品检验包括检验产品表面图像、几何形状、零件和尺寸完整性等；装配最为复杂，包括材料加工、在线检验、零件供给、挤压和紧固等过程。

工业机器人的应用

9.2.1　焊接机器人

焊接机器人（Welding Robot）是应用领域最广的工业机器人，约占工业机器人总数的 25%。目前，工业生产对很多零件的焊接速度和焊接精度提出了更高要求，普通工人已难以胜任；此外，焊接时产生的烟雾和火花也会对人体造成危害。因此，焊接过程的自动化已成为必然，焊接机器人应运而生。

焊接机器人

焊接机器人包括点焊机器人和弧焊机器人，如图 9-1 所示。点焊仅需点位控制，对焊钳在点与点之间的移动轨迹没有严格要求。点焊机器人不仅要有足够的负载能力，还要速度快捷、动作平稳、定位准确，从而减少移位时间，提高工作效率。弧焊的过程比点焊要复杂得多，工具中心点（TCP）、焊丝端头的运动轨迹、焊枪姿势和焊接参数等都需要精确控制。一般来说，对于较为简单的焊缝，可使用五轴机器人；但对于复杂形状的焊缝，应尽可能选用六轴机器人。

焊接机器人的工作原理如图 9-2 所示。它由机器人本体、控制柜和焊接电源等组成。焊接

a) 点焊机器人

b) 弧焊机器人

图 9-1　焊接机器人

机器人采用可编程的控制方式，操作人员事先根据工作任务和运动轨迹编写控制程序，并将其输入控制器，机器人可按照指令复现出运动轨迹。

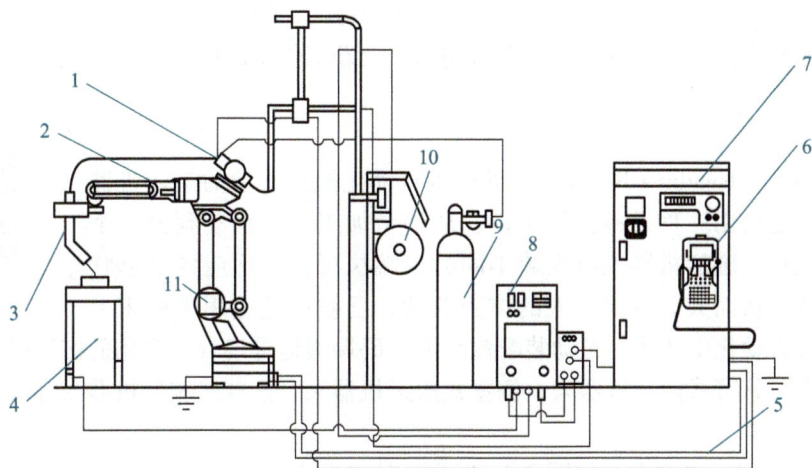

图 9-2　焊接机器人的工作原理

1—送丝机　2—焊接电源　3—焊枪　4—工作台　5—供电及控制电缆　6—示教器
7—控制柜　8—操作机　9—气瓶　10—焊丝筒　11—机器人本体

　　新一代焊接机器人采用视觉方法对焊缝进行自动检测和跟踪，自动化程度和焊接质量达到了更高水平。基于视觉传感器的焊接机器人系统如图 9-3a 所示，除焊接机器人的基本结构外，还需一套视觉跟踪系统，用于对焊缝中反馈的光源信息进行特征识别。特征识别包括主动传感与被动传感。被动传感通过焊接过程中焊缝自身光源信息进行特征提取，易受焊接弧光、飞溅等噪声干扰，成像质量较差；主动传感依靠外部光源，通过增强对比度，使焊接结构中光的选择更具判别性，通过提取焊缝的三维特征信息实现计算机控制焊接，能够有效克服自然光源下信息采集困难的问题。基于视觉传感器的焊接机器人焊接流程如图 9-3b 所

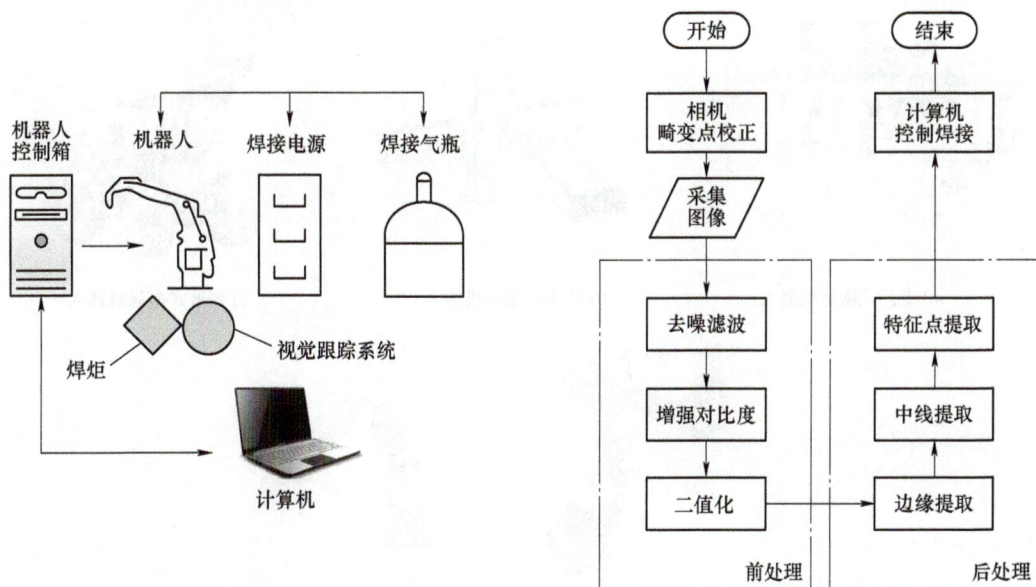

a) 基于视觉传感器的焊接机器人系统　　　　b) 基于视觉传感器的焊接机器人焊接流程

图 9-3　基于视觉传感器的焊接机器人工作原理

示，分为前处理与后处理两个环节，机器人采集图像后，通过去噪滤波，在保持较好图像细节的前提下完成图像去噪，可有效减少后期图像处理工作中的问题。

9.2.2　搬运机器人

搬运机器人（Handling Robot）是可进行自动化搬运作业的工业机器人。搬运作业是指用一种设备握持工件，从一个加工位置移动到另一个加工位置的过程。搬运机器人可安装不同的末端执行器以适应各种形状和状态的工件，从而大大减少工人的体力劳动，已被广泛应用于机床上下料、冲压机自动化生产线、自动装配流水线、码垛搬运等场合。常用的搬运机器人有龙门式搬运机器人、悬臂式搬运机器人、侧壁式搬运机器人、摆臂式搬运机器人和关节式搬运机器人等。

（1）龙门式搬运机器人　如图9-4a所示，其坐标系由 X 轴、Y 轴和 Z 轴组成，多采用模块化结构，可依据负载位置、大小等选择对应直线运动单元及组合结构形式，实现大物料、重吨位搬运。它采用直角坐标系，编程方便快捷，广泛应用于生产线转运及机床上下料等大批量生产过程中。

（2）悬臂式搬运机器人　如图9-4b所示，其坐标系由 X 轴、Y 轴和 Z 轴组成，可随不同的应用采取相应的结构形式，广泛应用于机床和冲压机自动上下料等场合。

（3）侧臂式搬运机器人　如图9-4c所示，其坐标系由 X 轴、Y 轴和 Z 轴组成，可随不同的应用采取相应的结构形式，主要应用于立体库等场合，如档案自动存取、全自动银行保管箱存取系统等。

（4）摆臂式搬运机器人　如图9-4d所示，其坐标系由 X 轴、Y 轴和 Z 轴组成，Z 轴可

a) 龙门式搬运机器人　　　b) 悬挂式搬运机器人　　　c) 侧臂式搬运机器人

d) 摆臂式搬运机器人　　　e) 关节式搬运机器人

图9-4　搬运机器人

实现升降运动；Y 轴通过外加滑轨可左右移动；X 轴末端连接控制器，可绕自身轴转动，从而实现各轴联动。它是关节式机器人的理想替代品，但负载能力比关节式机器人小。

（5）关节式搬运机器人　如图 9-4e 所示，它是当今工业中常见的机型之一，拥有 5～6 个轴，行为动作类似于人的手臂，具有结构紧凑、占地空间小、相对工作空间大、自由度高等特点。

对于精细零件的搬运，机器人需要采用传感器，如力觉传感器和视觉传感器。CONSIGHT 是美国通用公司研制的用于零件装配和搬运的视觉搬运机器人，能够捡起在传送带上任意摆放的零件。它通过视觉系统测定传送带上零件的方向与位置，并将零件抓放至合适位置。它由视觉、机器人和监控三个子系统组成，系统硬件包括 PDP11/34 计算机、固态摄像机、斯坦福工业机器人、传送带等，如图 9-5 所示。该系统能测定不同类型机械零件的位置和方向；可插入不同新零件的数据，编程方便；采用结构光源，无须较高的景物对比度；可对有视频噪声的图像数据进行处理。

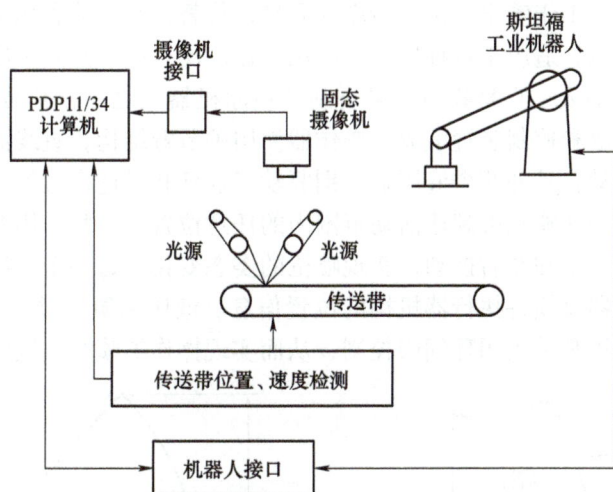

图 9-5　CONSIGHT 系统硬件框图

在工业生产中，CONSIGHT 可用其他工业部件代替原部件。例如，用 PDPLS1-11/03 计算机作为监控器，用其他的机器人代替斯坦福工业机器人等。该系统已开发出零件排队、零件分类不对称物体等能力，从而提高系统对零件的识别能力和工作能力。

9.2.3　喷涂机器人

喷涂机器人

喷涂机器人（Spray Robot）是可进行自动喷涂的工业机器人，由机器人本体、喷涂机、控制器等组成，如图 9-6 所示。液压驱动的喷涂机器人还包括液压油源，如液压泵、油箱和电机等，多采用 5～6 个自由度关节式结构，手臂有较大的运动空间，可做复杂的轨迹运动，腕部有 2～3 个自由度，可灵活运动。较先进的喷涂机器人腕部采用柔性手腕，既可向各个方向弯曲又可转动，动作类似人的手腕，能通过较小的孔伸入工件内部，喷涂其内表面。喷涂机器人一般采用液压驱动，具有动作速度快、防爆性能好等特点，可通过手把手示教或点位示教来实现。

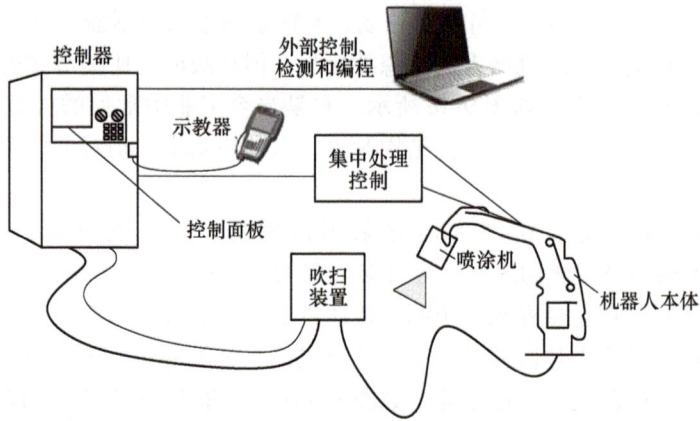

图 9-6　喷涂机器人系统

　　喷涂机器人能提高工作效率，保证喷涂的质量，代替人在危险和恶劣环境下进行喷涂作业。它有可编程的特点，适用于各种场合，应用日益广泛，以下是几个应用实例。

　　（1）PJ-I 喷涂机器人　它是我国最早研制的喷涂机器人之一，其装配图如图 9-7 所示。它由操作器、液压油源和控制装置组成。操作器使用关节臂结构，直线液压缸通过摇杆机构驱动大臂进行回转运动，另外两个液压缸分别驱动三连杆和四连杆机构，实现横臂上下俯仰和立臂前后摆动运动，使喷枪可到达活动范围内的任意位置。手腕采用两个互相垂直的摆动液压缸，使腕关节可上下和左右摆动，实现喷枪的姿态变化。每一个液压缸上都安装了位置检测机构，可向控制器反馈各执行器机构的位置信息。液压油源通过机-电-液转化向操作器提供液压动力。每个轴都采用闭环伺服控制，从而实现操作器喷枪连续轨迹的控制。

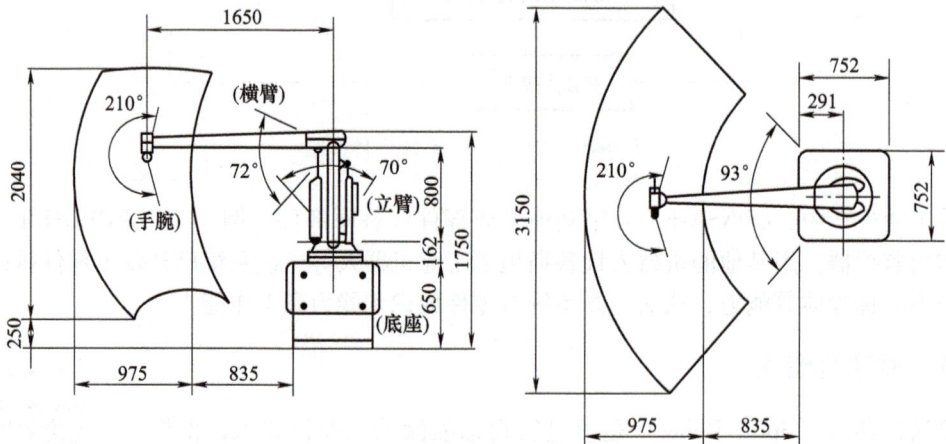

图 9-7　PJ-I 喷涂机器人的装配图

　　PJ-I 喷涂机器人的工作模式分为示教和再现两个过程。

　　1）示教过程：工人手把手操作机器人的关节和手腕，按所需喷涂面进行喷涂；同时，机器人的控制器记录示教喷涂的空间轨迹。

　　2）再现过程：控制器将示教的空间轨迹信息提取，经过插补运算，与采样得到的位置信息进行比较，调节后输出。再现过程中，控制器可根据喷涂工件输送链的速度变化调节操作器的运动，使其与输送链同步运动，并根据识别传感器识别不同的喷涂对象，自动调用相应的示教程序，完成自动喷涂。

（2）NC喷涂系统　一般的往复移动喷涂装置仅能处理80%的车体表面，为实现喷漆过程完全自动化，美国通用汽车公司建立了100%自动喷漆系统——NC喷漆系统。它由一台计算器进行统一监控，可远程对新车体的喷漆作业进行训练编程。每个工段都有一套往复移动装置和一些喷漆机器人，分别用于车顶、左侧和右侧的喷漆。

9.2.4　检修机器人

检修机器人

检测和维修是工业中常见的工作，但对于一些危险和工人不方便作业的场合（如高空、管道等），检修机器人（Maintenance and Inspection Robot）可代替人类完成任务。以下为两种常见的检测机器人。

（1）高空线路检修机器人　日常检查输电线路系统并进行早期故障维护，对电力传输十分重要。由于人工检测劳动强度大、危险性高、成本高，机器人检测已成为目前主要的应用研究方向。

输电线路检修机器人包括爬升（双臂和多臂）、飞行、混合（爬升-飞行）等形式。爬升输电线路检修机器人通过模仿动物（如猿猴）的运动设计而成，如图9-8a所示。猿猴能够使用两个前臂在树上爬行，并避开任何障碍物；爬升输电线路检修机器人模拟了猿猴的步态，可成功地沿着线路攀爬和滑动。然而，它只能沿无障碍物的线路移动，不能实际应用于电力线路检查。进一步将爬升机器人与无人机结合，研制出了混合（爬升-飞行）输电线路检修机器人，如图9-8b所示。无人机将混合输电线路检修机器人带到输电线路上，飞过障碍物，爬升部分则沿输电线路运动，从而执行检查任务。

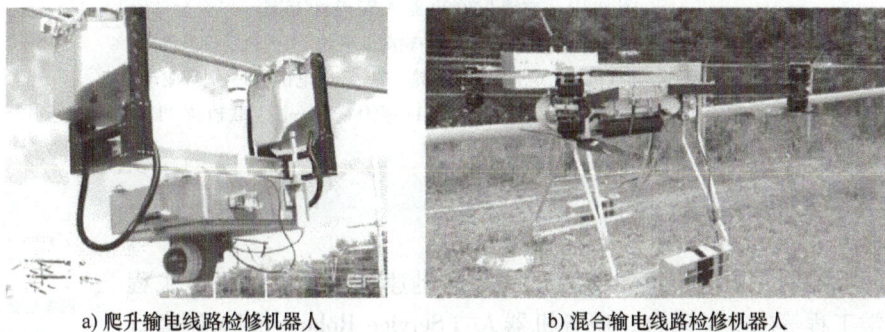

a) 爬升输电线路检修机器人　　　　　　b) 混合输电线路检修机器人

图9-8　输电线路检修机器人

机器人输电线路检查还面临许多挑战，如有限的机载电池容量、不可靠的线路故障检测手段、电磁屏蔽、除冰机制和针对外部风干扰的控制技术等。

（2）管道检修机器人　一般的管道系统除普通的水平和垂直环外，还有部分斜向布局的管路，管道壁附着物较为复杂，管道材质有金属和非金属等多种类型。为实现管道系统的检修，满足其紧凑和高机动性的要求，曾有文献提出一种新型蛇形仿生轮腿式管道检修机器人，其机械部分主要包括多底盘机身、移动机构、底盘连接机构等三部分。管道检修机器人系统如图9-9所示，其设计方案如图9-10所示。该机器人采用三底盘结构，底盘作为机器人主体框架，安装有机器人的动力源部分，如蓄电池、轮腿驱动电机和转向电机等。机器人的移动机构采用六轮腿电机驱动，主体内配置有六个直流电机作为轮腿的驱动电机。机器人的底盘连接机构采用万向铰接连接方式，使其能实现水平和竖直平面内的复合运动，采用差速转向，万向铰接连接在两侧转向电机上，轻松使机器人实现上升、下降和转向等动作。

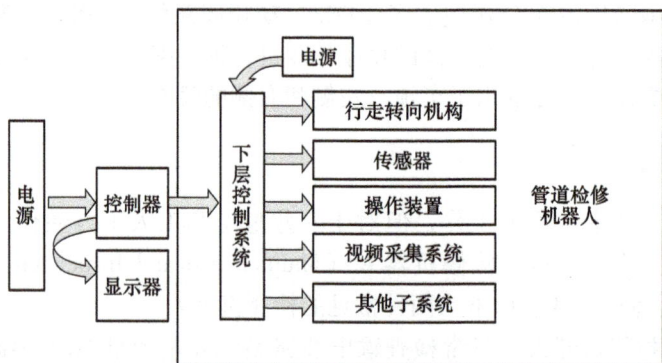

图 9-9　管道检修机器人系统

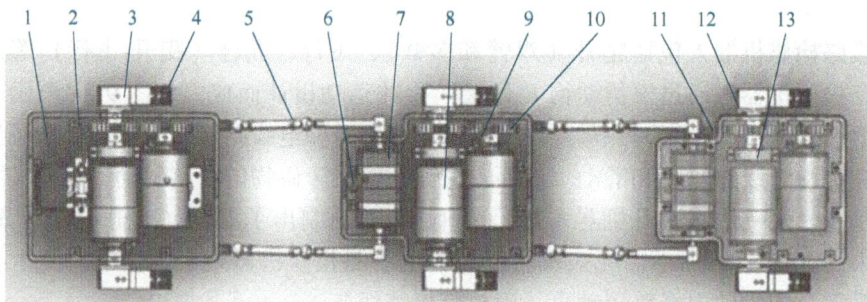

图 9-10　管道检修机器人的设计方案

1—CCD 摄像头　2—摄像头支架　3—轮腿安装块　4—轮腿行走机构
5—万向铰接底盘连接机构　6—万向橡胶轮　7—转向电机　8—腿部驱动电机
9—光电码盘测速传感器　10—直齿圆柱齿轮　11—壳体　12—法兰联轴器　13—带座轴承

9.3　服务机器人

随着智能控制、仿生技术、传感技术等的迅速发展，以及机电工程与生物医学工程等的交叉融合，服务机器人（Service Robot）相关研究日益深入，应用也越来越广泛。服务机器人的种类很多，包括清洁机器人、护理和康复机器人、医用服务机器人、家用机器人、消防机器人等；基本结构为移动机构、感知系统和控制系统；关键技术有自主移动技术、感知技术和人机交互等。以下介绍几种常用的机器人。

服务机器人的组成及关键技术

9.3.1　手术机器人

手术机器人（Surgical Robot）被称为刀尖上的科技，它借助机械臂、控制台和成像系统，协助医生进行准确控制并完成复杂的手术。与开放手术及传统微创手术相比，手术机器人有许多优点：可有效减小手术创面，使得患者术后恢复更快，术后并发症更少；手术机器人灵活的机械

手术机器人

臂提高了手术准确度，保证了手术结果的稳定性；减少了外科医生的体力消耗，缩短了医生的学习曲线，减少了患者的辐射暴露。

手术机器人可分为骨科手术机器人、神经外科手术机器人、血管介入治疗机器人和内窥镜手术机器人等。骨科手术机器人（见图 9-11a），主要用于高精度定位，辅助医生完成脊柱、关节等手术中植入物或手术器械的定位，主要技术有手术计划与控制软件、光学跟踪系统、主控台车和导航定位等。神经外科手术机器人（见图 9-11b）主要用于神经外科手术过程对手术器械进行空间定位和定向，由手术规划软件、导航定位系统、机器人辅助设备定位、操作系统等组成。血管介入治疗机器人由图像导航系统、操作装置与定位机械臂、力反馈系统等组成，导管推进系统准确性高，能稳定完成手术动作，导航系统帮助医生掌握导管与血管壁的相互位置内窥镜手术机器人的作用是通过主控制台、机械臂系统和高清摄像系统，辅助医生精准完成微创腹腔镜手术，主要技术包括三维高清手术视觉系统、仿真机械手、运动控制技术等。

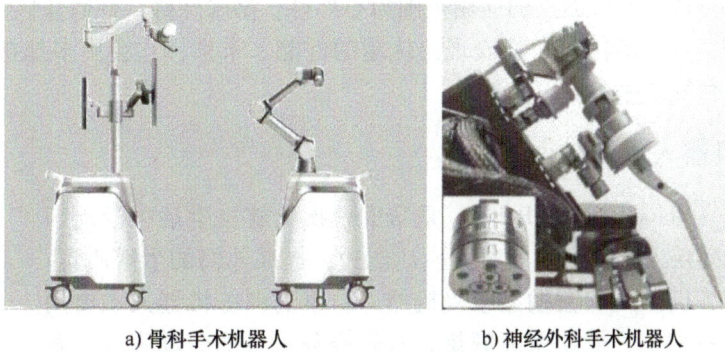

a) 骨科手术机器人   b) 神经外科手术机器人

图 9-11 手术机器人

达·芬奇手术机器人可用于腹腔手术，它通过微创方法实施复杂的外科手术。该机器人系统由三部分组成：外科医生控制台、成像系统和床旁机械臂系统，如图 9-12 所示。外科医生控制台是达·芬奇机器人系统的控制中心，由计算机系统、监视器、控制手柄、脚踏控制板及输出设备组成。

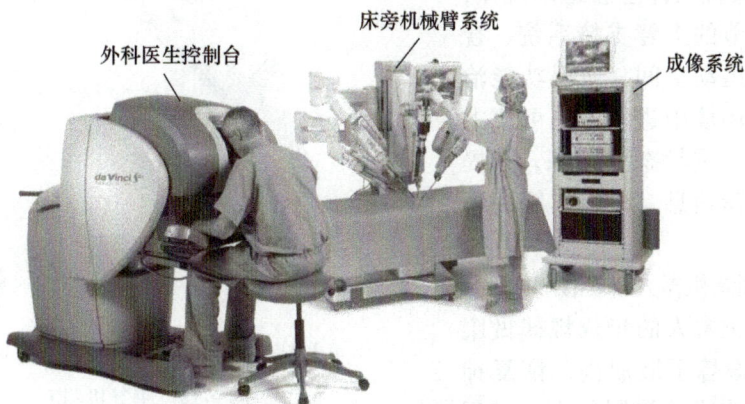

图 9-12 达·芬奇手术机器人系统组成

外科医生控制台的操作者坐在消毒区域以外，通过控制手柄来控制手术器械和立体腔镜。术者通过双手动作操纵手术台车上仿真机械臂完成各种操作，达到术者的手在患者体内做手术的效果；同时，可通过声控、手控或踏板控制腹腔镜，将双脚置于脚踏控制板上配合完成电切、电凝等操作。达·芬奇机器人系统可让术者在微创的环境里达到开放手术的灵活性。

成像系统内装有手术机器人的核心处理器以及图像处理设备，位于无菌区外，可由巡回护士操作，并可放置各类辅助设备。其内窥镜为高分辨率三维（3D）镜头，手术视野有10~15倍的放大倍数，能显示患者体腔内的三维立体高清影像，与普通腹腔镜手术相比可更好地帮助医生把握操作距离，辨认解剖结构，大大提升了手术精确度。

床旁机械臂系统是手术机器人的操作部件，主要功能是为器械臂和摄像臂提供支撑。助手在无菌区内的床旁机械臂系统边工作，负责更换器械和内窥镜，助手对床旁机械臂系统的运动比主刀医生有更高的优先控制权。

目前，达·芬奇手术机器人的应用范围为心外科、泌尿外科、普通外科、肝胆外科、妇产科、胸外科等，在诸多科室中都表现出优越的性能。未来，它会更多地被应用到各个科室，协助完成各种复杂手术。

9.3.2 康复机器人

康复机器人（Rehabilitation Robot）是帮助残疾人解决生活中活动困难的机器人，使残疾人获得更强的独立生活能力，提高他们的生活质量。它可分为康复训练机器人和辅助型康复机器人。康复训练机器人主要用来帮助患者完成各种主、被动康复锻炼，减轻服务人员的劳动强度，解决人工帮助锻炼达不到全身所有肌肉和关节长时间活动的问题，包括行走训练、手臂运动训练、脊椎运动训练、颈部运动训练等；辅助型康复机器人主要用来帮助肢体运动有困难的患者完成各种动作，如智能假肢、智能轮椅、导盲机器人。

根据康复区域，康复机器人可分为上肢康复机器人和下肢康复机器人。上肢康复机器人（见图9-13a）采用计算机技术实时模拟人体上肢运动规律，拥有一个可调节的上臂支持系统、智能反馈和三维运动空间，使得功能治疗训练在虚拟环境中进行。它可使上肢在负重或者减重状态下训练，并提供高质量的反馈信息，跟踪训练后康复程度。

下肢康复训练机器人（见图9-13b），使患者能模拟正常人的步伐规律做康复训练运动，锻炼下肢肌肉，恢复神经系统对行走功能的控制能力，恢复走路机能。它主要由步态控制装置、脚的姿态控制系统和重心平衡系统构成。步态控制装置

康复机器人

a) 上肢康复机器人　　　　　b) 下肢康复机器人

图 9-13　康复机器人

产生与正常人行走轨迹相近的运动轨迹；脚的姿态控制系统模拟正常人走路时踝关节的姿态变化；重心平衡系统由吊缆、承重背心、滑轮、支撑架和偏心轮组成，通过承重背心把患者固定在支撑架上，使患者的上肢和吊缆一起运动。重心控制系统与走步状态控制系统同步运动，实现重心的自动调整和重力的自动平衡。

康复机器人的驱动方式包括电动机驱动、气压驱动、油液驱动和气动肌肉等。其中气动肌肉作为一种新型的驱动方式，具有驱动功率质量比大、柔顺性好、安全性好、质量较轻等特点，引起广泛关注。此外，气动肌肉还具有刚度低、结构小巧等特点，并且价格低廉、噪声较小。

在使用康复机器人的过程中，用户需要与机器人不断沟通，因而人机接口的灵活与简便易用是康复机器人高效运行的基础。肌电接口技术和脑-机接口 BCI（Brain Computer Interface）技术是两种常用的人机接口，如图 9-14 所示。

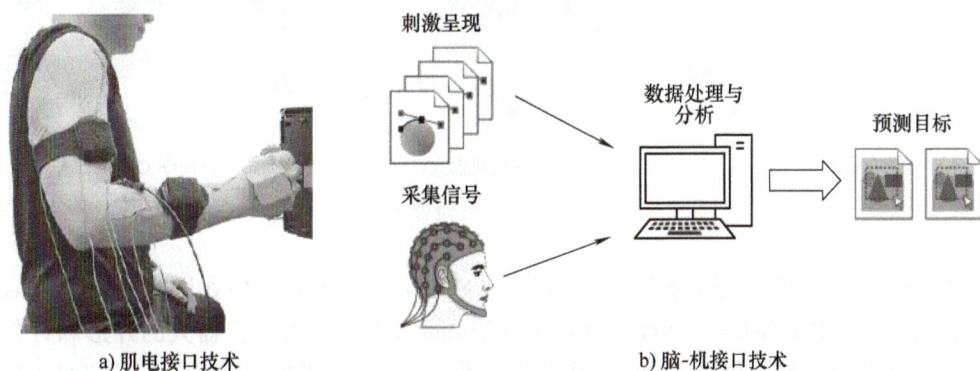

图 9-14　人机接口技术

肌电接口技术可通过检测肌电图，帮助人们做出肌疲劳性、重症肌无力、肌强直、肌萎缩等各种肌病的临床诊断；同时，还可通过识别人体表面肌电的某些特征来驱动康复设备的动作。大部分传感器直接粘贴在人体肌肤上，需要特别的固定装置。其获取信息的稳定与准确性受人体分泌的汗液、传感器安装的好坏等因素影响，信息量大而复杂，易受干扰，控制难度较大。

大脑在进行思维活动、产生动作意识或受外界刺激时，神经细胞将产生几十毫伏的微电活动，大量神经细胞的电活动传到头皮表层形成脑电波（Electroencephalogram，EEG），体现出某种节律和空间分布的特征。脑机接口技术通过一定的方法检测 EEG，通过信号处理（主要是特征提取和信号分类）分辨出意图信号，再转换为控制命令，从而实现对外部设备的控制和与外界的交流。脑机接口的关键技术包括信号采集、特征提取、信号分类和生物反馈。

9.3.3　教育机器人

教育机器人（Educational Robot）是应用于教育领域的机器人，与其他行业的机器人相比，它需要符合教育的基本要求。一般来说，教育机器人的成本较低、安全性较高、性价比较好，在使用过程中开放性较好。许多教育机器人具有可随意更改的模块，教师可以按照课堂实际需要对其功能进行改变；同

教育机器人

时，配备有十分简单的人机交互界面，具有较好的适应性。

随着教育机器人的广泛使用，国内外许多机器人生产商都加入了它的制造行列。常见的有德国的慧鱼机器人、丹麦的乐高机器人及韩国的 BIOLOID 机器人，如图 9-15 所示。我国机器人生产商对教育领域涉足较晚，但发展迅速，北京的乐博机器人和大连的博佳机器人比较有代表性。

a) 慧鱼机器人   b) 乐高机器人   c) BIOLOID机器人

图 9-15　教育机器人

按照外形，教育机器人可分为类人机器人（Humanoid Robot）、轮式机器人（Wheeled Robot）、泛机器人（Pan Robot）和虚拟机器人（Virtual Robot）。类人机器人的外形和行为接近人类，但造价高昂。轮式机器人通常采用多轮移动，造价相对低廉，部分头部配有显示器。泛机器人指除类人机器人和轮式机器人外的其他实体机器人。虚拟机器人是直接在计算机或移动设备上运行且具备人工智能会话功能的虚拟智能体。前三类机器人可在课堂或室外口语教学中用于人机交互或促成远程人际互动，虚拟机器人可帮助学生在计算机或移动设备上自主学习。

按照功能，教育机器人可分为社会机器人和远景机器人。社会机器人是具有人工智能、可扮演一定角色并能与人类交互的自主机器人。远景机器人是允许用户以浸入式方式进行远程操控的机器人，用户能完整体验到远景机器人看到的景象和听到的声音。有些远景机器人配备机械手臂，用户能进行更复杂的操控。部分远景机器人采用轮式结构，使用移动设备作为头部，降低了制造成本。表 9-1 所列为典型教育机器人。

表 9-1　典型教育机器人

机器人名称	开发公司或研究者	外形	功能	应用场景
QRIO	索尼公司	类人机器人	社会机器人	课堂
EngKey	韩国科学技术院	轮式机器人	社会机器人	课堂
Amazon Echo	亚马逊公司	泛机器人	社会机器人	自主学习
Nabaztag	紫罗兰公司	泛机器人	社会机器人	课堂
DISCO	Cucchiarini & trik	虚拟机器人	社会机器人	自主学习
Keebot/Padbot	映博智能科技公司	轮式机器人	远景机器人	课堂或室外
Double 2	达伯机器人公司	轮式机器人	远景机器人	课堂或室外
ROBOSEM	驭金机器人公司	类人/轮式机器人	社会/远景机器人	课堂

Mero 机器人和 EngKey 口语教育机器人是运用语音识别、口语理解、会话管理、情感表达等技术所设计的，如图 9-16 所示。学生们首先在学习教室观看视频上课，接着到语音训练室，由 Mero 机器人对学员语音质量进行自动评分并反馈，然后进行实战训练，由 Engkey机器人担任售货员，学生担任顾客，鼓励学生用所学语言与机器人对话。

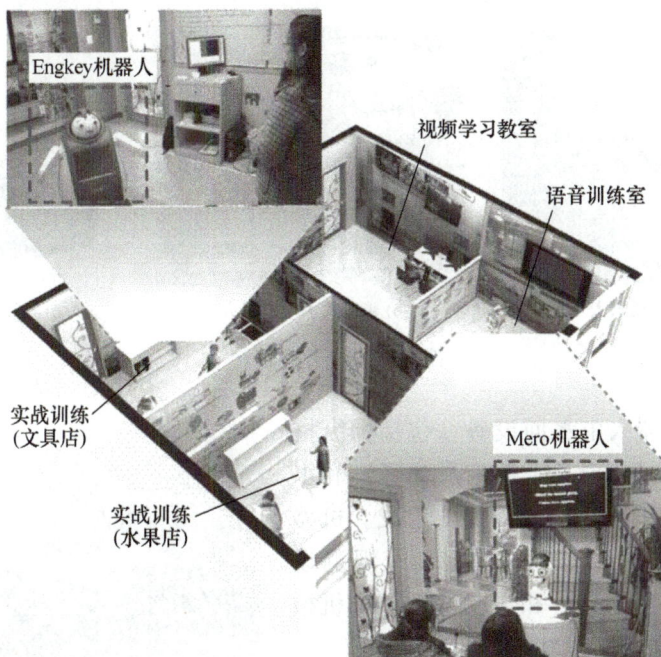

图 9-16　教育机器人应用

9.4　特种机器人

特种机器人（Special Robot）是指应用于专业领域，由专业人员操作或使用、辅助或代替人执行任务的机器人。由于它具有灵活性、机动性，可代替人完成重复、烦琐或危险的劳动，广泛应用于消防、军用、海洋探索等领域。

特种机器人的
定义及应用

9.4.1　水下机器人

水下机器人（Underwater Robot）是工作于水下的极限作业机器人，能潜入水中代替人完成某些操作，又称潜水器。水下环境恶劣危险，人的潜水深度有限，水下机器人已成为开发海洋的重要工具。它主要用于海上救援、石油开发、地貌勘察、科研、水产养殖、水下船体检修清洁、潜水娱乐、城市管道检测等领域。

水下机器人

根据运动特征，水下机器人可分为浮游式水下机器人、步行式水下机器人、移动式水下机器人，如图 9-17 所示。大多数水下机器人是浮游式的，具有较大的机动性，但要求具有中性浮力，因此在设计时应把机器人系统元部件质量最小作为主要标

准，并对因重量变化而出现的误差进行补偿。步行式水下机器人在复杂的海底地形条件下有较好的通行能力和机动性，并有较高的稳定性；缺点是它在海底移动时会使水层和泥土严重扰动。移动式水下机器人可采用履带式和车轮式行进机构，其通行能力和机动性比步行机器人差，会更严重地引起水层和泥土的扰动。

a) 浮游式水下机器人

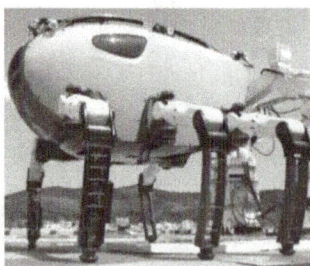
b) 步行式水下机器人

c) 移动式水下机器人

图 9-17　水下机器人

典型的水下机器人由水面设备（包括操纵控制台、电缆绞车、吊放设备、供电系统等）和水下设备（包括中继器和机器本体等）组成。机器本体在水下靠推进器运动，本体上装有观测设备（如摄像机、照明灯等）和作业设备（如机械手、切割器、清洗器等），如图 9-18 所示。

图 9-18　典型水下机器人

水下机器人的水下运动和作业是由操作员在水面母舰上控制和监视的。它依靠电缆向本体提供动力和交换信息，中继器可减少电缆对本体运动的干扰。新型潜水器从简单的遥控式向监控式发展，即由母舰计算机和潜水器本体计算机实行递阶控制，能对观测信息进行加工，建立环境和内部状态模型；操作人员通过人机交互系统用抽象符号或语言下达命令，接收经计算机加工处理的信息，对潜水器的运行和动作过程进行监视并排除故障。近年来研制的智能水下机器人系统中，操作人员仅下达总任务，机器人就能识别和分析环境，并自动规划行动、回避障碍，自主地完成指定任务。

9.4.2　空间机器人

空间机器人

空间机器人是指能在宇宙空间作业的机器人。随着智能机器人的研究，它已成为新的研究领域与热点，也是空间开发的重要组成部分。

宇宙空间充满着致命的辐射，且具有微重力、超真空、高温差等人类难以生存的恶劣环境特点，不仅需要采用各种高新科技技术进行有效开发，而且需要能够部分或大部分代替宇航员进行舱外作业的空间机器人。

（1）主要任务　空间机器人的主要任务如下：

1）在月球、火星及其他星球等非人居住条件中完成先驱勘探。

2）在宇宙空间代替宇航员实现卫星服务（如捕捉、修理和补给能量）、空间站服务（如安装和组装空间站的基本部件、各种有效载荷运转、EVA 支援等）及空间环境的应用实验。

3）空间生产与科学实验，利用宇宙空间微重力与高真空生产出地面上难以或无法生产的产品。

（2）特点　空间机器人具有以下特点：

1）体积较小，重量较轻，抗干扰能力较强。

2）智能程度较高，功能较全。

3）消耗的能量尽可能小，工作寿命尽可能长，可靠性要求较高。

（3）分类　按照不同用途，空间机器人可分为舱内/外服务机器人、星球探测机器人与自由飞行机器人。

1）舱内/外服务机器人。作为空间站舱内使用的机器人，舱内服务机器人主要用来协助航天员进行舱内科学实验以及空间站的维护。要求舱内服务机器人质量轻、体积小，具有灵活性与操作能力。作为空间站（或者航天飞机）舱外使用的机器人，舱外服务机器人主要用来提供空间在轨服务，包括小型卫星的维护、空间装配、加工与科学实验等。由于空间环境恶劣且出舱费用高昂，对舱外服务机器人的研究与实验工作非常重要。

图 9-19 所示为加拿大研制的航天飞机遥操作臂系统（SRMS），是空间机器人概念产生以来第一个成功应用的空间机械臂系统。SRMS 由宇航员在舱内操作，可用于展开与回收卫星、组装国际空间站与传送部件。2005 年，SRMS 协助宇航员成功完成了“发现者”号航天飞机的热防护系统维修工作。

2）星球探测机器人。星球探测机器人用来执行月球与行星等星球表面的探测任务。在星球探测中，该机器人可用来探测着陆地点，进行科学仪器放置，收集样品等。与其他用途的机器人相比，星球探测机器人具有更强的自主性，能在较少人为干预下独立完成各项任务。图 9-20 所示为“海盗号”火星探测空间机器人。

图 9-19　航天飞机遥操作臂系统

图 9-20　“海盗号”火星探测空间机器人

3）自由飞行机器人。自由飞行机器人是指飞行器上搭载机械臂的空间机器人系统。它由机器人基座（卫星）与机械臂组成，具有自由飞行与自由漂浮两种工作状态，主要用于卫星的在轨维护与服务。

美国国防高级研究计划局（DARPA）"轨道快车"（Orbital Express）项目（见图 9-21）的目标就是研制一种卫星，它能为安装标准对接机构的卫星提供燃料补充、电子设备与蓄电池更新等服务，最终客户就是商业卫星与军用卫星。该项目包括一颗用于在轨服务的 ASTRO 卫星与一颗 Next Sat 的客户卫星。

图 9-21　美国 DARPA 的"轨道快车"项目

9.4.3　军用机器人

军用机器人是一种用于完成军事任务的自主式、半自主式或人工遥控的机械电子装置。它是以完成预定技术或战略任务为目标，以智能化信息处理技术和通信技术为核心的智能化武器装备。它分为地面军用机器人、水下（海洋）军用机器人和空间军用机器人，如图 9-22 所示。其中，地面军用机器人的开发最为成熟，应用较为广泛。

a) 地面军用机器人　　　b) 奋斗者号载人潜水器　　　c) 军用微型无人机

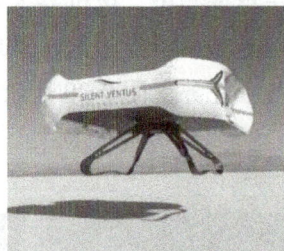

图 9-22　军用机器人

地面军用机器人可分为智能或遥控的轮式和履带式车辆、自主车辆和半自主车辆。自主车辆依靠自身的智能自主导航躲避障碍物，独立完成战斗任务；半自主车辆可在人的监视下自主行驶，遇到困难时操作人员可进行遥控干预。

水下（海洋）机器人是一种水下高技术仪器设备的集成体，除集成有推进、控制、动力电源、导航等仪器设备外，还根据不同的应用需求配备声、光、电等不同类型的探测仪器，适用于长时间、大范围的侦察、维修、攻击和排险等军事任务。

无人机是军用机器人的一种广泛应用。例如，微型飞机可侦查山林、树林和大楼内的敌人数量。它又小又轻，可单兵携带；可装备雷达、红外传感器或固体摄像头，能飞行数公里远。微型军用侦察无人机目前仍处于研究阶段，其研发具有较高的难度，但具有广阔的应用前景。

9.4.4 消防机器人

消防机器人

消防机器人作为一种特种机器人广泛应用于消防救援。它能代替消防救援人员进入有毒、缺氧、浓烟等危险灾害事故现场，有着举足轻重的作用。目前的消防机器人不仅可实现行走、爬坡、跨越障碍和灭火等功能，还可利用各种传感器对火灾现场进行探测侦查，为消防人员在灭火救援中提供帮助。以下为消防机器人的几种实例。

向高层建筑供应消防用水是世界性难题。我国陕西宝鸡某公司研发了一种消防机器人，集机电一体化、智能自动化和高效节能化技术为一体，如图 9-23a 所示。它采用射流稳压储能、变量恒压自动补偿、高灵敏流量检测、智能检测控制、语音报知等先进技术，克服了现有消防器材普遍采用低压和局部加压供水的缺陷，安全可靠地解决了高层建筑消防压差和超压问题。

a) 高楼消防供水机器人　　b) 自动灭火小型机器人　　c) 搬移危险品的消防机器人

图 9-23　消防机器人

美国研发的一种自动灭火小型机器人，如图 9-23b 所示。它平时可以放在办公室或普通居民楼的厨房里，一旦出现异常烟雾，就会自动搜寻每个房间的火源；发现明火后，立即自动开启内装泡沫或粉状灭火剂的喷射器并迅速灭火。它还会自动报警，通知消防人员采取行动。其工作原理是根据事先输入机器人程序的楼房基本情况，通过红外线和紫外线传感器来探测室内是否存在异常光源，同时分析该光源是否在散发异常热能；一旦发现较强的红外辐射，就会自动进行紧急核查，火焰较小时迅速将其扑灭，火焰较大时立即边灭火边报警。上述过程仅需半分钟即可完成。

英国研发的搬移危险品的消防机器人，可深入 800℃ 的火灾中心地带工作十余分钟，操作人员可在百米外根据机器人头部两台摄像机传回的画面遥控指挥。如图 9-23c 所示，它其实是一台钢制牵引车，使用 2.2L 的柴油机，有 4 个实心轮胎，重约 2.5t，前进或后退速度较快。车上装有一副类似起重机上机械臂的铰接臂，臂上装有能抓取物体的夹子、钳子、铁锹和叉子。它能在火灾现场抓起一些危险物品，清理阻碍消防人员前进的残骸，并将装有化学品的易燃、易爆物撤离火源。全车采用阻燃材料，装有一个储水箱，能将处于萌芽状态的明火迅速扑灭。

阅读材料

核燃料处理相关机器人

迎宾机器人

本章小结与重点

1. 本章小结

本章从工业机器人、服务机器人和特种机器人三方面介绍了常见机器人应用。首先，从工业机器人中广泛应用的焊接、搬运、喷涂、检修机器人切入，介绍了各类机器人的用途、结构、工况等。然后，介绍了服务机器人中的手术机器人、康复机器人、教育机器人等，这类机器人可协助完成复杂的手术操作。最后，以特种机器人结尾，水下机器人、空间机器人、军用机器人、消防机器人等都需要有极强的环境适应性和不可替代性，以应对各种危险状况。

2. 本章重点

（1）了解工业机器人　焊接机器人、搬运机器人、喷涂机器人、检修机器人等。
（2）了解服务机器人　手术机器人、康复机器、教育机器人等。
（3）了解特种机器人　水下机器人、空间机器人、军用机器人、消防机器人等。

习　题

1. 请简述在应用机器人时必须考虑哪些因素。
2. 工业机器人能够应用在哪些领域？请举例说明。
3. 请简述服务机器人有哪些实际应用。
4. 请简述达·芬奇机器人由哪几部分组成。
5. 请简述什么是特种机器人，它与工业机器人有什么区别？

本章重点专业英语词汇

中文词语	英文词汇
工业机器人	industrial robot
焊接机器人	welding robot
搬运机器人	handling robot

（续）

中文词语	英文词汇
喷涂机器人	spray robot
检修机器人	maintenance and inspection robot
服务机器人	service robot
手术机器人	surgical robot
康复机器人	rehabilitation robot
教育机器人	educational robot
特种机器人	special robot
水下机器人	underwater robot

机器人技术变革

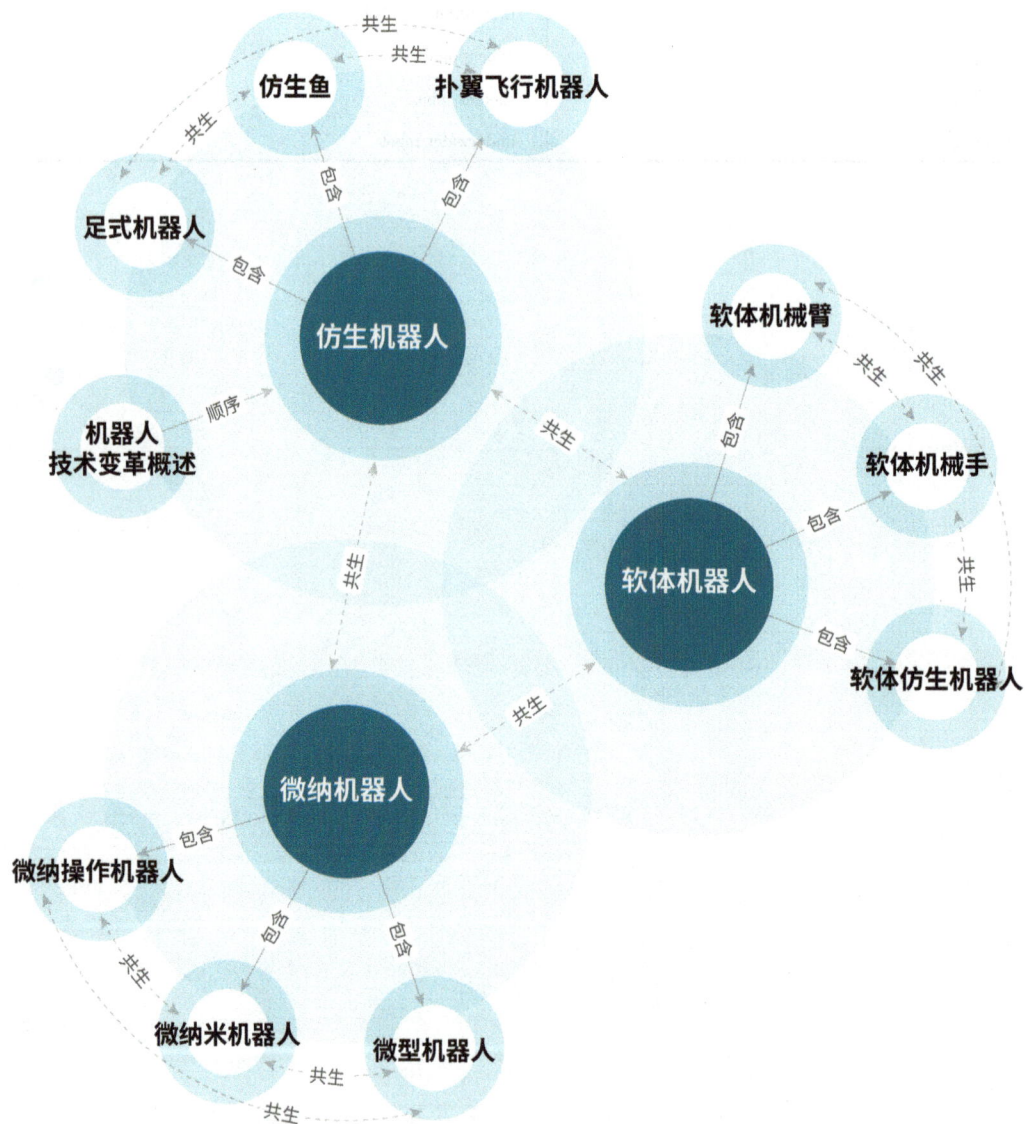

第10章

10.1　机器人技术变革概述

随着科技的迅速发展及工业互联网发展行动计划的深入实施，机器人技术迎来了重大变革，我国提出在 2035 年前机器人产业综合实力达到国际领先水平。目前，机器人已成为经济发展、人民生活、社会治理的重要组成部分。把握机器人技术发展趋势，研发例如仿生机器人、软体机器人与微纳机器人等前沿技术，推进人工智能、5G、大数据、云/雾/边缘计算等新技术的融合应用，是当前机器人战略实施的关键。

机器人技术变革概述

10.2　仿生机器人

10.2.1　足式机器人

足式机器人涉及多个学科，例如智能控制（如位置与姿态的稳定性控制、鲁棒控制）、行为步态的自动生成方法、和谐人机交互理论、人工智能与人工情感理论方法等。创建于 1992 年的波士顿动力公司是当前足式机器人的行业领导者，代表机器人有 Atlas 机器人和 Spot 机器人。

足式机器人

Atlas 双足机器人由 28 个驱动器组成的液压系统提供动力，内部充满液压驱动器及液压管道。它依靠身体维持平衡和移动，当跳过障碍物或做杂技时，不仅使用腿，还会摆动手臂来推动身体，如图 10-1b 所示。

a) Atlas机器人外观　　　　　　　　　b) Atlas机器人奔跑避障

图 10-1　Atlas 双足机器人

目前最新的机器人更轻、更灵活，使用工业级 3D 打印机制造关键的结构部件，使机器人的强度比早期的设计更大。新一代 Atlas 可以在摔倒后爬起来。2023 年，该机器人改进了手部结构，采用夹爪设计，可用于工业建筑等工作。

Spot 四足机器人如图 10-2 所示。机器人的腿由 12 个定制的直流电机驱动，每个电机配

a) Spot机器人外观　　　　　　　　　　　b) Spot机器人攀爬楼梯

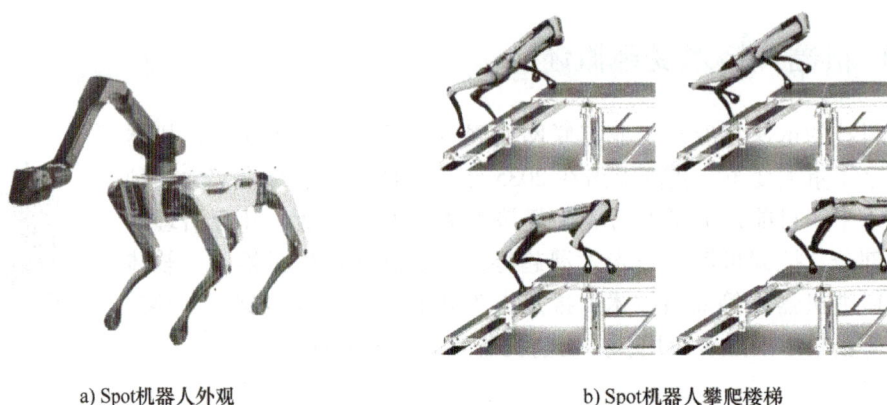

图 10-2　Spot 四足机器人

备减速器，从而提供高扭矩。它可向前、向侧、向后行走，以 1.6m/s 的最高速度小跑；还可以在原地转弯、爬行和踱步。Spot 的硬件几乎完全是定制设计的，包括用于控制的处理板以及用于感知的传感器模块。传感器位于机器人身体前面、后面和侧面，每个模块由一对立体相机、一个广角相机和一个纹理投影仪组成，能在低光下增强 3D 感知能力。这些传感器使机器人能够使用 SLAM 导航方法，同时定位和测绘，自主四处游走。

除自主行为外，Spot 还可由远程操作员用控制器进行操控。即使在手动模式下，其仍可表现出高度自主性。如果前面有障碍物，Spot 会绕过它；如果有楼梯，Spot 会爬上楼梯。机器人进入相应操作模式，然后完全自行执行相关动作，不需要操作者任何输入。借助稳定而紧凑的结构，它可适应各种恶劣的环境，如狭窄通道、不平坦地形等，目前已广泛应用于石油和天然气、工业安全等领域，极大地提高了生产率和效益。

10.2.2　仿生鱼

近年来，随着人工智能与仿生学的进步，仿生机器鱼（Biomimetic Robotic Fish）成为鱼类推进机理和机器人技术的结合点。仿生鱼是参照鱼类游动的推进机理，利用机械电子元器件或智能材料实现水下推进的运动装置。它以鱼类解剖学结构与游动技能为基础，相比普通水下机器人，它的运动更符合流体力学原理，具有更好的加速和转向能力。

仿生鱼

德国 FESTO 公司的 Airacuda 是一种具有鳍推进功能的仿生鱼，采用气动驱动，在构造、设计和运动学方面遵循生物模型。如图 10-3 所示，它有 4 个气动肌腱，可实现 S 形运动，尾鳍可平顺转向、偏转。Airacuda 内部有一个空腔，可充满水或空气，借助气泡在水中保持平衡。通过压力传感器确定深度并向电子设备发送信号，电子设备打开相应的阀并向腔室供应真空或压缩空气。该公司还有一款仿生鱼 Aqua_ray，其灵感源自蝠鲼，形式设计和运动模式都非常接近自然原型。其采用流量优化的结构，可灵活、高效地在水中运动，如图 10-4

图 10-3　Airacuda 仿生鱼

所示。

中国科学院自动化研究所开发了多种类型的微小型仿生鱼及多仿生鱼协调控制系统，并对其控制、感知能力及协调控制方法开展了深入研究。图 10-5 所示为仿豹鲂机器鱼（RobDact），拥有一对波动长鳍与一个大功率双关节尾鳍，可实现原地旋转、浮潜及狭窄空间内自由运动。它具有一定载荷能力，良好的环境友好性、机动性和运动稳定性。

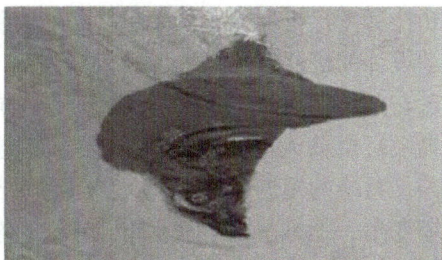

图 10-4　Aqua_ray 仿生鱼

香港大学机械工程系研发了 SNAPP 仿生鱼，其在 2020 年创下吉尼斯世界纪录：游完 50m 水下路线仅耗时 22.92s，以 2.18m/s 的速度突破了人类游泳的科学界限。如图 10-6 所示，SNAPP 采用模块化设计，便于维护、维修和定制。其浮力可通过增加身体组件来增加，丙烯酸管和 O 形圈保证了防水性能；使用 433MHz 低频无线电，能更好地穿透水体。SNAPP 通过 3D 打印制作，成本约 641 美元。

图 10-5　仿豹鲂机器鱼（RobDact）

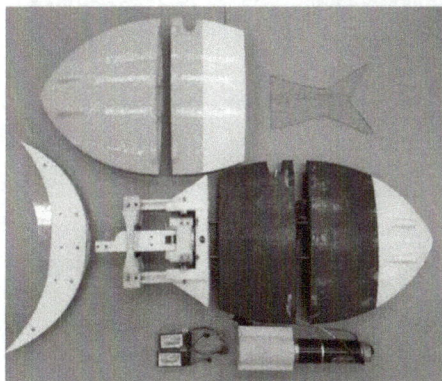

图 10-6　SNAPP 仿生鱼

10.2.3　扑翼飞行机器人

扑翼飞行是鸟类与昆虫类飞行生物的飞行方式，能够在原地或狭小区域内起飞，通过翅膀的扑动与空气产生相对运动来实现举升、悬停与推进。鸟类扑翼机器人的运动姿态设计遵循鸟类的飞行机理，利用翅膀拍打过程中形成的压力差产生上升力。扑翼飞行机器人的飞行过程分为以下四个阶段：

扑翼飞行机器人

1）下拍阶段：机械翅膀从后上方向下前方拍动，下拍过程中翅膀向前扭转，此时翅膀基本保持平直。

2）弯曲阶段：下拍到最低点时，翅膀有一个短暂的停顿，翅膀外部向下折叠成拱形。

3）上提阶段：机器人从最低点向上提的过程中，仅有头部关节部分抬起，腕关节仅稍向后扭转，仍保持低下位置，整个翅膀保持折叠成拱形。

4）展平阶段：骨关节几乎抬到最高点时，前肢迅速抬起到"充分高"的部位，翅膀迅速展平，然后重复循环。

图 10-7 所示为德国 FESTO 公司设计的 Smart Bird 扑翼飞行机器人，图 10-8 所示为哈尔滨工业大学设计的机器海鸥扑翼飞行机器人。

与鸟类扑翼飞行机器人的原理不同，昆虫类扑翼飞行机器人能在空中实现任意前进、倒退与悬停。黄蜂的翅膀是类似平面的薄体结构，不能伸缩变形，不具滑翔能力，仅能通过高频振动和灵巧的扑翅运动产生足够升力。如图 10-9 所示，Micro-Bat 扑翼机器人的机翼结构形状模仿昆虫的翅膀，利用微机电系统（MEMS）技术加工制作。空中飞行时，它可沿 3 个自由度方向来改变飞行姿态。

图 10-7　Smart Bird 扑翼飞行机器人

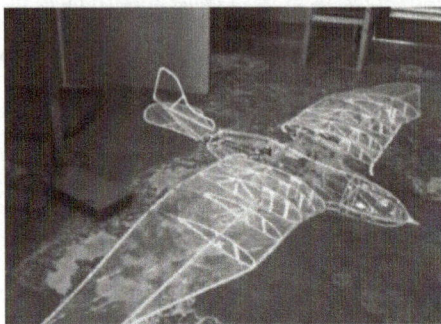

图 10-8　机器海鸥扑翼飞行机器人

图 10-9　Micro-Bat 扑翼机器人

10.3　软体机器人

软体机器人是国际工程领域的研究前沿，也是机器人技术的研究重点与难点。在众多软体机器人中，软体机器人手/臂以其独特的操作性能得到率先发展，在太空捕获、水下操作、消防救援等领域具有广泛的应用前景。

10.3.1　软体机械臂

近年来，软体机械臂的多学科交叉特性日益显现。软体机械臂可分为两类：一类是依附型软体机械臂，主要配合机器人和人体完成操作任务；另一类是独立软体机械臂，兼具位姿变换功能，实现夹持结构与运动功能的融合。以下为独立软体机械臂的两个实例。

软体机械臂

2016 年，麻省理工学院研制了一款三维空间运动软体机械臂，如图 10-10 所示。它由低硬度弹性体组成，由压缩空气提供动力，通过特定的形状设计使软体机械臂实现抓取动作。

上海交通大学王贺升等研制了线驱动软体机械臂机器人，如图 10-11 所示。为检测软体机械臂的变形，王贺升等提出了一种基于光纤布拉格光栅（FPG）传感的传感网络，并采用机械臂末端的视觉反馈系统进行机械臂的运动控制；利用形状感知算法，基于分段恒定曲率和扭矩假设，可将传感器网络测量的曲率和扭矩转化为节点的全局位置和方向。

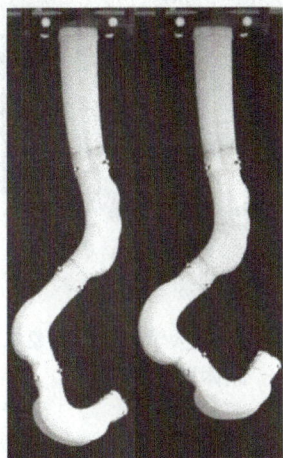

图 10-10　麻省理工学院研制
的软体机械臂

图 10-11　上海交通大学研制的线驱动
软体机械臂机器人

10.3.2　软体机械手

软体手与刚性机械手最大的区别是本体材料是柔性的，由于软材料比刚性材料具有更复杂丰富的响应特性，不仅在功能上更加灵活和顺应，在设计和控制方法上也增加了更多可能。

软体机械手

美国哈佛大学的学者通过设计可弯曲的气动驱动器，进一步设计制作了用于康复或者操作抓取的软体机械手，如图 10-12 所示。它利用软材料致动器技术沿手指长度安全地分配力，并提供主动屈曲和被动伸展；这些执行器由带有各向异性纤维增强材料的模制弹性囊组成，在流体加压时产生特定的弯曲、扭曲和延伸轨迹。

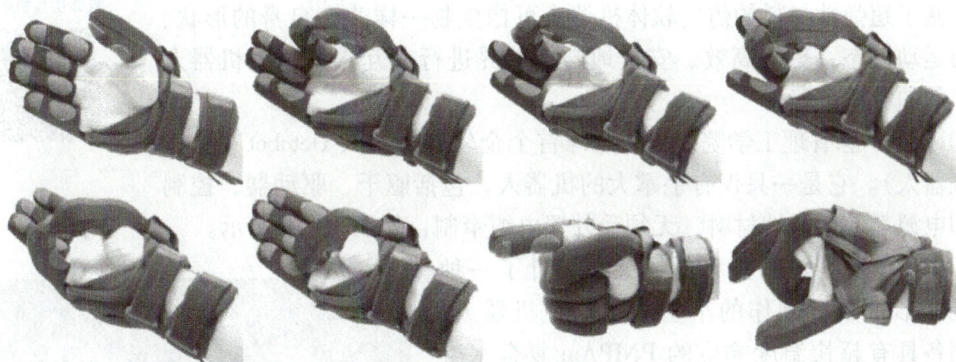

图 10-12　哈佛大学研制的软体机械手

中国科技大学计算机学院陈小平教授团队设计了一种"象鼻"软体机械手，如图 10-13 所示。软体手臂基于蜂巢气动网络结构，兼具灵活度和大负载能力，负载能力约 3kg，负载自重比达 1∶1；使用桌面级 3D 打印机制作，成本低、易制备。

北京航空航天大学文力课题组研究了一种四指气动柔性软体机械手，构建了一个具有可调有效手指长度的四指软机器人抓手，近似于生物手指，具有无限自由度。如图 10-14 所示，在多个有效手指长度和气动空气压力的帮助下，该软体机械手可抓握不同形状和尺寸的物体。

由北京航空航天大学和美国东北大学组建的科技公司——北京软体机器人科技有限公司（简称 SRT）量产了一种软体机械手，如图 10-15 所示。它在原理上仿照章鱼、水母、河豚等生物的结构与运动特性，已在异形、易损物品的分拣和包装领域展开广泛应用。

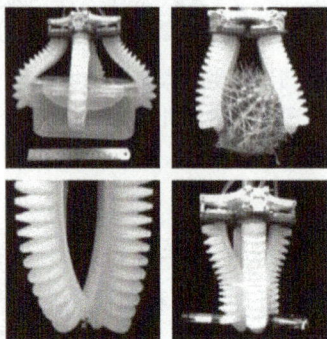

图 10-13　中国科技大学研制的"象鼻"软体机械手

图 10-14　北京航空航天大学研制的软体机械手

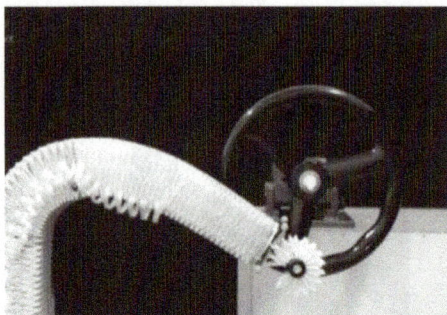

图 10-15　SRT 研制的软体机械手

10.3.3　软体仿生机器人

仿生软体机器人已实现爬行、跳跃、游动、蠕动和滚动等多种仿生运动。基于超弹性材料的仿生软体机器人可像生物一样改变自身的形状、刚度与运动模态，更加高效、安全地与自然界进行交互，为仿生机器人提供了新的发展思路。

软体仿生机器人

2016 年，麻省理工学院提出了全球首个全软体机器人 Octobot（软体章鱼机器人）。它是一只仅有手掌大的机器人，包括躯干、驱动器、控制系统和电源都使用柔性材料，无须受外置电缆牵制，如图 10-16 所示。

中国科学院宁波材料科学研究所设计了一种由智能变形水凝胶制作的小型软体仿生机器人。首先制备具有超快温度响应的 PNIPAm 复合水凝胶，将双层水凝胶切断并重新排序组装，形成更多自由度与变形策略。如图 10-17 所示，当红外光照射在机器人头部时，PNIPAm 凝胶海绵感受到 Fe_3O_4 纳米颗粒的发热而迅速变形，并能与粗糙基底形成"卯榫结构"，从而增大摩擦力；当红外光移向机器人中部时，触发身体的热弯曲收缩，使得机器人收缩前进。它可作为"马达电机"来移

图 10-16　全球首个全软体机器人 Octobot

动比自身大几倍的货物。

　　浙江大学李铁风教授团队联合之江实验室率先提出机电系统软-硬共融的压力适应原理，成功研制了无须耐压外壳的软体仿生智能机器人，首次实现了在万米深海自带能源的软体人工肌肉驱控和深海自主游动。如图 10-18 所示，这条软体机器鱼长约 22cm，两个鳍尖之间的长度约 28cm，电驱动"肌肉"位于躯干和鱼鳍的交界处，肌肉收缩会使鳍相对于身体向下拉，就像自然扇动的鱼鳍一样。

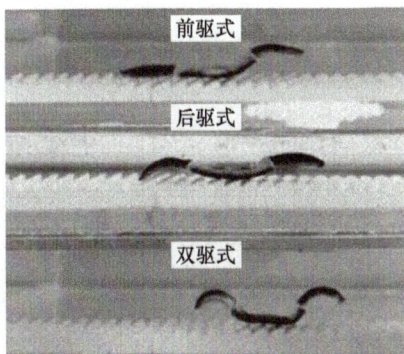

图 10-17　中国科学院宁波材料科学研究所研制的智能变形水凝胶小型软体仿生机器人

　　与刚性仿生机器人相比，软体仿生机器人通过材料模仿生物组织的运动，更贴近生物原型。从类生物材料和结构上对仿生机器人进行开发，比功能上的仿生更能揭示生物体的运动学和力学特性。此外，类生物材料和结构上的仿生还可使机器人像生物体一样思考和决策，衍生新的算法，使其更加智能化。

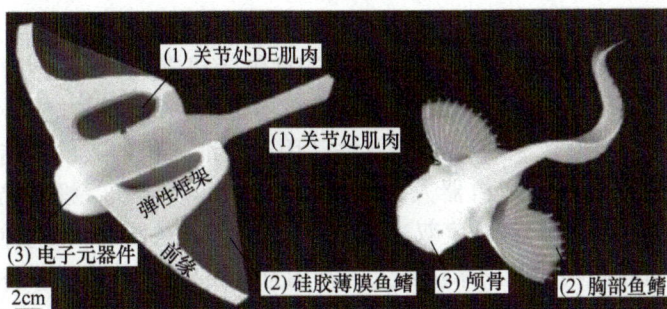

图 10-18　浙江大学研制的软体机器鱼

10.4　微纳机器人

10.4.1　微型机器人

微型机器人

　　微型机器人具有质量轻、体积小、灵活性高、推重比大的优点，按其尺寸大小可分为微米至厘米级尺寸的机器人与纳米至微米级尺寸的机器人。前者尺寸稍大，可搭载通信、控制、监测等多种负载，在人工监督下完成任务；后者由外力驱动，主要用于生物医疗等领域。

　　2017 年，日本大学利用 NiTi 合金构建了线形致动器，研制出尺寸为 3.5mm×6.0mm×5.1mm 的四足 MEMS 微型机器人，如图 10-19 所示。它采用电驱动，腿部为四连杆机构，可将线性运动转为步态运动。

　　2021 年，中国科学院沈阳自动化研究所基于超疏水和光热转换特性的复合材料——石墨烯/聚二甲基硅氧烷复合材料，制作了一种类水黾微型机器人，它类似于自然界中的水黾，具有超疏水性和流动性，如图 10-20 所示。它可在水面上滑行和 180° 翻滚跳跃，表现出良好的红外光驱动性能和磁可控性。

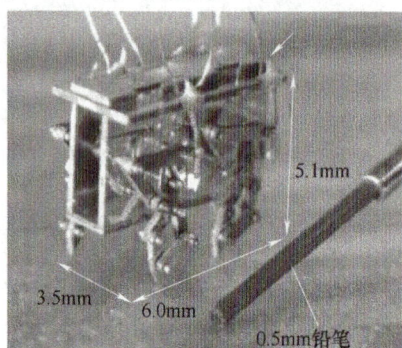

图 10-19 日本大学研制的
四足 MEMS 微型机器人

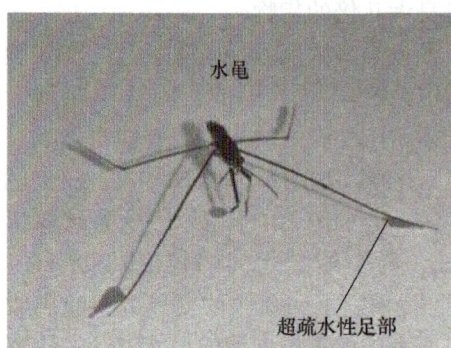

图 10-20 中国科学院沈阳自动化研究所
研制的类水黾微型机器人

10.4.2 微纳米机器人

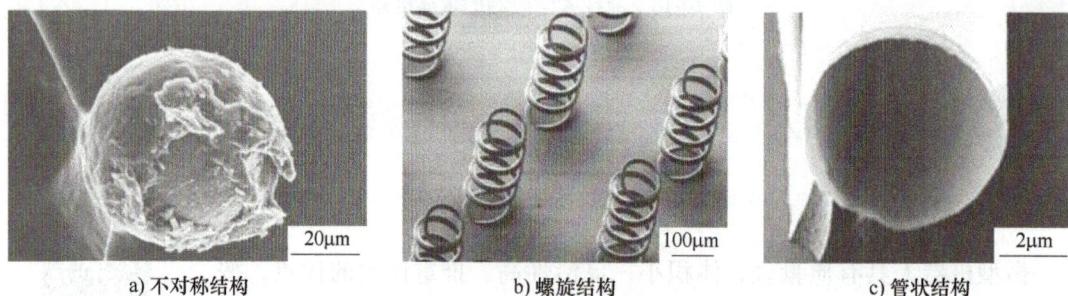

在微纳米尺度内，机器人的运动受低雷诺数和布朗运动的影响，其运动需考虑环境效应，因此设计上主要是使其能产生连续不断的运动，并要求足够的动力来克服环境阻力。不同形式的微纳米机器人，制造方式也不同。通过生物手段的自组装是制造微纳米机器人的一种常用方法。在模板上使用薄膜涂层产生不对称结构的方法已用于微纳米机器人的制造，如图 10-21a 所示。对于结构比较复杂的微纳米机器人，可使用 3D 打印。例如，螺旋结构的微纳米机器人，如图 10-21b 所示；它使用高精度双光子聚合 3D 打印方法制造，需要使用昂贵的仪器和特殊的材料。对于管状结构的微纳米机器人，常用自卷曲技术制造，利用材料内部的应变梯度，通过蚀刻牺牲层来释放预应变的纳米膜，并使其卷曲成管状结构，如图 10-21c 所示。

a) 不对称结构   b) 螺旋结构   c) 管状结构

图 10-21 微纳米机器人的结构

按照不同驱动方式，微纳米机器人可分为物理场驱动微纳米机器人、化学驱动微纳米机器人、生物驱动微纳米机器人与混合驱动微纳米机器人。

（1）物理场驱动微纳米机器人（见图 10-22） 物理场驱动的微纳米机器人又可分为磁驱动微纳米机器人、光驱动微纳米机器人、超声驱动微纳米机器人、气泡驱动微纳米机器人与电驱动微纳米机器人等。磁驱动微纳米机器人适用于远程操作，在生物医疗领域具有巨大的应用前景；光驱动微纳米机器人主要是基于光催化反应，在其附近产生物质或电荷梯度进行驱动，具有远程可控、时空分辨率高等优势。

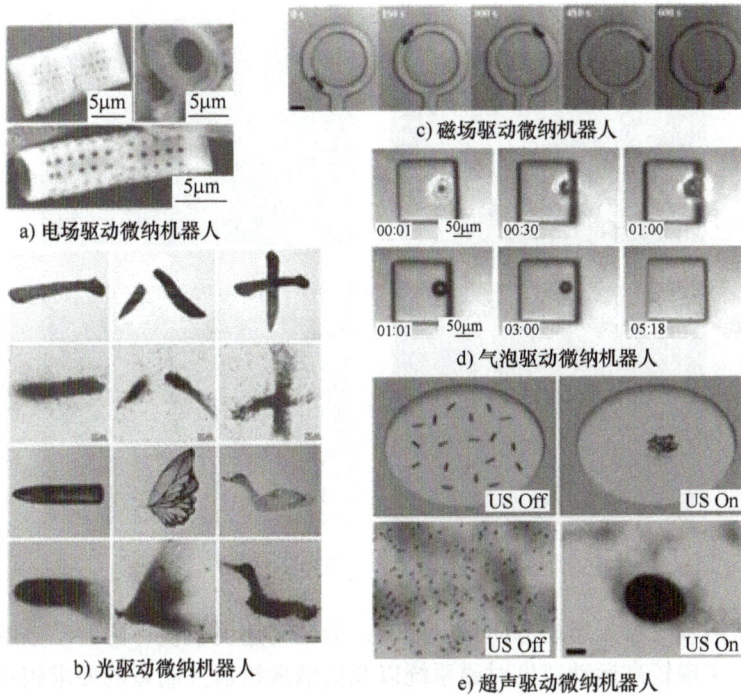

a) 电场驱动微纳机器人

c) 磁场驱动微纳机器人

d) 气泡驱动微纳机器人

b) 光驱动微纳机器人

e) 超声驱动微纳机器人

图 10-22　物理场驱动微纳米机器人

（2）化学驱动微纳米机器人（见图 10-23）　化学驱动微纳米机器人通过与化学燃料反应产生不对称的浓度梯度诱导微纳米机器人的运动。其中，催化反应较为常见，包括以酶或过氧化氢（H_2O_2）为介导。过氧化氢是目前化学驱动中使用最多的一种燃料，基于过氧化氢催化反应驱动微纳米机器人的结构设计丰富多样，有圆盘状、棒状、烧瓶状等。酶的生物兼容性比 H_2O_2 好，因此利用酶催化生物相容性燃料进行驱动是未来发展的趋势。此外，还可利用镁或锌等材料在酸性环境中通过化学反应产生气泡实现驱动，常用于人体胃部的酸性环境。

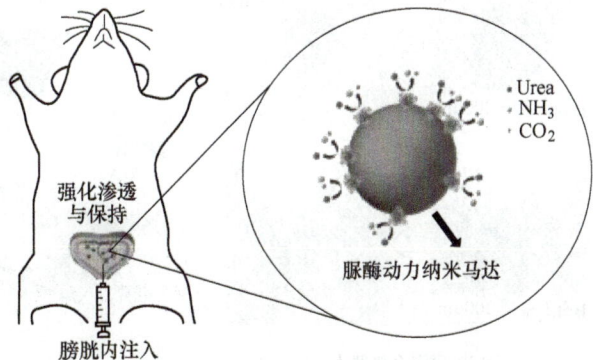

图 10-23　化学驱动微纳米机器人

（3）生物驱动微纳米机器人（见图 10-24）　自然界中有很多具有自运动能力的细胞，如精子、藻类细胞、细菌和心肌细胞等，这些生物体表现出高能量转换效率以及生物相容性，将其作为驱动马达可制备出具有特定功能的微纳机器人，如在药物递送时可和癌细胞特异性靶向结合。

（4）混合驱动微纳米机器人（见图 10-25）　在面对复杂的应用环境和特定的功能任务时，具有单一驱动方式的微纳米机器人可能无法实现目标任务，因此通常使用多种控制方式共同驱动，使其具有更高效的运动能力。化学驱动和磁驱动方式结合是目前研究较多的形

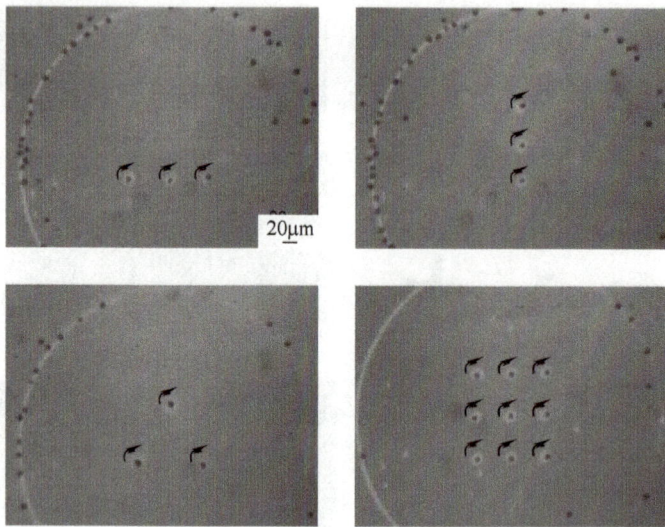

图 10-24　生物驱动微纳米机器人

式。化学驱动微纳米机器人运动方向难以控制，但运动速度较快，磁驱动微纳米机器人的控制精度较高，但实现较高运动速度对磁系统以及微纳米机器人制备的要求较高。因此，采用化学驱动和磁驱动方式结合的微纳米机器人具有更高的控制精度和更快的运动速度。

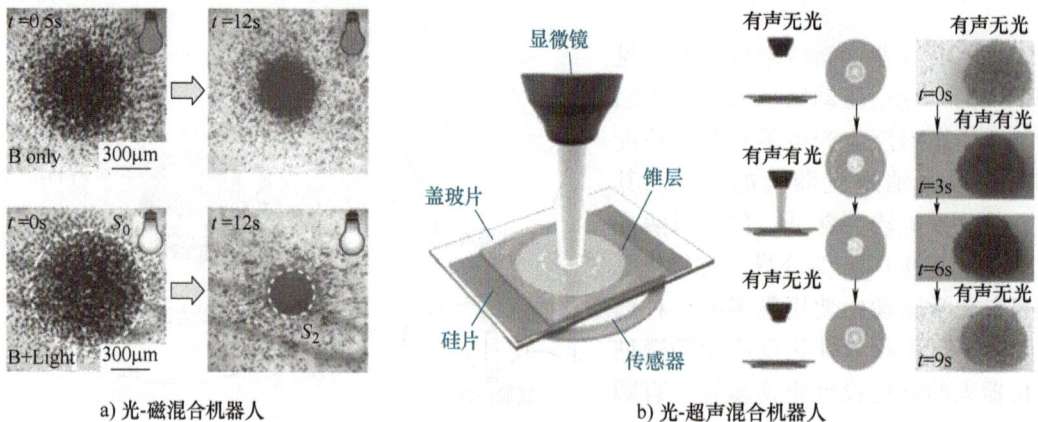

a) 光-磁混合机器人　　　　　　　　　　　　b) 光-超声混合机器人

图 10-25　混合驱动微纳米机器人

10.4.3　微纳操作机器人

随着工程技术和生命科学的快速发展，高精度微操作的微纳操作技术得到了广泛应用。

微夹钳（Microgripper）是微操作系统的末端执行器，与被操作对象直接接触，对微操作任务完成起着决定性作用。微夹钳的结构应集成装配力、夹持力和位移传感器。根据不同应用场合，各种微夹钳的驱动方式有所不同，包括压电驱动、电磁驱动、静电驱动、热驱动及形状记忆合金驱动等。

（1）压电驱动式微夹钳　压电驱动具有动态性能好、位移分辨率高、频响范围宽、响应速度快、驱动力大等优点,是最普遍的微夹钳驱动方式。压电元件输出位移较小,通常不能满足微夹钳夹爪的运动需求,因而需要用位移放大机构将压电元件的位移输出量放大。图 10-26 所示为双压电晶片驱动式微夹钳。

(2)电磁驱动式微夹钳　电磁驱动式微夹钳的驱动器包括线圈和电磁铁,线圈产生的电磁场驱动电磁铁运动,推动夹钳的夹持臂完成夹持动作。其夹持臂能获得较大范围的开合量,夹持动作响应快,无磨损,控制简单。图 10-27 所示为电磁驱动式微尺度细胞夹持器。

(3)静电驱动式微夹钳　静电驱动式微夹钳如图 10-28 所示,按驱动结构形式,它可分为平行板电容驱动式微夹钳和静电梳驱动式微夹钳。前者具有较大的输出力,但输出力与极板间距并非线性关系,可动结构的位移受到一定限制;后者具有运动幅度大的优点,虽然结构复杂,但兼容性好。

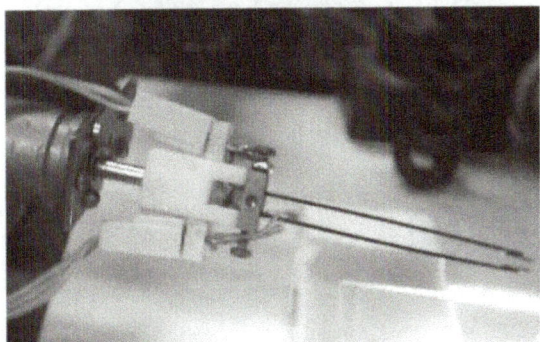

图 10-26　双压电晶片驱动式微夹钳

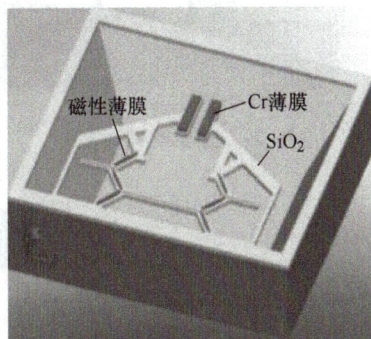

图 10-27　电磁驱动式微尺度细胞夹持器

(4)热驱动式微夹钳　热驱动式微夹钳的工作原理分为两类:一类是将两种热膨胀系数不同的材料贴合构成夹爪,受热时夹爪由于两侧的热变形量不同而产生弯曲,两个或多个夹爪对称布局实现微小零件的夹持,如图 10-29 所示;另一类是使用热膨胀系数较高的材料作为驱动器,通过柔顺机构将热变形量放大,产生较大位移从而实现夹爪移动。热驱动式微夹钳的热源布局有内置热源和外置热源两种方式,外置热源式的微夹钳通常体积大,较难实现小型化和集成化。

(5)形状记忆合金驱动式微夹钳　图 10-30 所示为形状记忆合金驱动式微夹钳。利用形状记忆合金本身的特性,在高温或低温环境下对形状记忆合金材料进行训练。由于形状记忆合金本身有电阻,根据电阻热效应,训练后的形状

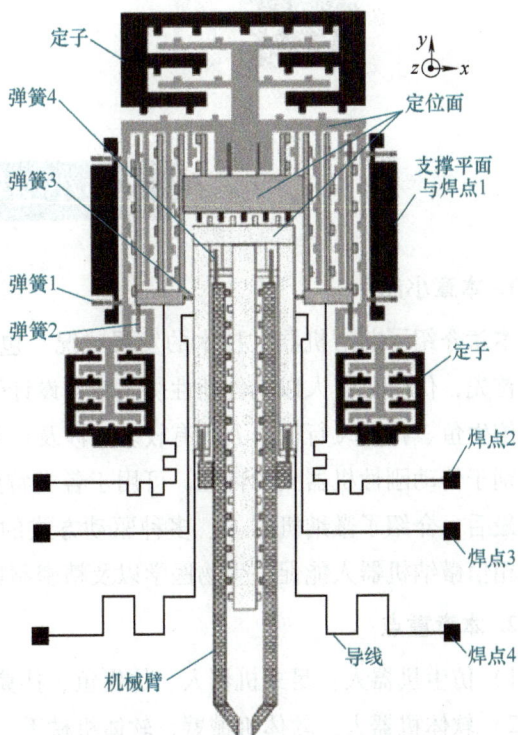

图 10-28　静电驱动式微夹钳

记忆合金通过电流时，其温度快速上升，断开电流时温度下降，从而发生记忆效应，产生相应形变，依此原理可驱动微夹钳。

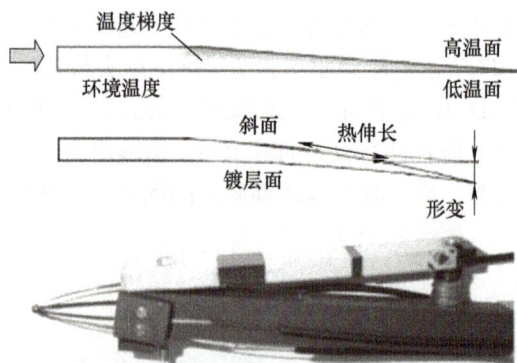

图 10-29　热驱动式微夹钳

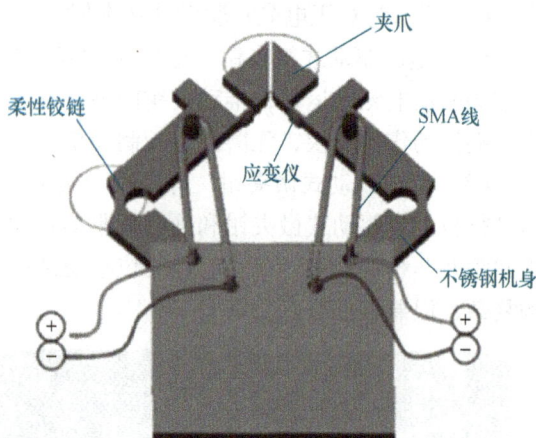

图 10-30　形状记忆合金驱动式微夹钳

阅读材料

中国天眼 FAST

人工智能

本章小结与重点

1. 本章小结

本章介绍了前沿机器人技术的发展状况，包含仿生机器人、软体机器人和微纳机器人等。首先，仿生机器人以其创新性仿生结构设计受到各国学者的广泛关注，其中，足式机器人、仿生鱼、扑翼飞行机器人等有较多的涉及。其次，软体机器人具有柔性材料、高自由度等区别于传动刚性机器人的特性，可用于各类特殊环境，如软体机械臂/手、软体仿生机器人。最后，介绍了微纳机器人、多种驱动方式的微纳米机器人、微纳操作机器人中的微夹钳，相信微纳机器人能促进生物医学以及精密制造等行业的发展。

2. 本章重点

1）仿生机器人：足式机器人、仿生鱼、扑翼飞行机器人等。

2）软体机器人：软体机械臂、软体机械手、软体仿生机器人等。

3）微纳机器人：微型机器人、微纳米机器人、微纳操作机器人等。

习　题

1. 查找本书介绍内容以外的 3 种前沿机器人，说明它们属于哪种类型的机器人，应用于何种领域，以及它们的发展历史。

2. 请简述仿生机器人的设计制造难点，试给出相应的建议。

3. 请简述微纳机器人的种类以及可能应用的领域。

4. 讨论机器人变革与发展的趋势。

本章重点专业英语词汇

中文词语	英文词汇
仿生机器人	bionic robot
多足机器人	multi-legged robot
仿生鱼	bionic fish
扑翼飞行机器人	flutterwing flying robot
软体机器人	soft robot
微型机器人	miniature robot
微纳米机器人	micro and nano robot
微纳操作机器人	micronano-operated robot

参 考 文 献

［1］ 吴振彪，王正家. 工业机器人［M］. 2 版. 武汉：华中科技大学出版社，2006.

［2］ 黄俊杰，张元良，闫勇刚. 机器人技术基础［M］. 武汉：华中科技大学出版社，2018.

［3］ 朱大昌，张春良，吴文强. 机器人机构学基础［M］. 北京：机械工业出版社，2020.

［4］ 周宏甫，魏百申. 机器人控制方法与理论［M］. 武汉：华中科技大学出版社，2020.

［5］ 赖一楠，叶鑫，丁汉. 共融机器人重大研究计划研究进展［J］. 机械工程学报，2021，57（23）：1-11；20.

［6］ 张正春，石红. 核级高压气体减压阀设计与试验［J］. 阀门，2023（3）：268-276.

［7］ 翁馨，邹瑛. 2016 慕尼黑机器人展协作机器人调研报告［J］. 机器人技术与应用，2016（4）：11-18.

［8］ ABB 推出全球首款人机协作、双臂机器人 YuMi［J］. CAD/CAM 与制造业信息化，2015（5）：7.

［9］ 李枭. 基于七轴机器人 iiwa 的人机协作技术研究［J］. 电子技术，2021（3）：32-33.

［10］ 刘海超. 基于视觉引导的协作机器人灵巧手复杂场景下的柔顺抓取［D］. 哈尔滨：哈尔滨工业大学，2022.

［11］ 王婷. 电梯光电编码器接口转换技术研究［D］. 苏州：苏州大学，2016.

［12］ 徐江涛，王欣洋，王廷栋，等. 光学视觉传感器技术研究进展［J］. 中国图象图形学报，2023，28（6）：1630-1661.

［13］ 陈世军，李梧莹，王欣，等. 多分辨率高速线列 CMOS 图像传感器设计［J］. 半导体光电，2023，44（2）：168-171.

［14］ 颜森. 基于超声波传感器阵列的小麦追肥精准评估系统研发［D］. 南宁：广西大学，2021.

［15］ CLENNIE G, LICHTI D D. Temporal stability of the velodyne HDL-64E S2 scanner for high accuracy scanning applications［J］. Remote sensing, 2011, 3（3）：539-553.

［16］ 朱超磊，金钰，王靖娴，等. 2022 年国外军用无人机装备技术发展综述［J］. 战术导弹技术，2023（3）：11-31.

［17］ 朱海星. 操作型神经外科手术机器人空间配准技术研究［D］. 天津：天津理工大学，2020.

［18］ 李润龙，张禹，孙艺展. 复合驱动式水下机器人结构及水动力系数计算［J］. 一重技术，2022（1）：16-40.

［19］ 任英丽，李琦，黄旭，等. 骨科手术机器人［J］. 机械设计，2023，40（5）：163.

［20］ 方力. 基于肌电信号的人体上肢力位同步估计及其遥操作应用研究［D］. 武汉：华中科技大学，2021.

［21］ 李解放. 基于脑机接口的嵌入式 RSVP 系统研究［D］. 北京：北京交通大学，2022.

［22］ 高峰. 军用机器人：未来战场上的"神兵猛将"［J］. 科学 24 小时，2019（11）：4-7.

［23］ 世界最大水下步行机器人［J］. 机械工程师，2014（5）：8.

［24］ ALHASSAN A B, ZHANG X D, SHEN H M, et al. Power transmission line inspection robots: A review, trends and challenges for future research［J］. International journal of electrical power and energy systems, 2020, 118（6）：1-19.

［25］ MARCHESE A D, RUS D. Design, kinematics, and control of a soft spatial fluidic elastomer manipulator［J］. International journal of robotics research, 2016, 35（7）：840-869.

［26］ GUIZZO E. By leaps and bounds: an exclusive look at how Boston dynamics is redefining robot agility［J］. IEEE Spectrum, 2019, 56（12）：34-39.

［27］ VILFAN M, OSTERMAN N, Vilfan A. Magnetically driven omnidirectional artificial microswimmers

[J]. Soft Matter, 2018, 14 (17): 3415-3422.

[28] 张元开. 当前小型仿生扑翼飞行机器人研究综述 [J]. 北方工业大学学报, 2018, 30 (2): 57-66.

[29] KIM K, ZHANG Z X, LIU M L, et al. Biobased high-performance rotary micromotors for individually reconfigurable micromachine arrays and microfluidic applications [J]. ACS applied materials and interfaces, 2017, 9 (7): 6144-6152.

[30] ZHOU D K, Gao Y, Yang J J, et al. Light-ultrasound driven collective " Firework" behavior of nanomotors [J]. Advanced Science, 2018, 5 (7): 1-8.

[31] 马晓晨, 方楠, 张旭. 国外微厘米级微型机器人发展综述 [J]. 军民两用技术与产品, 2020 (11): 34-38.

[32] JI F T, JIN D D, WANG B, et al. Light-driven hovering of a magnetic microswarm in fluid [J]. ACS nano, 2020, 14 (6): 6990-6998.

[33] CHOI H, CHO S H, HAHN S K. Urease-powered polydopamine nanomotors for intravesical therapy of bladder diseases [J]. ACS nano, 2020, 14 (6): 6683-6692.

[34] DAI L G, LIN D J, WANG X D, et al. Integrated assembly and flexible movement of microparts using multifunctional bubble microrobots [J]. ACS applied materials and interfaces, 2020, 12 (51): 57587-57597.

[35] WANG H S, YANG B, LIU Y T, et al. Visual Servoing of soft robot manipulator in constrained environments with an adaptive controller [J]. IEEE/ASME transactions on mechatronics: A joint publication of the IEEE industrial electronics society and the ASME dynamic systems and control division, 2017, 22 (1): 41-50.

[36] XIE S X, WANG X D, JIAO N D, et al. Programmable micrometer-sized motor array based on live cells [J]. Lab on a chip, 2017, 17 (12): 2046-2053.

[37] 吴宏亮, 施雪涛. 微/纳米机器人在生物医学中的应用进展 [J]. 集成技术, 2021, 10 (3): 78-92.

[38] 李梦月, 杨佳, 焦念东, 等. 微纳米机器人的最新研究进展综述 [J]. 机器人, 2022, 44 (6): 732-749.

[39] 赵建宇. 一种集成微装配力、夹持力和夹爪位移传感器的压电致动微夹钳的研究 [D]. 重庆: 重庆大学, 2019.

[40] HAO Y F, GONG Z Y, XIE Z X, et al. Universal soft pneumatic robotic gripper with variable effective length [C]. Proceedings of the 35th Chinese Control Conference (CCC 2016), Chengdu: Conference on Decision and Control, 2016.

[41] POLYGERINOS P, GALLOWAY K C, SAVAGE E, et al. EmilySoft robotic glove for hand rehabilitation and task specific training [C]. 2015 IEEE International Conference on Robotics and Automation(ICRA) . Seattle: Wyss Institute for Biologically Inspired Engineering, 2015.